国 家 电 网 公 司
电力科技著作出版项目

U0643235

抽水蓄能机组及其辅助设备技术

CHOUSHUI XUNENG JIZU JIQI FUZHU SHEBEI JISHU

计算机监控系统

国网新源控股有限公司　组编

中国电力出版社
CHINA ELECTRIC POWER PRESS

内 容 提 要

随着我国经济和电力工业的快速发展，我国抽水蓄能事业取得了非凡成就，尤其在抽水蓄能机组自主化方面，积累了很多成功经验。为了全面展示抽水蓄能机组自主化工作成就，提高抽水蓄能设备研发、设计、制造、安装、调试、运维水平，促进我国抽水蓄能领域技术人才培养，满足我国当前抽水蓄能事业快速发展的需要，国网新源控股有限公司组织编写了《抽水蓄能机组及其辅助设备技术》丛书，共 8 个分册，本丛书填补了同类技术书籍的市场空白。

本书为《计算机监控系统》分册。本书基于抽水蓄能电站计算机监控系统的特点、功能、性能和控制要求，介绍了抽水蓄能电站计算机监控系统设计、控制、试验、运行、维护及其工程应用案例，并探讨了智能抽水蓄能电站、变速抽水蓄能机组等计算机监控系统新技术。

本书可供抽水蓄能领域从事计算机监控系统研究及运行、管理的工程技术人员参考使用，亦可作为相关科研技术人员和大专院校师生的参考资料。

图书在版编目（CIP）数据

抽水蓄能机组及其辅助设备技术 . 计算机监控系统 / 国网新源控股有限公司组编 . —北京：中国电力出版社，2019.10（2023.3 重印）
ISBN 978-7-5198-1544-8

Ⅰ . ①抽… Ⅱ . ①国… Ⅲ . ①抽水蓄能发电机组－计算机监控系统 Ⅳ . ① TM312

中国版本图书馆 CIP 数据核字（2019）第 035243 号

出版发行：中国电力出版社
地　　址：北京市东城区北京站西街 19 号（邮政编码 100005）
网　　址：http://www.cepp.sgcc.com.cn
责任编辑：畅　舒（13552974812，changshu01@163.com）　杨伟国
责任校对：黄　蓓　李　楠
装帧设计：赵姗姗
责任印制：吴　迪

印　　刷：三河市百盛印装有限公司
版　　次：2019 年 10 月第一版
印　　次：2023 年 3 月北京第二次印刷
开　　本：787 毫米 ×1092 毫米　16 开本
印　　张：13.25
字　　数：296 千字
印　　数：2001—3000 册
定　　价：68.00 元

丛书编委会

主　　　任：高苏杰

副 主 任：黄悦照　贺建华　陶星明　吴维宁　张　渝

委　　　员：（按姓氏笔画排序）

王永潭　王洪玉　冯伊平　乐振春　刘观标　任志武

李　正　吴　毅　张正平　张亚武　张运东　陈兆文

陈松林　邵宜祥　郑小康　宫　奎　姜成海　徐　青

覃大清　彭吉银　曾明富　路振刚　魏　伟

执 行 主 编：高苏杰

执行副主编：衣传宝　李璟延　胡清娟　常　龙　牛翔宇

本分册编审人员

主　　　编：吴正义　尚　栋

副 主 编：姜海军　佟德利　戎　刚　宋旭峰

参编人员：杜晨辉　施美霖　喻洋洋　曹　旭　张　柏　梁廷婷

徐　麟　阎　峻　单鹏珠　任　伟　陈　龙　李耕赜

刘养涛　江　帆　操俊磊　张　帆　王惠民　吴　强

尤万方　温　柳

主　　　审：项　捷　张　克　张维力　李志华

序　一

　　抽水蓄能是当今世界容量最大、技术经济性能最佳的物理储能方式。截至 2019 年，全球已投运储能容量达到 1.8 亿 kW，抽水蓄能装机容量超过 1.7 亿 kW，占全球储能总量的 94%。我国已建成抽水蓄能电站 35 座，投产容量 2999 万 kW；在建抽水蓄能电站 32 座，容量 4405 万 kW，投产和在建容量均居世界第一。

　　抽水蓄能电站具有调峰填谷、调频调相、事故备用等重要功能，为电网安全稳定、高质量供电提供着重要保障，也为风电、光电等清洁能源大规模并网消纳提供重要支撑。随着坚强智能电网的不断建设和清洁能源大规模的开发利用，我国能源供给正在发生革命性的变化，发展抽水蓄能已成为能源结构转型的重要战略举措之一。

　　20 世纪 60 年代，河北岗南抽水蓄能电站投运，拉开了我国抽水蓄能事业的序幕。但在此后二十多年，我国抽水蓄能发展缓慢。20 世纪 90 年代，我国电力系统高速发展，电网调峰需求日趋强烈，随着广东广蓄、北京十三陵、浙江天荒坪三座大型抽水蓄能电站相继投产，抽水蓄能迈入快速发展阶段，但抽水蓄能装备技术积累不足，未能掌握核心技术，机组全部需要进口，国家为此付出巨大代价。

　　为了尽快实现我国抽水蓄能技术自主化，提高我国高端装备制造业水平，加速我国抽水蓄能电站建设，国家部署以引进技术为切入点开展抽水蓄能机组自主化工作。2003 年 4 月，在国家发展改革委、国家能源局主导下，国家电网公司牵头，联合国内主要装备制造、勘测设计、科研院所等单位，以工程为依托，启动了抽水蓄能机组自主化研制工作。经过"技术引进-消化吸收-自主创新"三个阶段，历时十余年，实现了抽水蓄能机组成套装备的自主化。安徽响水涧、福建仙游、浙江仙居等抽水蓄能电站相继投产，标志着我国已完全掌握大型抽水蓄能机组核心技术。大型抽水蓄能机组成功研制，是践行习近平总书记"大国重器必须牢牢掌握在我们自己手中"的最好体现。

　　为了更好地总结大型抽水蓄能机组自主化研制工作的技术成果，进一步促进我国抽水蓄能事业快速健康发展，国网新源控股有限公司牵头组织哈尔滨电机厂有限责任公司、东方电机集团东方电机有限公司、南瑞集团有限公司等单位，编写了这套《抽水蓄能机组及其辅助设备技术》著作，为我国抽水蓄能事业做了一件非常有意义的事。这套著作的出版，对促进抽水蓄能领域技术人才培养，支撑抽水蓄能事业快速发展将发挥至关重要的作用。

最后，我衷心祝贺这套著作的出版，也衷心感谢所有参加编写的同志们。我坚信，在广大技术人员的不断努力下，我国抽水蓄能事业发展道路将更加宽广，前途将更加光明！

是为序。

中国电机工程学会名誉理事长 郑宝森

2019 年 8 月 15 日

序 二

《抽水蓄能机组及其辅助设备技术》这一系统全面阐述抽水蓄能机电技术领域专业知识的"大部头"即将付梓，全书洋洋洒洒二百余万字，共8个分册，现嘱我作序，我欣然应允。

1882年，抽水蓄能电站诞生于瑞士苏黎士，经过近140年的发展，抽水蓄能机组已由早期的水泵配电动机、水轮机配发电机的四机式机组，逐渐发展为发电电动机、水泵水轮机组成的两机式可逆式机组。在主要参数上，抽水蓄能正沿着更高水头、更大容量、更高转速的技术路线不断迈进，运行水头已提升至800m级，单机容量已达到40万kW级，转子线速度可达到200m/s，世界上最大的抽水蓄能电站——河北丰宁抽水蓄能电站，装机容量已达到360万kW。

大型抽水蓄能机组是公认的发电设备领域高端装备，因其正反向旋转、高水头、高转速、多工况频繁转换的运行特点，使得机组在稳定性与效率上难以兼顾，结构安全性难以保证，精确控制难度极大，被誉为水电技术领域"皇冠上的明珠"。

我国对抽水蓄能机组的研究起步较晚，长期未能掌握机组研制核心技术，机组全部需要进口，严重制约了我国抽水蓄能事业的发展。2003年，在国家有关部门和相关单位的共同努力下，正式启动了抽水蓄能机组成套设备的自主化研制工作。攻关团队历经十年艰苦卓绝的努力，"产、学、研、用"联合攻关，顶住压力，坚持技术引进与自主创新相结合，在大型抽水蓄能机组研制的关键技术上取得了重大突破，成功研制出具有完全自主知识产权的大型抽水蓄能机组，并在安徽响水涧、福建仙游、浙江仙居等抽水蓄能电站实现工程应用，使我国完全掌握了大型抽水蓄能机组研制核心技术。

通过自主化研制工作，我国在大型抽水蓄能机组关键技术研发及成套设备研制方面实现了全面突破，在水泵水轮机、发电电动机、控制设备、试验平台和系统集成所需的关键技术方面均实现了自主创新，在水泵水轮机水力开发、发电电动机结构安全设计等专项技术上实现了重大突破，积累了深厚的理论知识、丰富的试验数据和宝贵的实践经验。

为了更好地传承知识、继往开来，国网新源控股有限公司肩负起历史责任，牵头组织编写了这套著作，对我国大型抽水蓄能机组自主化工作进行了全面技术总结，在国内外首次对抽水蓄能机组在研发、设计、制造、安装、调试、运维各领域关键技术进行系统梳理，同时也就交流励磁等抽水蓄能机组技术未来发展方向进行介绍，著作内容完备、结构清晰、语言精练，具有极高的学习、借鉴和参考价值。这套著作的出版，既填补了国内外抽水蓄能技术领域的空白，也为我国抽水蓄能专业技术人才的培养提供了十分重要的参考资料，为我国抽水蓄能事业的健康快速发展奠定了坚实的基础。

是为序。

中国工程院院士

2019 年 8 月 1 日

前　言

　　抽水蓄能是当今世界容量最大、最具经济性的大规模储能方式。抽水蓄能电站在电力系统中承担调峰填谷、调频调相、紧急事故备用和黑启动等多种功能，运行灵活、反应快速，是电网安全稳定和风电等清洁能源大规模消纳的重要保障。发展抽水蓄能是构建清洁低碳、安全高效现代能源体系的重要战略举措。

　　长期以来，我国大型抽水蓄能机组设备被国外垄断，严重束缚了我国抽水蓄能事业的发展。国家高度重视抽水蓄能机组设备自主化工作，自 2003 年开始，在国家发展和改革委员会及国家能源局的统一组织、指导和协调下，我国决定以工程为依托，通过统一招标、技贸结合的方式，历经"技术引进—消化吸收—自主创新"三个主要阶段，历经十余年产学研用联合攻关，关键技术取得重大突破，逐步实现了抽水蓄能机组设备自主化，使我国大型抽水蓄能机组设备自主研制能力达到了国际水平。2011 年 10 月，我国第一座机组设备完全自主化的抽水蓄能电站——安徽响水涧抽水蓄能电站成功建成，标志着我国成功掌握了抽水蓄能机组设备研制的核心技术。随着 2013 年 4 月福建仙游抽水蓄能电站的正式投产发电，2016 年 4 月浙江仙居抽水蓄能电站单机容量 37.5 万 kW机组的成功并网，我国大型抽水蓄能机组自主化设备不断获得推广应用，强有力地支撑了我国抽水蓄能行业的快速发展。

　　近年来，随着我国经济和电力工业的快速发展，我国抽水蓄能事业取得了非凡成就，在大型抽水蓄能机组设备自主化方面，更是取得了丰硕的科技成果。为了全面展示我国抽水蓄能机组自主化工作成就，提高我国抽水蓄能设备研发、设计、制造、安装、调试、运维水平，促进我国抽水蓄能领域技术人才培养，满足我国当前抽水蓄能事业快速发展的需要，为我国抽水蓄能建设打下更坚实的基础，国网新源控股有限公司决定组织编撰出版《抽水蓄能机组及其辅助设备技术》丛书。

　　本丛书共分为水泵水轮机、发电电动机、调速器、励磁系统、静止变频器、继电保护、计算机监控系统、机组调试及试运行八个分册。丛书具有如下鲜明特点：一是内容全面，涵盖抽水蓄能机组的各个专业。二是反映了我国抽水蓄能机组设备最高技术水平。对我国抽水蓄能机组目前主流的、成熟的技术进行了详尽介绍，着重突出了近年来出现的新技术、新方法、新工艺。三是具有一定的技术前瞻性。对大容量高水头机组、变速抽水蓄能机组、智能抽水蓄能电站等新技术进行了展望。四是理论与实践相结合，突出可操作性和实用性。五是填补了国内抽水蓄能机组及其辅助设备技术的空白。本丛书适合从事抽水蓄能行业研发、设计、制造、安装、调试、运维等专业技术人员阅读，同时也可供相关科研技术人员和大专院校师生参考使用。

本丛书由国网新源控股有限公司组织编写，哈尔滨电机厂有限责任公司、东方电气集团东方电机有限公司、南瑞集团水利水电技术分公司、国电南瑞电控分公司、南京南瑞继保电气有限公司、国网新源控股有限公司技术中心等单位分别负责丛书分册的编写任务，中国电力出版社负责校核出版任务。本丛书凝聚了我国抽水蓄能机组设备研发、设计、制造、调试、运维等单位专业技术骨干人员的心血和汗水，同时丛书编写过程中也得到了许多行业内其他单位和专家的大力支持，在此表示诚挚的感谢。

本书是《计算机监控系统》分册，编写任务由南瑞集团水利水电技术分公司和国网新源控股有限公司承担，吴正义、尚栋担任主编，姜海军、佟德利、戎刚、宋旭峰担任副主编，项捷、张克、张维力、李志华担任主审。

本书主要内容有：计算机监控系统特点、设计原则、组成和功能、发展历程；计算机监控系统网络结构、调度控制层、厂站控制层、现地控制层、电力监控系统安全防护、独立光纤硬布线回路设计；计算机监控系统调度控制层、厂站控制层、现地控制层功能和性能；电站控制与调节、机组控制与调节、开关设备控制、厂用电备用电源自动投入控制；计算机监控系统型式试验、工厂试验、出厂验收试验、现场验收试验；计算机监控系统运行操作及维护；计算机监控系统新技术展望；计算机监控系统工程应用案例介绍。

本书共分八章。第一章由姜海军、戎刚、吴正义、王惠民、尚栋、宋旭峰编写，第二章由杜晨辉、姜海军、佟德利、陈龙、温柳、施美霖、梁廷婷、曹旭编写，第三章由张柏、喻洋洋、陈龙、任伟、温柳编写，第四章由徐麟、喻洋洋、姜海军、吴正义、尚栋、佟德利、宋旭峰、刘养涛、操俊磊编写，第五章由操俊磊、刘养涛、姜海军、陈龙编写，第六章由刘养涛、操俊磊、阎峻、李耕赜、江帆、张帆、吴强编写，第七章由戎刚、姜海军、佟德利、宋旭峰、王惠民编写，第八章由单鹏珠、尤万方编写。

鉴于水平和时间所限，书中难免有疏漏、不妥或错误之处，恳请广大读者批评指正。

编　者

2019 年 7 月 1 日

目　录

第一章

概　　述

计算机监控系统是在自动控制技术和计算机技术发展的基础上产生的。计算机监控系统是用数字式电子计算机来实现生产过程自动化控制的系统，主要由计算机系统、网络系统、控制单元、自动化测量装置和执行装置组成。

水电站计算机监控系统采用计算机代替传统控制中的手动操作台和继电器控制逻辑，使控制过程更合理、更灵活、更及时，相比传统控制有更多的优越性和更大的经济效益。但计算机监控的实现仍然与传统的自动控制和自动化技术有着密切的联系，可以说，计算机监控系统是传统自动控制技术与计算机技术相结合的产物。

早在20世纪70年代，计算机监控系统已开始应用于水电站，最初用于各项离线计算和工况监测，后逐渐进入控制领域。20世纪80年代，抽水蓄能电站也开始采用计算机监控系统进行全面监视和控制。计算机监控系统经历了从低级到高级，从手动控制到自动控制，从开环调节到闭环调节，从局部控制到全厂控制，从监控到实现经济运行，从单一电站监控到整个梯级和流域监控的发展过程，运行人员的工作性质也发生了质的变化，从过去的日常监盘和频繁操作转变为巡视，监视测量和控制调节都由计算机系统去完成，运行人员劳动强度大大减轻，人数也相应减少，出现了"无人值班"（少人值守）的水电站。

本章主要介绍抽水蓄能电站计算机监控系统特点、设计原则、组成和功能，以及技术发展历程。

➡ 第一节　计算机监控系统特点

抽水蓄能电站在电网电能高于负荷需求时，启动机组以水泵工况运行，将下水库的水抽到上库存储起来，在电网电能低于负荷需求时，启动机组以发电工况运行，利用存储在上水库的水能发电供给电网，在电网中承担调峰、填谷、调频、调相和事故备用、黑启动等任务。

抽水蓄能电站计算机监控系统根据抽水蓄能电站运行特点和计算机技术发展状况进行设计，机组的监视和控制具有以下控制特点。

（1）运行工况多。抽水蓄能机组的运行工况有停机、发电、发电调相、抽水和抽水调相5种工况，工况变换达三十多种，其常用的工况变换有二十余种，如图1-1所示。由于抽水蓄能机组运行工况多，转换复杂，因此计算机监控系统的测点较多，工况转换控制复杂。

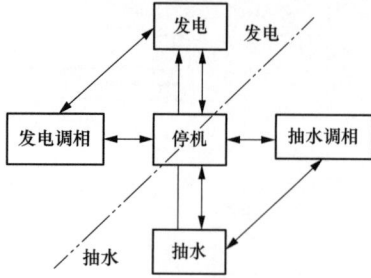

图 1-1　抽水蓄能机组
工况转换图

（2）控制逻辑复杂。抽水蓄能机组具有发电和抽水两种相反的运行工况，抽水工况启动一般采用两种启动方式，其中：静止变频器（static frequency convertor，SFC）启动为主用，背靠背（back to back，BTB）启动为备用，静止变频器启动和背靠背启动都要涉及电站多套现地控制单元（local control unit，LCU）的同时协调控制问题，且控制闭锁复杂，增加了控制复杂性。

（3）机组操作频繁。抽水蓄能电站在电网中承担调峰填谷、调频调相作用，机组启停及工况转换频繁，对计算机监控系统及自动化控制元件的可靠性和操作成功率要求较高。

（4）同期回路复杂。抽水蓄能机组同期并网存在发电、静止变频器抽水、背靠背抽水、黑启动等多种不同的并网方式，导致同期回路和同期参数复杂，其中：发电并网时需调节本台机组的调速器和励磁系统，静止变频器抽水并网时需调节静止变频器和本台机组的励磁系统，背靠背抽水并网时需调节拖动机组的调速器和本台机组的励磁系统。在静止变频器抽水同期并网时，为避免损伤静止变频器，需先退出静止变频器、分静止变频器输出开关，再合机组出口断路器。

（5）应用软件功能特殊。抽水蓄能电站主要服务于电网，相比常规水电其软件需要根据电网要求和水库情况增加新的功能，如网源协调控制、电网紧急事故支援等。

总之，抽水蓄能机组控制具有运行工况多，控制逻辑复杂，机组操作频繁，同期回路复杂，应用软件功能特殊，监视信息量大，多套现地控制单元同时协调控制等特点，要求计算机监控系统具有更高的安全性、可靠性和可用率。

✦ 第二节　计算机监控系统设计原则

抽水蓄能电站计算机监控系统一般按"无人值班"（少人值守）的要求设计，仅在中控室设 1～2 个运行操作人员对全站进行集中监控。根据抽水蓄能电站控制特点和运行方式，抽水蓄能电站计算机监控系统设计原则：

（1）电站监控系统采用分层分布控制模式，从上到下分为调度控制层、厂站控制层和现地控制层，层与层之间以及同层设备之间采用网络数据通信方式连接，设计配置采用下层优先的策略，当上层系统中部分设备发生故障时，系统整体仍能继续正常工作，且现地控制层各现地控制单元能脱离厂站控制层独立工作。

（2）电站监控系统采用计算机监控模式，设置统一的全厂计算机监控系统对全站（包括机组、主变压器、开关站、厂用电设备、上水库设备、下水库设备等）进行集中监控，另外设置简单独立的紧急停机、安全闭锁和事故停机装置或硬布线回路，满足对电站重要设备进行紧急处理的可靠性要求。

（3）电站监控系统承担电站所有机组启停以及公用设备长期、连续的操作监控任务，系统可靠性要求高，厂站控制层需采用双机冗余结构，监控网络采用双光纤冗余网络配置，现地控制单元采用双 CPU 双网（或四网）热备冗余配置，系统本身的局部故障不影响现场设备的正常运行。

（4）系统实时性好，抗干扰能力强，能适应电站的现场环境。

（5）应用软件采用模块化、结构化设计，保证系统的可扩性，满足功能增加及规模扩充的需要。

（6）为了满足调度实时监控的需要，监控系统一般配置冗余调度数据通信设备和冗余通信通道，满足网源协调控制要求。

（7）作为区域电网的调频手段，监控系统需具有以电站为一个调节单元的全厂负荷成组控制功能和电压成组控制功能。

（8）监控系统具有统一设计、厂站控制层设备一次投运、现地控制单元分阶段接入的特点，厂站控制层结构和配置必须支持各现地控制单元分阶段接入的方式，同时保证系统在电站建设、调试、运行并行工作期间的安全隔离和安全运行。

（9）人机接口功能强大，适应电站运行习惯，操作方法简便、灵活、可靠。

╬ 第三节　计算机监控系统组成和功能

抽水蓄能电站计算机监控系统采用分层分布式结构，主干网络采用双光纤以太网络，由现地控制层设备、厂站控制层设备、调度控制层设备和网络设备组成。抽水蓄能电站计算机监控系统典型结构如图 1-2 所示。

1. 现地控制层设备

现地控制层一方面对生产过程的数据进行采集、处理，按要求实现对生产过程的控制；另一方面向厂站控制层发送信息，接收厂站控制层下发的操作命令。因此，现地控制单元是电站计算机监控系统的基础。

（1）设备配置。现地控制层设备主要包括机组现地控制单元、主变洞现地控制单元（机组公用现地控制单元）、厂房公用现地控制单元、开关站现地控制单元、上水库现地控制单元和下水库现地控制单元等，每个现地控制单元都由中央处理器（CPU）、内存、输入/输出接口、数据通信接口、人机接口及相应硬软件组成，具有可编程能力。

机组现地控制单元设置独立于监控系统的事故停机措施（机械事故停机、电气事故停机、紧急事故停机等），满足发生严重水力或电气事故时的安全停机要求，其电源和输入信号与机组现地控制单元独立；机组控制单元和静止变频器之间一般配置硬布线回路，当机组由静止变频器拖动时，事故停机须通过硬布线回路同时作用于静止变频器紧急停止回路。同样地，机组控制单元之间一般配置背靠背硬布线回路，当机组背靠背启动时，事故停机必须通过硬布线回路同时作用于另一台机组的事故停机回路。

（2）功能。现地控制单元具有数据采集与处理、安全运行监视、控制和调节、事件检测和发送、数据通信、自诊断功能和输出保护等功能。

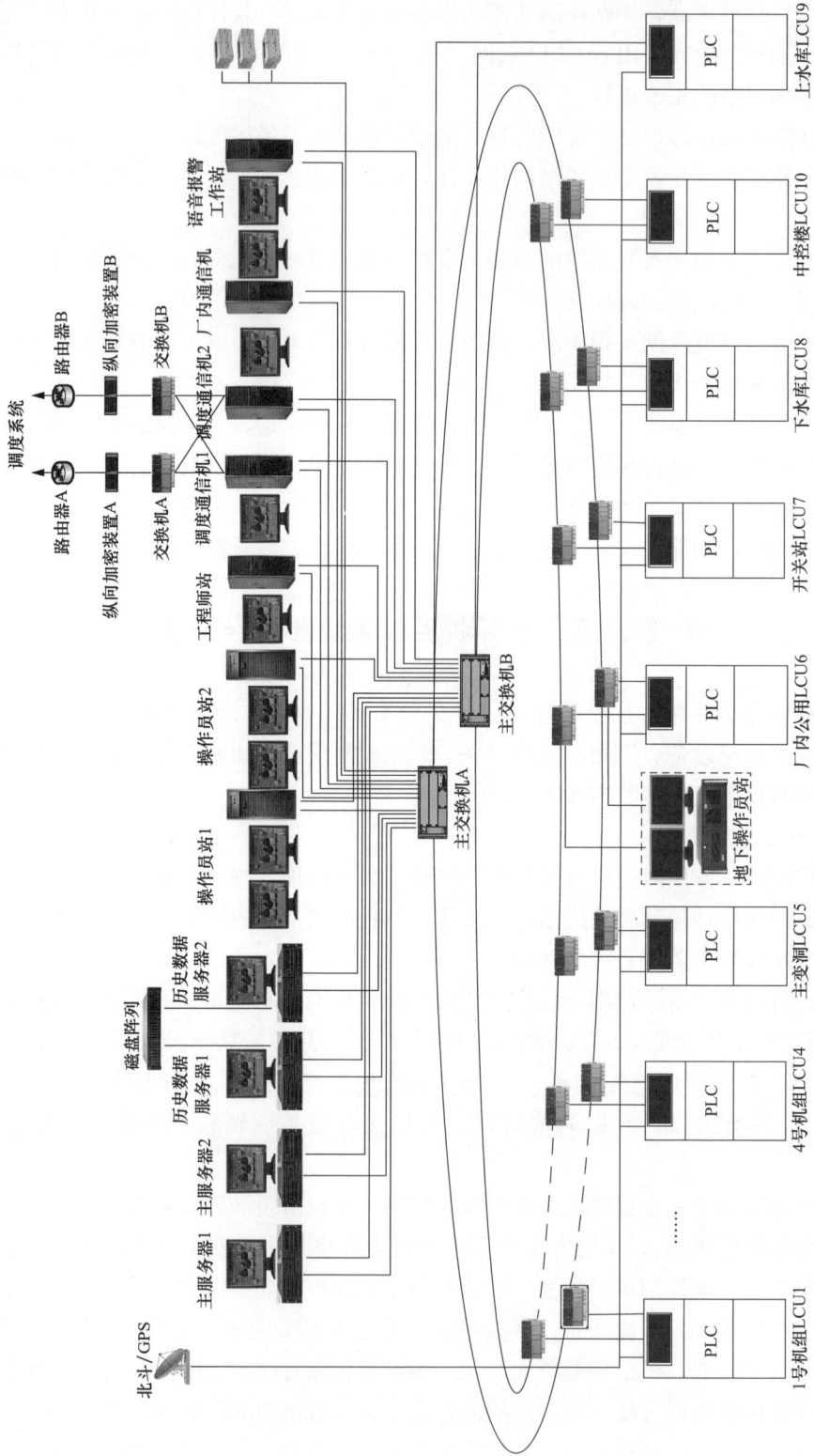

图1-2 抽水蓄能电站计算机监控系统结构示意图

现地控制单元具有相对独立性,能脱离厂站控制层设备完成生产过程的实时数据采集与处理、单元设备状态监视、调节和控制等功能。

2. 厂站控制层设备

相对于现地控制层,厂站控制层是满足电站运行操作的工具,操作人员可通过厂站控制层设备,实现对生产过程的监视、操作、控制、参数设定等,并提供语音报警、事件顺序记录、趋势分析、事故追忆、报表统计、运行参数计算等功能。

(1)设备配置。厂站控制层设备主要包括实时数据服务器、历史数据服务器(可配磁盘阵列)、操作员工作站、工程师工作站、厂内通信工作站、语音报警工作站、综合管理工作站、报表工作站、卫星同步时钟系统和网络交换机等设备。各计算机服务器及工作站都与两套网络交换机相连接,形成冗余的厂站控制级网络。

(2)功能。厂站控制层需迅速、准确、有效地完成对电站各种设备的安全监视和控制,保证电站设备安全稳定运行。厂站控制层具有数据采集与处理、实时控制和调节、参数设定、监视、记录、报表、运行参数计算、历史趋势、事故追忆、通信控制、系统诊断、系统仿真、软件开发和画面生成、系统扩充(包括硬件、软件)、运行管理和操作指导等功能。

3. 调度控制层设备

作为厂站控制层的延伸,调度控制层是计算机监控系统与调度系统的数据接口,通过冗余通信通道与调度系统通信,实现遥测、遥信、遥控、遥调"四遥"功能。

(1)设备配置。调度控制层设备主要包括调度通信工作站、交换机、纵向加密装置、路由器等设备。一般冗余配置,采用并列冗余方式工作。

(2)功能。调度控制层主要负责电站计算机监控系统与调度系统数据通信,实现调度中心对电站生产过程的遥测、遥信、遥控、遥调"四遥"功能。

4. 网络设备

厂站控制层设备与现地控制层设备可采用100/1000Mbit/s交换式冗余以太网络进行通信。现地控制单元之间通过冗余以太网络进行信息自动交换,在厂站控制层设备退出运行的情况下,现地控制层设备间依然保持信息通信,实现机组各工况启停。除此之外,现地控制单元与其他控制系统之间通过现场总线进行信息交换,对于无法采用现场总线进行通信的设备采用硬布线方式进行连接。为了确保机组运行安全可靠,对于重要的安全运行信息、控制命令和事故信号除采用现场总线通信外,还通过硬件的输入/输出方式进行信息交换,以实现双路通道连接。

(1)设备配置。网络设备由两台主网络交换机和现地网络交换机组成,主网络交换机与现地网络交换机之间通过光缆连接,采用环形、星形或混合形网络拓扑结构。厂站控制层各工作站和现地控制层各现地控制单元都与两台网络交换机和现地网络交换机相连接,形成冗余的电站控制网络,冗余的控制网络之间可实现自动切换。

(2)功能。网络是用物理链路将厂站控制层各工作站和现地控制层各现地控制单元相连在一起,按照约定的网络协议组成数据链路,形成了各层之间互联互通的网络系统,从而实现硬件、软件资源共享和信息通信的目的。

⽗ 第四节　计算机监控系统发展历程

1. 国外发展历程

20 世纪 70 年代以前，受电子技术发展水平限制，机组的自动控制基本上都是采用电磁继电器实现，存在占地面积大、闭锁不完善、安全监视性能差、系统没有自检功能等缺点。

随着电子技术和计算机技术的发展，在 20 世纪 70 年代中后期，计算机监控系统在国外一些水电厂应用上取得了实质性的进展，出现了用计算机控制的水电厂。最初，由于计算机价格高，全厂只用一台计算机实现对主要工况的监视和操作，手动调节控制。随着计算机性能改善和价格下降，出现了采用多台计算机实现自动控制的水电厂。

随着计算机监控系统在水电厂的推广应用，计算机监控系统的监控方式经历了以常规控制装置为主、计算机为辅的监控方式，计算机与常规控制装置双重监控方式，以计算机为主、常规控制装置为辅的监控方式三个阶段。

20 世纪 80 年代之后，国外新建的抽水蓄能电站也都采用计算机监控系统进行全面监视和控制。

国外研制抽水蓄能电站计算机监控系统的公司有加拿大的 BAILEY 公司（现 ABB 公司）、德国的 SIEMENS 公司、法国的 ALSTOM 公司（现 GE 公司）、奥地利的 VATECH 公司（现 ANDRITZ 公司）、日本的 MITSUBISH 公司等。

2. 国内发展历程

我国水电厂计算机监控系统的研制工作起步较早。在 20 世纪 70 年代末，原水电部组织南京自动化研究所（现为南瑞集团有限公司/国网电力科学研究院）、长江流域规划办公室（现为长江水利委员会）和华中工学院（现为华中科技大学）研究葛洲坝水电站采用计算机监控系统问题，并开始了葛洲坝水电站计算机监控系统的研制工作。中国水利水电科学研究院自动化研究所开始了富春江水电站计算机监控系统的研制工作。天津电气传动设计研究所也开始了永定河梯级水电站计算机监控系统的研制工作。这些监控系统于 20 世纪 80 年代中期先后投入运行。

20 世纪 90 年代，国内的研制单位逐渐形成工业化生产规模，并形成了几种成熟的监控系统产品，在国内水电厂得到广泛地应用，还出口到国外。

我国抽水蓄能电站建设起步比较晚，20 世纪 80 年代开始兴建抽水蓄能电站，但是电站的主要机电设备，包括计算机监控系统，则大多是从国外进口。广州抽水蓄能一期、河北张河湾、湖北白莲河、河南宝泉等抽水蓄能电站采用法国 ALSTOM 公司的 ALSPA P320 计算机监控系统；浙江天荒坪、北京十三陵抽水蓄能电站采用加拿大 BAILEY 的 INFI-90 计算机监控系统；安徽琅琊山、浙江桐柏、湖南黑麋峰、福建仙游等抽水蓄能电站采用奥地利 VATECH 公司生产的 NeTVune 计算机监控系统；山西西龙池抽水蓄能电站采用日本 MITSUBISH 的 MELHOPE 计算机监控系统。进口计算机监控系统价格昂贵，售后服务和备品备件难以保证，增加了电站的投资及运维成本，影响了抽水蓄能电站的发展。

20世纪90年代开始，我国也开始了抽水蓄能电站计算机监控系统的研制工作，南瑞集团有限公司在河北岗南（1×11MW）、北京密云（2×11MW）和江苏沙河（2×50MW）抽水蓄能电站投运了自主研制的抽水蓄能电站计算机监控系统。

2001年南瑞集团有限公司和华北电网有限公司合作，对全国首座全套引进国外设备的潘家口抽水蓄能电站（3×90MW）计算机监控系统进行了全面改造，并取得了成功。

2004年8月，南瑞集团有限公司、华北电网有限公司和北京十三陵抽水蓄能电厂共同开展大型抽水蓄能电站计算机监控系统自主化研究，于2006年2月自主研制开发出具有完全自主知识产权的大型抽水蓄能电站监控系统，对北京十三陵蓄能电厂4号机组监控系统进行了改造，完成了发电、发电调相、抽水、抽水调相、背靠背运行等所有控制过程，并与原监控系统无缝连接，完成自动发电控制（AGC）、自动电压控制（AVC）等高级应用。

2008年2月，辽宁蒲石河抽水蓄能电站（4×300MW）选用了南瑞集团有限公司研制的抽水蓄能电站计算机监控系统，上位机采用南瑞集团有限公司的NC2000监控系统，下位机采用基于南瑞集团有限公司MB80E可编程逻辑控制器（programmable logic controller，PLC）为核心控制器的SJ-600现地控制装置，开创了大型抽水蓄能电站采用国产计算机监控系统先河。

随后，南瑞集团有限公司又于2011年12月将自主化计算机监控系统成功地应用于安徽响水涧抽水蓄能电站（4×250MW），进一步提高了大型抽水蓄能电站计算机监控系统研制和生产能力。

截至2017年，南瑞集团有限公司抽水蓄能电站计算机监控系统已成功应用于广州抽水蓄能电站二期（进口系统改造）（4×300MW）、浙江仙居（4×375MW）、江西洪屏（4×300MW）、江苏溧阳（6×250MW）、广东深圳（4×300MW）、海南琼中（3×200MW）和河南回龙（进口系统改造）（2×60MW）等抽水蓄能电站，并将进一步推广应用于安徽绩溪（6×300MW）、河北丰宁（12×300MW）、吉林敦化（4×350MW）、黑龙江荒沟（4×300MW）、安徽金寨（4×300MW）、河南天池（4×300MW）、山东文登（6×300MW）、山东沂蒙（4×300MW）、福建永泰（4×300MW）等新建抽水蓄能电站。

2010年9月，北京中水科水电科技开发有限公司与广东清远抽水蓄能有限公司开始了清远抽水蓄能电站计算机监控系统的研制工作，于2016年8月将自主研制的H9000 V4.0计算机监控系统成功应用于清远抽水蓄能电站。

3. 发展现状

国外抽水蓄能电站建设数量虽多，但起步比较早，且发达国家的抽水蓄能电站建设大多已经完成，在抽水蓄能电站计算机监控技术方面，后期并没有太多的技术发展。

国产的抽水蓄能电站计算机监控系统是在我国先进的常规水电站计算机监控技术基

础上，对抽水蓄能电站运行特性和工况转换方式、关键控制流程和信息交换技术、机组控制技术、电站联合控制等方面进行深入的研究，并结合计算机科学领域的最新技术，研制开发出的大型抽水蓄能电站计算机监控系统，满足了抽水蓄能电站对生产设备全面监视和控制的要求，具有人机界面友好、符合国内运行习惯等特点。

通过对目前已投运的抽水蓄能电站计算机监控系统进行对比，可以看出，国内、外厂家提供的抽水蓄能电站计算机监控系统软硬件结构基本相同，所提供的系统硬件在可靠性方面没有明显差别，从软件、售后服务、备品备件和性价比等方面看，国内厂家还具有明显的优势。

4. 发展方向

近年来，随着云计算、大数据、物联网、移动互联网、人工智能等新一代信息技术的蓬勃发展，以及采用新原理、新材料的智能传感技术的不断进步，当前抽水蓄能行业内的知名企业也都在积极探索上述技术与电厂数字化、智能化业务的结合应用，加速推动智能抽水蓄能电站技术体系的完善与改进。因此，未来需要全面思考智能抽水蓄能电站与新一代信息技术和传感技术深度融合的机制和途径，对智能抽水蓄能电站的技术体系及工程应用开展进一步深化研究和实践，持续提升抽水蓄能电站运行管理的集约化和智能化水平。

此外，我国目前已建成的抽水蓄能机组全部是定速抽水蓄能机组，定速机组在抽水工况只能采取"开机-满负荷-停机"控制方式，随着风电、太阳能大规模并网，定速机组难以满足电网连续、快速、准确进行频率调节和调整有功功率的要求。而国外近期建设的抽水蓄能机组基本都是变速抽水蓄能机组，变速机组具有一定程度的异步运行能力，通过相位、幅值控制可获得快速有功功率和无功功率响应，有利于电力系统稳定运行。因此，我国也亟需开展变速抽水蓄能机组监控技术研究，为我国建设变速抽水蓄能电站保驾护航。

第二章

计算机监控系统设计

随着电子技术和计算机技术的发展，抽水蓄能电站计算机监控系统自动化程度越来越高，功能也不断扩展。为了更好地监视和控制电站设备，减轻运行人员的劳动强度，提高企业生产效益，目前抽水蓄能电站基本都按照"无人值班"（少人值守）要求设计，并具备一定的可扩展能力，为后续功能扩展及智能化提升留有裕度。

计算机监控系统由调度控制层设备、厂站控制层设备、现地控制层设备和网络设备组成。本章将分别介绍网络结构设计、调度控制层设计、厂站控制层设计、现地控制层设计、电力监控系统安全防护设计及独立光纤硬布线回路设计。

⊪ 第一节　网　络　结　构　设　计

一、网络结构设计要求

目前计算机监控系统一般采用开放的分层、分布式体系结构，根据抽水蓄能电站的规模、装机容量和台数、电力系统中的地位等条件的不同，各电站计算机监控系统也具有不同的特点和方案，其中计算机网络的速率、稳定性和可靠性是抽水蓄能电站计算机监控系统安全、稳定运行的基础和保证，因此对计算机网络的稳定性、可靠性要求高。

计算机网络方案应满足稳定性、可靠性、先进性和经济性等基本要求，保证网络长期、连续工作的可靠性。因此，网络设计需选用安全可靠的网络设备，采用硬件冗余方式，同时在软件上也要进行相关的冗余设计，以满足网络链路断线时自动切换到备用链路进行网络数据传输的要求。此外，网络拓扑结构也是提高网络可靠性的重要因素，是电站计算机监控系统设计的重点之一。

抽水蓄能电站计算机监控系统网络结构选择是一个综合、复杂的工作，需依据电站的规模、运行要求、控制对象的数量、设备分布状况、在电网中的地位和任务以及电站运行习惯等因素综合考虑，同时不同网络结构的复杂性、冗余切换速度、经济性价比等因数也是网络设计需要考虑的方面。

目前以工业以太网为基础的抽水蓄能电站计算机监控系统网络结构主要有双星形网络结构、双环形网络结构和双混合形网络结构，其网络冗余和可靠性指标依次递增。目前使用最多的抽水蓄能电站计算机监控系统网络结构形式为双环形网络结构。

二、网络结构设计

1. 双星形网络结构

双星形网络结构是在单星形网络结构基础上发展而来的，在同一个网络系统中设置完全独立的 2 套单星形网络结构，所有节点均冗余设置 2 台交换机，所有终端设备均以星形方式同时连接至 2 台交换机上，从而解决了单星形网络结构没有冗余功能的缺陷。

双星形网络结构简单，具备设备和链路的完全冗余配置，具有较高的可靠性和传输效率，适合控制对象相对集中的电站，如河北潘家口、江苏沙河等抽水蓄能电站。双星形网络结构如图 2-1 所示。

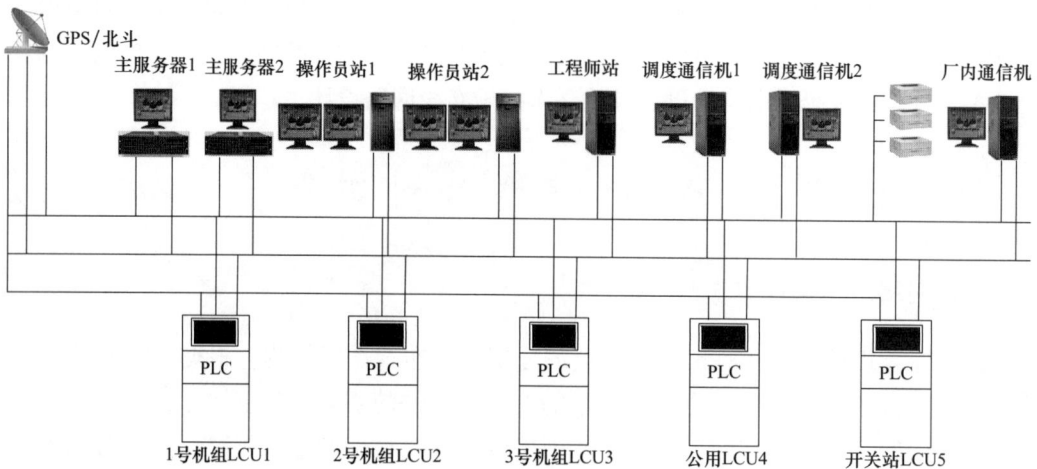

图 2-1　双星形网络结构图

2. 双环形网络结构

双环形网络结构是在网络系统中同时设置了 2 套完全独立的单环形网络，所有节点均冗余设置 2 台交换机，所有终端设备均同时连接至对应的 2 台环形网络交换机上，从而提高了网络的冗余容错功能，可允许同时出现 3 处故障（包括链路故障和网络设备故障），不影响网络通信功能。

双环形网络结构具备较高的设备和链路冗余，且冗余切换时间较快，整个网络系统的可靠性很高，适合控制对象相对分散的电站。目前大多数抽水蓄能电站采用了双环形网络结构，如辽宁蒲石河、安徽响水涧、浙江仙居、江西洪屏、广东深圳、海南琼中等抽水蓄能电站。双环形网络结构如图 2-2 所示。

但双环形网络存在组网施工和维护困难的问题。由于环形网之间的相互关联，在施工时，每一套现地控制单元施工有先后顺序，要形成完整的环形网络比较困难，需要采取临时跳线措施。另外，环形网络结构也给检修带来麻烦，例如，一般抽水蓄能电站都有 4 台及以上机组，当 1 号机组现地控制单元、3 号机组现地控制单元同时检修时，往往要切断机组现地控制单元电源，这会造成 2 号机组现地控制单元网络中断，必须在检修前采取临时跳线措施，搭建环形网络。

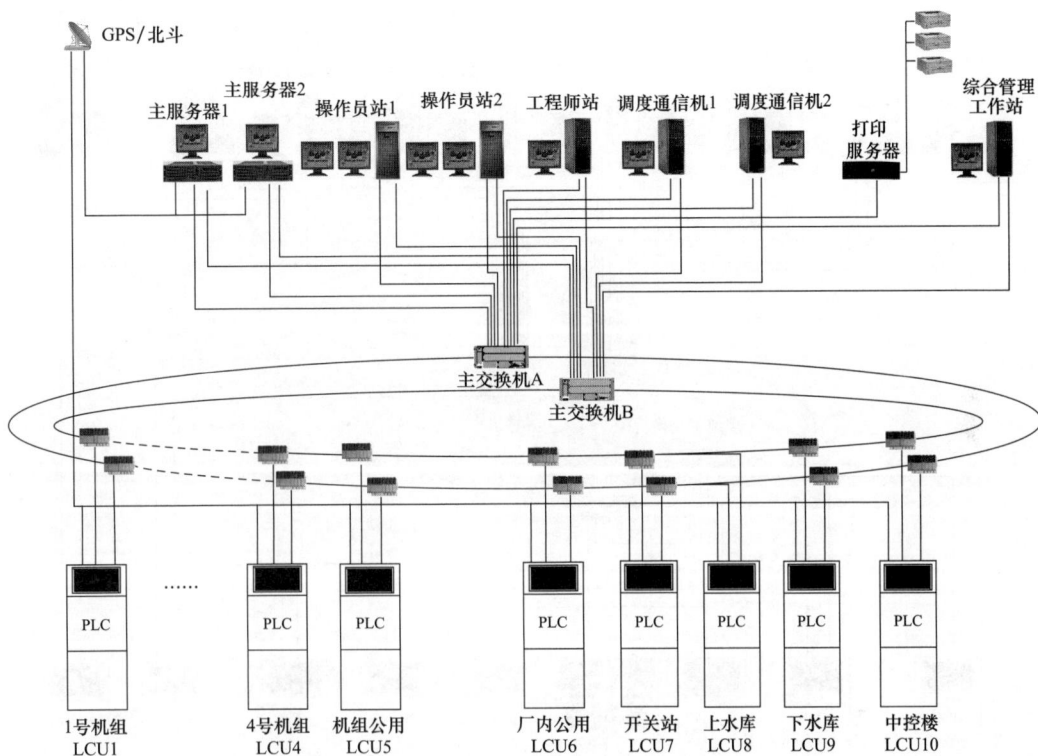

图 2-2 双环形网络结构图

3. 混合形网络结构

为解决双环形网络组网施工和维护困难的缺点，结合双环形网络和双星形网络的各自优点，形成了一种新型网络结构，即双环形网络＋双星形网络组合的混合形网络结构。

根据抽水蓄能电站设备地理位置特点，在中控楼、地下厂房分别设置主交换机，通过双环形网络连接，其余现地控制单元分别设置现地交换机，通过双星形网络连接当地的双环形网络主交换机。双环形网络＋双星形网络组合的混合形网络结构既保证了厂站控制层设备与现地控制层设备之间的网络连接可靠性，又便于组网施工，且维护方便，适合 6 台以上机组的大型抽水蓄能电站，如江苏溧阳、河北丰宁等抽水蓄能电站。双环形网络＋双星形网络组合的混合形网络结构如图 2-3 所示。

网络核心设备是交换机，交换机需采用工业级设备，以适应现场的恶劣环境。根据网络安全与电力监控系统安全防护要求，网络交换机设备应采用国家检定机构检测合格的设备，主交换机建议配置三层网管型机架式交换机，双电源冗余供电，

11

采用模块化结构，并留有 2 个以上的备用插槽。网络配置为双以太网络结构，双以太网络之间可实现自动无扰动切换，不影响系统功能。

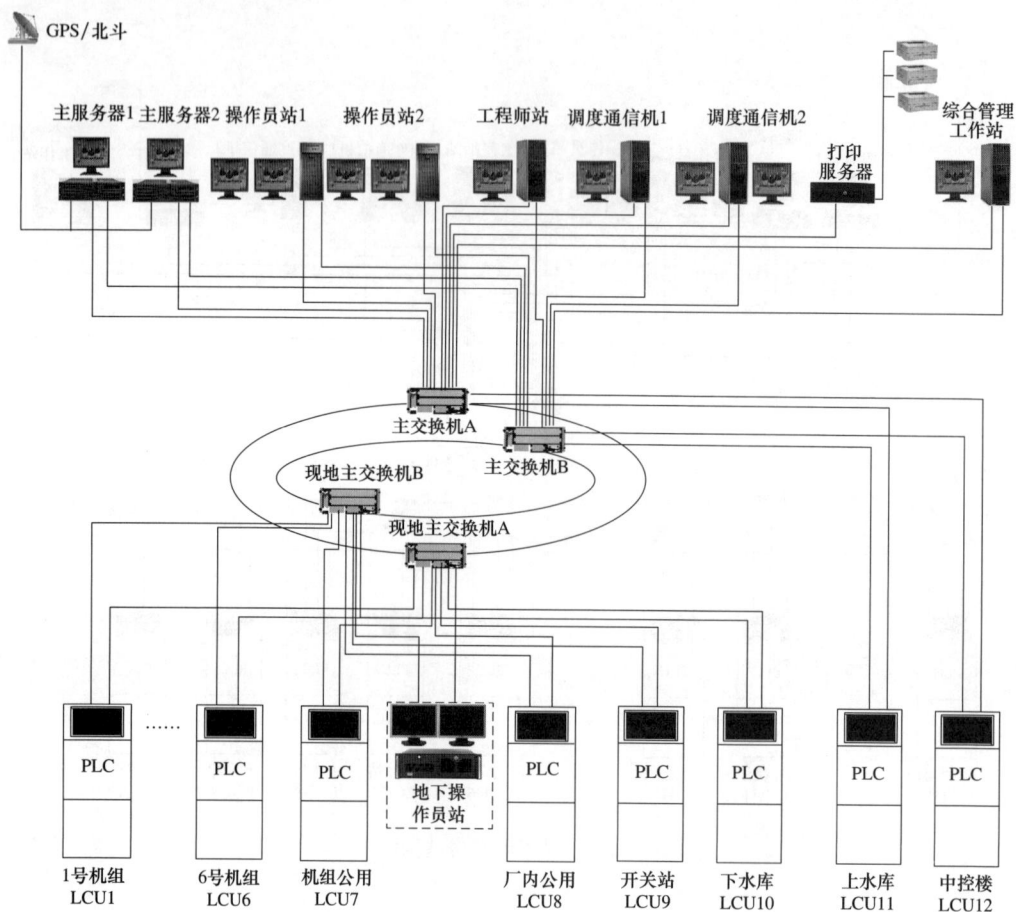

图 2-3　双环形网络＋双星形网络组合的混合形网络图

现地控制层交换机建议采用导轨式工业以太网交换机，双电源冗余供电，如果是环形网络结构，现地交换机需选用网管型交换机。

✦ 第二节　调度控制层设计

一、调度控制层设计要求

调度控制层负责与电网调度系统通信，向电网调度系统上送遥测量和遥信量，接收电网调度系统下发的遥调量和遥控量，实现电网调度系统对电站的远程监视和控制。

二、调度控制层设计

调度控制层设备主要包括调度通信机、交换机、纵向加密装置、路由器等设备，一般冗余配置，采用并列冗余方式工作。调度通信连接图如图 2-4 所示。

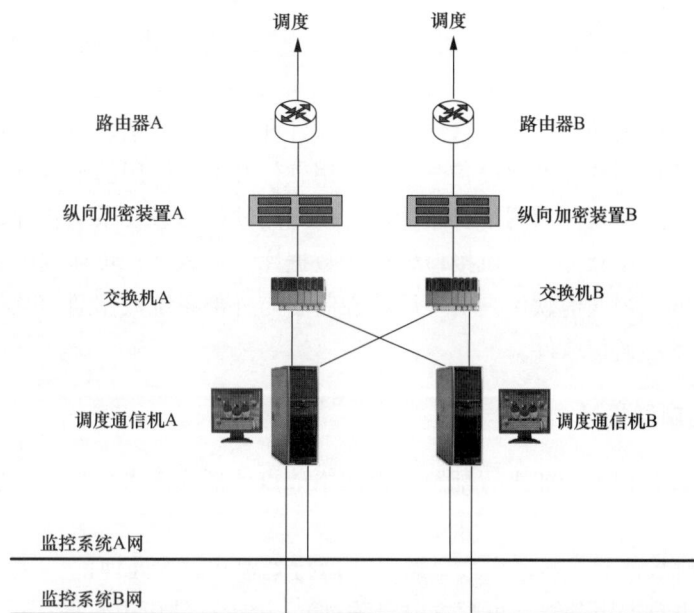

图 2-4　调度通信连接图

为了提高调度通信的可靠性，调度通信机建议选用机架式嵌入通信管理机，采用双电源、固态硬盘和无风扇设计，配置相应的以太网接口和串行接口。

𝄐 第三节　厂站控制层设计

一、厂站控制层设计要求

厂站控制层设备承担着电站所有设备实时操作监控任务，可用率需不小于 99.97%，安全性和可靠性要求高，因此，厂站控制层设备需选用高质量设备，并采用冗余容错设计，即任何一个设备故障或功能的丧失，都不能导致厂站控制层操作监视功能的丢失和系统崩溃。

厂站控制层设计包括硬件、软件、功能三部分，需满足电站监控实时性、安全性和可靠性要求，且需操作简便，监视直观，报警及时，事件顺序记录完整，趋势分析便利。

厂站控制层之间通过以太网方式与现地控制层进行通信，不同厂家采用的通信协议不同，一般在 Modbus TCP/IP、IEC 60870-5-104 或 OPC Server 中选取一种通信协议。

厂站控制层硬件设备主要有实时数据服务器、历史数据服务器（可配置磁盘阵列）、操作员工作站、工程师工作站、调度通信工作站、厂内通信工作站、语音报警工作站、打印机和网络设备等。各计算机服务器及工作站都与两套网络主交换机相连接，形成冗余的厂站控制层网络。厂站控制层设备主要布置在中控室及计算机室内。

厂站控制层软件主要包括系统软件、应用软件和与第三方系统通信软件等。系统软件是协调控制计算机硬件及外部设备，支持应用软件开发和应用的平台软件，主要是操作系统、数据库、工具软件和网络安全诊断等。应用软件一般在系统软件建立的平台上开发，主要有控制操作软件、人机接口软件、数据库生成软件、负荷成组和电压成组控制软件等。第三方系统通信软件是实现厂站控制层与外部系统数据通信软件，包括调度通信软件和外部系统通信软件。

二、厂站控制层设计

厂站控制层设备根据功能进行配置，以网络节点的形式接入厂站控制层网络。一般配置如下：

(1) 2套实时数据服务器，完成电站设备运行管理和数据处理；

(2) 2套历史数据服务器（可配置磁盘阵列），用于存储历史数据；

(3) 3套操作员工作站，用于实时运行监视和控制；

(4) 2套调度通信服务器，完成与调度系统数据通信；

(5) 1套站内通信服务器，完成与电站内其他子系统数据通信；

(6) 1套工程师工作站，用于系统在线和离线测试，数据设置、整定和软件更改；

(7) 1套语音报警工作站，完成语音报警功能；

(8) 1台便携式计算机，用于系统调试和维护；

(9) 1套网络设备（冗余配置），用于网络通信；

(10) 1套网络连接用铠装光缆、尾纤和双绞线，用于网络通信；

(11) 1套卫星时钟同步系统，接入监控以太网络，对所有厂站控制层设备、厂内各现地控制单元设备以及各继电保护装置等设备进行时钟同步；

(12) 1套厂站控制层不间断电源，用于厂站控制层设备供电；

(13) 1套大屏幕显示设备，用于显示电气接线、设备运行参数、视频图像等；

(14) 2台打印机，用于打印画面、报表、曲线等；

(15) 中控室控制台1套，用于布置厂站控制层设备。

1. 服务器及工作站配置

(1) 主计算机服务器。主计算机服务器包括实时数据服务器和历史数据服务器，实时数据服务器主要负责电站设备运行管理、实时数据处理和成组控制等高级应用工作。

历史数据服务器主要负责历史数据的生成、转储，各类运行报表生成和储存等数据处理和管理工作。系统按指定的周期（一般要求不低于1s）存储实时数据库缓冲区中的数据到历史数据服务器，实现实时数据的长期存档。

目前有2种典型配置方式，一种是配置2套主计算机服务器，兼有实时数据服务器和历史数据服务器功能，双机热备冗余方式工作，该配置费用低，但实时数据与历史数据功能集中在一起；另一种是分别配置2套实时数据服务器和2套历史数据服务器（可配置磁盘阵列），双机热备冗余方式工作，该配置实时数据服务器与历史数据服务器相互独立，可靠性更高，但费用高。

实时数据服务器和历史数据服务器通常选用机架式服务器，组屏安装在服务器柜中，柜内可配置1台显示器，通过切换装置与服务器连接，便于调试和维护。

（2）操作员工作站。操作员工作站主要作为操作员人机接口工作平台，用于实时运行监视和控制。操作员工作站一般配置3套，每套配置双显示器，其中2套操作员工作站布置于中控楼控制台，1套操作员工作站布置于地下厂房控制室控制台。

操作员工作站可选用塔式工作站，直接布置在中控楼控制台中；也可以选用机架式工作站，组屏安装在计算机柜中，通过视频延长方式与控制台上的显示器连接。

（3）工程师工作站。工程师工作站主要作为维护人员人机接口工作平台，用于数据库修改、画面编辑、程序修改和下载等系统维护工作。

工程师工作站硬件配置建议与操作员工作站类同，当操作员工作站发生故障时，可以将工程师工作站临时配置成操作员工作站使用。

（4）厂内通信工作站。厂内通信工作站主要负责电站计算机监控系统与厂内其他子系统（生产管理系统、电能量计费系统等）数据通信。厂内通信工作站建议选用机架式工作站，组屏安装在计算机柜中。

如果厂内通信工作站与电站Ⅱ区或Ⅲ区设备进行网络通信，则需要在网络通道上配置横向隔离装置。

（5）语音报警工作站。语音报警工作站主要负责语音报警功能。语音报警工作站硬件配置建议与操作员工作站类同。

语音报警工作站可直接布置在中控楼控制台中；也可以组屏安装在计算机柜中，通过视频延长方式与控制台上的显示器连接，通过音频延长方式与控制台的音箱连接。

2. 不间断电源配置

不间断电源主要用于给服务器、工作站和网络设备等提供不间断的电力电源。当交流电源输入正常时，不间断电源将交流电源稳压后供应给负载使用，同时还向蓄电池充电；当交流电源中断时，不间断电源立即将蓄电池的电能，通过逆变转换的方式继续向负载供应交流电源，保证负载供电的稳定性和可靠性。

不间断电源一般由电源输入隔离和滤波回路、整流器、逆变器、蓄电池组（带蓄电池的不间断电源）、旁路回路、控制面板和馈电回路等设备组成。

（1）不间断电源性能要求。不间断电源主要性能要求如下：

1) 输入电压：AC380/220V（1±15％），三相/单相，50Hz（1±2％）；DC220，−20％～＋10％。

2) 输出电压：AC220V（1±2％），50Hz（1±1％）。

3) 输入频率范围：50Hz（1±3％）。

4) 输入功率因数：≥0.98。

5) 输出电压范围：220V（1±1％）。

6) 输出频率范围：50Hz（1±1％）。

7) 输出电压谐波失真：≤1％。

（2）不间断电源设计。首先根据电站实际设备供电情况，确定不间断电源工作方式，然后根据所有供电设备的功率确定不间断电源的容量，为使不间断电源工作在最佳状态，供电设备的总功率一般为不间断电源容量的70％～80％，最后计算确定不间断电源蓄电池型号和数量。

1) 不间断电源工作方式选择。不间断电源工作方式主要有并机冗余和独立供电两种方式，下面分别进行介绍。

a. 并机冗余方式：2台不间断电源主机通过并机线同步后，馈电输出并接在一起向外部设备供电，当2台不间断电源主机正常工作时，各带50％的负荷，出现故障时，无扰动切换至另1台不间断电源主机，由另1台不间断电源主机承担100％的负荷。并机冗余供电方式接线复杂，当不间断电源主机故障时维护工作量较大。

b. 独立运行方式：2台不间断电源主机完全独立运行，具有双电源供电的计算机设备的供电分别来自2台独立的不间断电源主机，对于那些少量的只有单电源供电的计算机设备，可由2台独立运行不间断电源主机馈电输出至静态切换开关，通过静态切换开关无扰动切换后供电。独立供电方式接线简单，可靠性高，故障排查快，维护工作量小。

2) 不间断电源容量计算。不间断电源容量可以按以下经验公式计算：

不间断电源容量＝不间断电源供电设备总功率/不间断电源容量系数/功率因数。

其中：不间断电源容量系数一般为0.7～0.8，功率因数一般采用0.8。

以15kW不间断电源供电设备总功率为例进行计算，则不间断电源容量＝15/0.8/0.8＝23.4375（kVA）。

因此，15kW的不间断电源供电设备总功率需要配置23.4375kVA的不间断电源，一般配置30kVA的不间断电源。

3) 不间断电源蓄电池型号和数量计算。蓄电池供电时间主要受负载大小、电池容量、环境温度、电池放电截止电压等因数影响。一般计算不间断电源蓄电池配置，可以根据电池放电时间系数表，计算出电池放电电流安时，再配置对应安时数的电池。电池放电电流可以按以下经验公式计算：

放电电流安时（Ah）＝不间断电源容量（VA）×功率因数/电池组电压×放电电流系数。

以30kVA延时1h为例进行计算：

UPS 容量（VA）为 30000VA，功率因数为 0.8，电池放电平均电压效率为 336V，1h 的放电系数为 0.6，得到：放电电流安时（Ah）＝30000×0.8/336×0.6＝119（Ah）。

因此需要选择大于 119Ah 的蓄电池，如 12V 150Ah 蓄电池，共 150Ah，满足 119Ah 的要求。

蓄电池数量＝不间断电源直流电源输入电压/单节蓄电池电压＝384V/12V＝32 节。

3. 卫星时钟同步系统配置

卫星时钟同步系统用于实现电站内所有自动化设备的时钟同步对时，包括计算机监控系统、励磁系统、调速器系统、状态监测系统、继电保护系统、故障录波装置、功角测量装置和安稳装置等自动化设备的时间同步。

为了保证电站所有自动化设备时钟一致，全厂一般只设置一套卫星时钟同步系统，对全站所有自动化设备进行时钟同步对时。

（1）时钟同步系统性能要求。时钟同步装置需同时接收北斗卫星和全球定位系统（GPS）的标准时间同步信号，并能进行自动切换。时钟系统以每天计时（时、分、秒），时钟误差为 24h 不超过 ±0.001s，时钟系统具有与卫星的标准时间同步的能力，也能同时接收北斗卫星系统标准时间的同步信号。

时钟同步系统既可以报文方式对时，也可以脉冲方式硬对时；报文方式对时提供多种通信规约，具有支持 NTP 或 TCP/IP 协议的网络时钟服务器功能。

时钟同步装置的输出满足 IEEE STD 1344-1995 标准的 IRIG-B（AC，RS-485/422）码、IRIG-B（DC，RS-485/422）码，1PPS/1PPM/1PPH/1PPX 脉冲输出（空接点/差分/光纤/测试用 TTL），时间报文信息（RS-232/RS422），NTP/SNTP（以太网接口，物理隔离）等，通过网络、串口、脉冲、B 码等对时信号方式，给需要同步的自动化系统发送同步时钟信号。

时钟同步系统主时钟和子时钟有多路时间信号输出时，不管信号接口的类型，各路输出在电气上均相互隔离。所有输出信号均经高速光电隔离，电磁抗干扰应达到Ⅲ级标准。主时钟与扩展子时钟具有电源故障、外部时间基准信号消失和设备自检出错报警功能。

为保证时钟同步系统的可靠性、稳定性以及后续的可扩展性，时钟同步系统采用模块化设计，时钟同步系统具有多种输出接口，每种输出接口的数量能根据电站实际需求灵活配置，并留有 10%～15% 的裕量，主时钟与扩展子时钟除接收模件不同外，其他模件均能互换，以提高设备的通用性。

（2）时钟同步系统设计。首先统计电站自动化系统对时方式、对时接口数量及布置位置，确定时钟同步系统扩展子时钟数量及接口配置，然后确定时钟同步系统工作方式。

时钟同步系统通常有如下两种配置方式：单北斗卫星/GPS 主时钟及扩展子时钟系统和双北斗卫星/GPS 主时钟及扩展子时钟系统，下面分别进行介绍。

1）单北斗卫星/GPS 主时钟及扩展子时钟系统。单北斗卫星/GPS 主时钟及扩展子时钟系统由天线（可以是北斗卫星天线和 GPS 天线各一根，也可以是北斗卫星/GPS 双模天线一根)、主时钟、扩展子时钟及时间信号传输通道等组成。主时钟和扩展子时钟装置均采用模块化结构,便于扩展。主时钟天线可根据电站实际情况,选择是否带防雷防护。主时钟与扩展时钟建议配置报警板,在电源中断、外部时间基准信号消失和设备自检出错时发出报警信号。

一般来说北斗卫星/GPS主时钟装置布置在计算机室,厂站控制层设备的对时由主时钟完成,现地控制单元屏柜内布置扩展子时钟装置,现地控制层设备的对时由扩展子时钟完成。主时钟与扩展子时钟之间采用光缆或电缆进行连接。如图2-5所示。

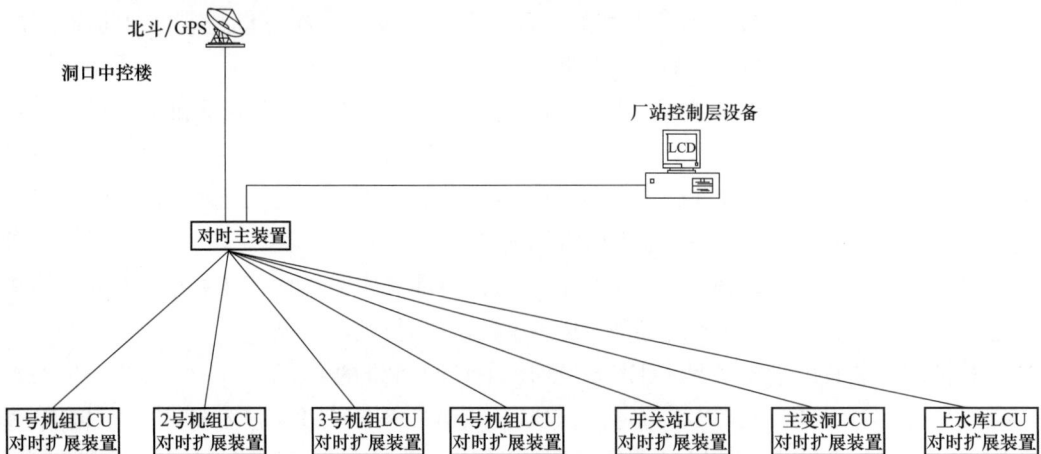

图 2-5　单北斗卫星/GPS主时钟及扩展子时钟系统配置

2) 双北斗卫星/GPS主时钟及扩展子时钟系统。双北斗卫星/GPS主时钟及扩展子时钟系统由天线(可以是北斗卫星天线和GPS天线各2根,也可以是北斗卫星/GPS双模天线2根)、主时钟、扩展子时钟及时间信号传输通道等组成。主时钟和扩展子时钟装置均采用模块化结构,便于扩展。主时钟天线可根据电站实际情况,选择是否带防雷防护。主时钟与扩展时钟建议配置报警板,在电源中断、外部时间基准信号消失和设备自检出错时发出报警信号。

一般来说北斗卫星/GPS主时钟装置布置在计算机室,厂站控制层设备的对时由主时钟完成,现地控制单元屏柜内布置扩展子时钟装置,现地控制层设备的对时由扩展子时钟完成。主时钟与扩展子时钟之间采用光缆或电缆进行连接。如图2-6所示。

与单北斗卫星/GPS主时钟及扩展子时钟系统不同的是,双北斗卫星/GPS主时钟及扩展子时钟系统采用双主时钟冗余配置,构成冗余系统,当主时钟出故障时能无扰动切换至另一台时钟,每台扩展子时钟装置上均有两个IRIG-B码光口或电缆接口,分别与两台主时钟连接,提高了卫星同步时钟系统的可靠性。

4. 大屏幕显示系统配置

为了满足抽水蓄能电站中控楼集中信息显示的要求,需要建立一套大屏幕显示系

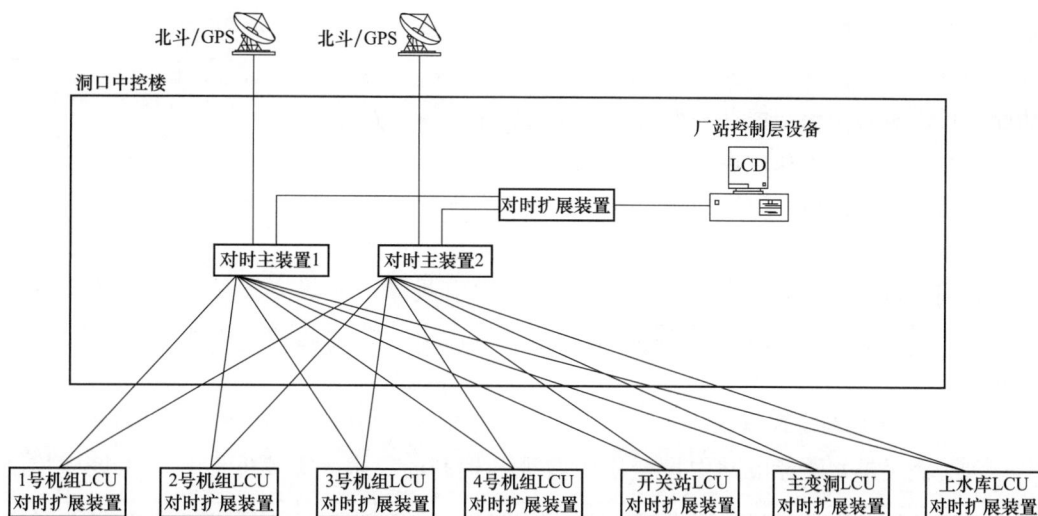

图 2-6　双北斗卫星/GPS 主时钟及扩展子时钟系统配置

统，将各种计算机图、文信息和视频信号等进行集中显示，且各种显示信息在大屏幕上可根据需要以任意大小、任意位置和任意组合进行显示。

大屏幕显示系统由组合显示大屏幕（含板卡）、控制处理系统（包括专用控制器、控制软件等）及相关外围设备（全套的框架、底座、线缆、安装附件等）组成。

（1）大屏幕显示系统性能要求。整套大屏幕显示系统应具有可靠性、实用性、先进性、易维护性、灵活性和可扩展性。采用先进的技术和系统结构，提高系统可靠性和安全性，不能对其他子系统造成安全影响和环境影响，减少故障带来的影响；提供冗余配置，具备模件设计和扩展能力；采用统一的控制管理系统，可以灵活操作，同时提供二次开发接口，方便和其他系统进行整合。

图像显示效果清晰稳定，屏幕亮度高显示均匀，色彩还原真实，图像失真小，显示稳定性高，使用寿命长，能满足 $7 \times 24h$ 长期连续显示的要求。

能够显示 Windows、UNIX、Linux 等主流操作系统的计算机图像信号，能够显示 PAL/NTSC/SECAM/1080p/1080i/720p 等各种视频信号，通过网络途径，可以实现网络信号显示、高分辨率应用画面和视频图像的显示。

整个显示系统可作为统一显示平台，整屏显示各种信号。同时，可分为多个功能区，各功能区将按照职能需要显示各种信号。

整个显示系统可作为统一平台进行管理，如在全屏任意位置调用任意信号显示等。同时，各功能区可独立管理，如对所在区域进行开关机、在该区域内调用显示信号等。

整个显示系统能提供分辨率叠加的高分辨率统一显示平台，能够显示高分辨率图形。

整个显示系统对输入信号数量留有一定的裕度，便于今后输入信号扩展。

大屏幕显示系统支持多屏图像拼接，画面可整屏显示，也可显示多分屏画面和组合画面，并可多画面在大屏幕上任意分割。画面能够自由缩放、移动、漫游，不受物理拼缝的限制，实现分区或分屏显示时的多个窗口的联动功能。通过灵活方便的矩阵切换等功能，可以满足中控楼信息种类繁多、情况变化率高的需要。

（2）大屏幕显示系统设计。首先统计电站各种需要在大屏幕显示系统上的计算机图、文信息和视频信号数量和接口方式，确定大屏幕显示系统接口配置，然后确定大屏幕显示系统的尺寸，最后确定大屏拼接使用的显示单元种类。

目前大屏拼接使用的显示单元主要有 DLP 背投、PDP 等离子显示器、LCD 液晶显示器三种。抽水蓄能电站可根据投资和性能需求，综合选择大屏拼接使用的显示单元。

5. 中控楼控制台配置

为了满足抽水蓄能电站中控楼集中监视和控制的要求，需要安装一套中控楼控制台，将中控楼内的计算机、显示器、鼠标、键盘、调度电话、打印机等设备摆放布置在中控楼控制台，便于操作人员集中监视和控制。中控室控制台一般根据电站的使用需求订制，既可以单联使用，也可以是多联组合。

（1）中控楼控制台性能要求。中控楼控制台包括供操作人员使用的可升降转椅，显示器及鼠标放置在控制台上，标准键盘放在控制台操作面板下的抽屉中，构成一个和谐的整体。对控制台的性能要求如下：

1）满足人体工学设计。控制台设计需遵循人体工学设计，尽量减少控制台使用造成的疲劳，让人在工作中更舒适、安全和健康。

2）满足合理的布线要求。控制台内部走线槽配置合理，保证电源线及信号线分开布放，走线槽附近有足够的布线空间，可以合理有序地进行布线，保证了后期维护、更换的方便性和灵活性。

3）满足安全性能。过线口都经过圆角处理，避免利口边对设备线造成损坏，确保设备的安全；控制台的钢质部分设有接地螺柱，通过接地线的连接保证人员施工、操作的安全，同时保证设备安全稳定运行；台面材料具有防火功能，耐高温高压。

4）耐用性及布局的合理性。由于操作人员每周 7×24h 不间断工作，对控制台的耐用性要求高；设计时要根据控制室以及控制台的功能、设备的摆设、工位的设置和操作人员协同工作的要求进行设计，最大程度地提高操作人员工作效率，同时对设备的安装使用、维护及布线系统做出最大限度的优化，使安装维护方便，布线管理容易。

5）满足合理散热。控制台具有合理的通风散热设计，满足设备通风散热要求。

6）环保标准。控制台选用的材料需采用环保材料，符合国家环保规定。

（2）中控楼控制台设计。首先根据中控楼房间的大小整体规划出最合理的设计布局，主要有弧形控制台和直形控制台。

弧形控制台适合比较大的中控楼，美观大方，利用弧形的优势尽可能多地安排更多的工位，优点是控制台的摆放美观，缺点是对房间的尺寸环境整体要求高。

直形控制台是最简便的控制台设计，布局简单化，占用空间小，适合比较小的中控楼，优点是占用空间小，缺点是造型相对简单，可利用控制台的造型多样性弥补这一不足。

然后确定控制台的结构，一般采用钢木结构、模块化结构设计，可根据用户的需求灵活增减席位。控制台主体由钢和铝型材制成，不同形状的控制台由直线模件和不同角度模件构成，控制台面板及内外门板采用环保双贴面高压耐磨板。

最后确定控制台颜色，制作控制台整体效果图。

◆ 第四节 现地控制层设计

现地控制层主要由现地控制单元组成，现地控制单元一般布置在电站生产设备附近，就近对电站各类被控对象进行实时监视和控制，是电站计算机监控系统的重要控制部分。

现地控制层是监控与生产过程设备的接口，需具备数据采集、数据处理、控制与调节、通信、时钟同步、自诊断与自恢复、人机接口等功能。现地控制层一般采用现地控制单元（LCU）实现上述基本功能。

根据抽水蓄能电站生产过程监控的需要，现地控制层一般配置机组现地控制单元、主变洞现地控制单元（或机组公用现地控制单元）、厂房公用设备现地控制单元、厂用电现地控制单元、开关站现地控制单元、中控楼现地控制单元、上水库现地控制单元和下水库现地控制单元。

（1）机组现地控制单元：监控对象主要涵盖了水泵水轮机、发电电动机、主变压器、进水阀、尾水事故闸门及机组励磁、调速、继电保护、状态监测等所有机组及其附属设备，具有对机组各工况启停和工况转换的自动控制和调节等功能。

（2）主变洞现地控制单元（或机组公用现地控制单元）：完成静止变频器及相应抽水启动回路的断路器、隔离开关等设备监视和控制。

（3）厂房公用设备现地控制单元：完成厂房排水泵、水淹厂房系统、高/中/低压气系统及 220V 直流电源系统等公用设备监视和控制操作等。

（4）厂用电现地控制单元：完成厂用电监视和控制、厂用电备用电源自动投入操作等。

（5）开关站现地控制单元：完成开关站电气一次设备及辅助设备控制操作等。

（6）中控楼现地控制单元：完成中控楼厂用电系统、直流系统及公用辅助设备的监视和控制操作等。

（7）上水库现地控制单元：完成上水库水位、闸门及相关辅助系统的监视，上水库闸门控制操作等。

（8）下水库现地控制单元：完成下水库水位、闸门及相关辅助系统的监视，下水库闸门控制操作等。

一、现地控制单元设计要求

为了适应电磁干扰和潮湿的工业环境要求，现地控制单元硬件以可编程逻辑控制器

（或过程控制器）和人机接口设备为基础，可编程逻辑控制器由中央处理单元（CPU）、内存、输入/输出模件、数据通信模件、电源等相应硬软件组成，程序直接固化于非易失性存储器中。

现地控制单元设计分两部分，一部分是硬件（包括硬布线回路）设计，另一部分是功能（包括逻辑、流程、数据接口等）设计。硬件设计一般按照被控设备输入/输出信息的类型、点数、实时性等要求进行，功能设计则按照生产过程的监视控制要求进行，并遵循以下设计原则：

（1）现地控制单元的设备可用率不小于 99.97%，需选用高质量设备，并采用冗余容错设计。

（2）机组发电启动成功率和抽水启动成功率不低于 99.5%，要求现地控制单元内部设备可靠性高、故障及闭锁判断逻辑合理、控制流程合理。

（3）现地控制单元具有工况转换控制、功率调节、过程输入/输出、数据处理、相应画面显示和外部通信功能。每个现地控制单元一般配备现地/远方切换开关，当切换到现地时，不接收电站控制层来的控制指令，只传送数据。

（4）现地控制单元可脱离厂站控制层直接完成生产过程的实时数据采集及预处理、单元设备状态监视、控制和调节等功能，对所管辖的设备和生产过程进行监控。在各工况顺序操作过程中，在现地操作人员接口工作站上能监视到相关现地控制单元的信息。

（5）现地控制单元与保护装置、励磁系统、调速系统、静止变频器以及厂用电、辅助设备控制装置、直流系统等监控对象的接口以数字通信为主，对于重要信息，如控制命令、重要的状态信号和事故信号，可采用远程 I/O 或硬布线连接，数字通信采用以太网和开放性好的现场总线技术，总线通信尽量统一为一种现场总线方式。

（6）机组现地控制单元需设置手动紧急停机按钮和独立的事故停机回路，满足发生重要的水力事故时执行完整停机过程的要求，其电源和输入信号需与机组现地控制单元独立。

（7）现地控制单元控制器设备需具有带电插拔模件的性能，符合 IEC 61131-2 的标准。现地控制单元的输入与输出接口通道、电源设备均应满足 IEC 61000-4、IEC 60870-2-1 的要求。

（8）现地控制单元控制器软件是固化于非易失性存储器中，有支持工具对软件程序进行检查、维护和修改，程序编制一般采用面向生产过程的高级语言编写。

（9）现地控制单元控制器具备自诊断功能，对硬件和软件进行检查，一旦发生故障立即发出报警，自诊断工具一般可诊断到相应的模件。

（10）利用主备冗余方式，对设备（模件）故障自行触发无扰切换，是提高设备可靠性的有效方法。在实际配置中，现地控制单元的输入电源、电源模件、控制器模件、通信模件等采用冗余配置。

（11）为便于电站后续扩充提供足够的裕度，现地控制单元控制器输入/输出模件需留有至少 20% 以上的备用容量。

（12）现地控制单元供电采用交流＋直流双供电方式，能够实现安全、可靠、无扰动进行电源切换，避免电源消失时现地控制单元数据信息丢失。

（13）现地控制单元一般设现地控制盘柜，盘柜上设有控制调节所需的操作开关、控制权选择开关、按钮和有相应的表计（包括交流采样装置和变送器）等。

（14）机组现地控制单元和开关站现地控制单元需配置自动准同期装置、手动准同期装置和检同期装置，实现同期并网功能。

二、现地控制单元设计

抽水蓄能电站现地控制单元主要由电源、可编程逻辑控制器、现地交换机、人机接口、同期装置、测量仪表、硬布线回路、输出继电器和屏柜等组成。

现地控制单元按照监控对象、功能和性能等方面要求进行综合设计。本节将以抽水蓄能电站机组现地控制单元设计为例，对电源、可编程逻辑控制器配置、现地交换机配置、人机接口、同期方式、测量仪表、事故停机硬布线回路、冗余控制、输出继电器和机柜组屏等方面进行阐述。

有关机组工况转换控制流程和开关站控制逻辑的设计，见第四章第二节、三节相关内容。

1. 供电电源配置

（1）输入电源设计。为提高现地控制单元输入电源的供电可靠性，输入电源建议采用双电源冗余配置，一路输入电源为交流 220V，另一路输入电源为直流 220V，通过交直流双供电装置给现地控制单元供电。也可根据电站具体要求采用双交流 220V 或双直流 220V 构成双电源冗余供电，当其中一路电源消失时，可以安全、可靠、无扰动切换到另一路电源。

（2）控制器电源设计。为提高现地控制单元可编程逻辑控制器的供电可靠性，现地控制单元可编程逻辑控制器建议采用冗余供电模式，供电电压一般为直流 24V，通过现地控制单元内配置的冗余直流 220V 转 24V 电源变换装置供电。

（3）事故停机保护回路电源设计。为保证机组事故时安全可靠停机，机组现地控制单元一般设置独立的事故停机回路，其电源与机组现地控制单元电源相互独立，通过电站直流系统单独供电。

2. 可编程逻辑控制器配置及工作原理

可编程逻辑控制器一般由中央处理器、存储器、通信模件、输入/输出模件、电源模件等部分组成。

可编程逻辑控制器采用循环扫描的工作方式，中央处理器从第一条指令开始执行程序，直到遇到结束符后又返回第一条，如此周而复始不断循环。

可编程逻辑控制器的扫描过程分为内部处理、通信操作、程序输入处理、程序执行、程序输出处理几个阶段。全过程扫描一次所需的时间称为扫描周期。当可编程逻辑控制器处于停止状态时，只进行内部处理和通信操作等内容。在可编程逻辑控制器处于运行状态时，从内部处理、通信操作、程序输入、程序执行到程序输出，一直循环扫描工作。

　　程序输入处理也称程序输入采样。在此阶段，首先读入所有输入端子的通断状态，并将读入的信息存入内存中所对应的映像寄存器；接着进入程序执行阶段，此时输入映像寄存器与外界隔离，即使输入信号发生变化，其映像寄存器的内容也不会发生变化，只有在下一个扫描周期的输入处理阶段才能被读入信息。

　　在程序执行阶段，可编程逻辑控制器从输入映像寄存器中读出上一阶段采入的输入端子状态，从输出映像寄存器读出对应映像寄存器，根据用户程序进行逻辑运算，存入有关器件寄存器中。对每个器件来说，器件映像寄存器中所寄存的内容，会随着程序执行过程而变化。

　　程序执行完毕后，将输出映像寄存器，即器件映像寄存器中的状态，在输出处理阶段转存到输出寄存器，通过隔离电路，驱动功率放大电路，使输出端子向外界输出控制信号，驱动外部负载。

　　可编程逻辑控制器的设计主要根据现地控制单元的输入/输出量、不同类型数据的循环扫描时间要求，以及存储和通信要求进行选择配置。

　　（1）中央处理器。中央处理器是可编程逻辑控制器的神经中枢，是系统的运算、控制中心，按照系统程序所赋予的功能，完成以下任务：

　　1）接收并存储用户程序和数据；

　　2）用扫描的方式接收现场输入设备的状态和数据；

　　3）诊断电源、可编程逻辑控制器内部电路工作状态和编程过程中的语法错误；

　　4）完成用户程序中规定的逻辑运算和算术运算任务；

　　5）更新有关标志位的状态和输出状态寄存器的内容，实现输出控制和数据通信功能。

　　对于大中型抽水蓄能电站，一般采用双 CPU 冗余结构，双 CPU 以热备冗余方式运行，如图 2-7 所示。

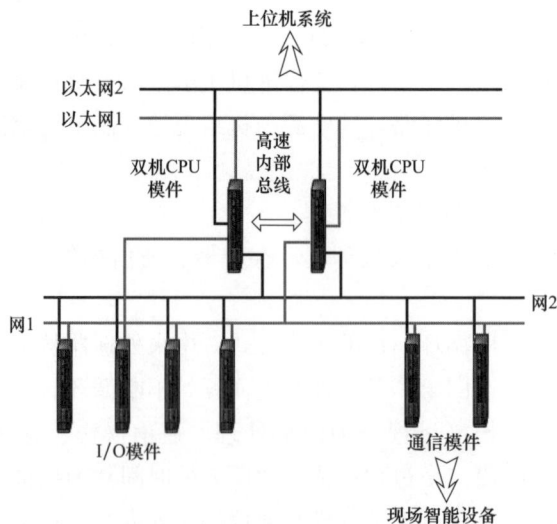

图 2-7　双 CPU 冗余结构图

（2）存储器。存储器用来存储数据或程序，它包括随机存取的存储器 RAM 和在工作过程中只能读出、不能写入的存储器 EPROM。RAM 中的用户程序可以用 EPROM 写入器写入到 EPROM 芯片中。写入用户程序的 EPROM 又可以通过外部接口与主机连接，然后让处理器按 EPROM 中的程序运行。EPROM 是可擦可编的只读存储器，如果存储的内容不需要时，可以用紫外线擦除器擦除，重新写入新的程序。

由于可编程逻辑控制器的软件由系统软件和应用软件构成，因此可编程逻辑控制器的存储器可分为系统程序存储器和用户程序存储器。把存放系统软件的存储器称为系统程序存储器，把存放应用软件的存储器称为用户程序存储器。不同类型的可编程逻辑控制器的存储容量各不相同，但根据其工作原理，其存储空间一般包括以下三个区域：

1）系统程序存储区。在系统程序存储区中，存放着相当于计算机操作系统的系统程序，包括监视程序、管理程序、命令解释程序、功能子程序、系统诊断程序等。由制造商将其固化在 EPROM 中，用户不能直接读取。

2）系统 RAM 存储区。系统 RAM 存储区包括 I/O 映像区以及各类功能块（各种逻辑线圈、计时器、计数器、累加器、变址寄存器等）存储区。

3）用户程序存储区。用户程序存储区存放用户编制的应用控制程序，不同类型的可编程逻辑控制器，其存储容量各不相同。有些可编程逻辑控制器的存储容量可以根据用户的需要加以改变，如选用 RAM、EPRAM 存储卡加以扩展。

（3）通信模件。可编程逻辑控制器通信包含可编程逻辑控制器与厂站控制层的通信及可编程逻辑控制器与扩展 I/O 模件的通信。可编程逻辑控制器一般采用通信模件实现可编程逻辑控制器与厂站控制层的通信及可编程逻辑控制器与扩展 I/O 模件的通信，完成数据交换。

一般地，每个 CPU 应配置 2 个通信模件，用于与厂站控制层的冗余网络通信。可编程逻辑控制器与扩展 I/O 模件是否采用冗余连接取决于现场总线是否冗余。对于大中型抽水蓄能电站，一般采用冗余通信方式，提高可靠性。

（4）电源模件。可编程逻辑控制器的电源模件是指将外部输入的电源处理后转换成满足可编程逻辑控制器的 CPU、存储器、输入/输出接口等内部电路工作需要的直流电源回路或电源模件。

为了保证可靠性，每个 CPU 配置独立的电源模件，扩展 I/O 模件配置冗余电源模件。

（5）输入/输出（I/O）模件。它是可编程逻辑控制器与其他外部设备的桥梁。可编程逻辑控制器提供了具有各种操作电平与输出驱动能力的 I/O 模件和各种用途的功能模件供用户选择。

一般可编程逻辑控制器均配置 I/O 电平转换及电气隔离。输入电平转换是用来将输入端不同电压或电流信号转换成微处理器所能接收的低电平信号；输出电平转换是用来将微处理器控制的低电平信号转换为控制设备所需的电压或电流信号；电气隔离是在微处理器与 I/O 回路之间采用的防干扰措施。

I/O 模件既可以与 CPU 放置在一起，又可远程放置。一般 I/O 模件具有 I/O 状态显示和接线端子排。

1）数字输入量输入（DI）模件。数字输入量由可编程逻辑控制器数字输入量模件采集被控设备或元件的分合接点信号转换成电压信号或直接采集电压信号，根据是否采集到电压判断是否到达动作条件或复归条件，并将其转换为 0/1 信号送至 CPU 中。

2）事件顺序记录（SOE）模件。事件顺序记录信号采集方式与数字输入量基本相同，主要区别在于事件顺序记录模件在采集信号后会同时标识动作时间（一般精确到毫秒）标签。同时，事件顺序记录模件一般具有 SOE 分辨功能，即各点的工作先后顺序及时间差能准确分辨，分辨率为 1ms。

3）数字输出量输出（DO）模件。数字输出量与数字输入量过程相反。可编程逻辑控制器程序通过自动或手动方式设置数字输出动作或复归信号至数字输出量输出模件，数字输出量输出模件利用数字量输出电路可以将可编程逻辑控制器内部电路输出的电平，直接驱动可编程逻辑控制器外部负载，或转换成接点的分合信号驱动外部负载，完成对外部输出继电器的控制。

4）模拟量输入（AI）模件。模拟量输入由模拟量输入模件将现场变送器或传感器发来的电流（如 4～20mA、0～20mA）、电压信号（如 1～5V、0～10V）通过 A/D 转换回路转换为可编程逻辑控制器可识别的数字量码值信号（如 4000～20000、0～20000），为了避免模拟量波动频繁上报，对模拟量可设置死区值，采用死区越限采集方式，再由可编程逻辑控制器进行处理运算。

5）模拟量输出（AO）模件。模拟量输出与模拟量输入处理过程相反，可编程逻辑控制器程序将模拟量输出量转换为码值信号（如 4000～20000、0～20000）后发至模拟量输出模件，模拟量输出模件通过 D/A 转换回路转换为电流或电压信号，通过外部回路进行输出。

6）温度量输入（RTD）模件。温度量由温度量输入模件将现场 RTD 电阻信号（如 Pt100、Cu50 等）通过转换回路转为可编程逻辑控制器可识别的数字量码值信号。类似地，为了避免温度量波动频繁上报，对温度量可设置死区值，采用死区越限采集方式，再由可编程逻辑控制器进行处理运算。

7）电气量输入（EI）模件。电气量一般由电气量输入模件直接采集电压互感器（TV）、电流互感器（TA）二次侧传送过来的电压和电流信号，并通过内部回路转为可编程逻辑控制器可识别的数字量信号，再由可编程逻辑控制器进行处理运算，得出电压、电流、频率、功率、功率因数等电气量信号。

由于部分可编程逻辑控制器没有电气量输入模件，因此，可以采用两种方式实现电气量采集。一种方式是通过增加电气量变送器将有关电气量信号转换成模拟量信号，通过模拟量输入模件进行采集。另一种方式是采用交流采样装置采集电压互感器、电流互感器等传送过来的电压和电流信号，并通过装置内部回路转为数字量信号，可编程逻辑控制器通过通信模件与交流采样装置通信采集电气量数据。

现地控制单元需根据输入/输出点数，配置输入/输出模件数量，另为了便于扩展，需留有一定的裕度，输入/输出模件一般预留 20% 以上的备用容量。

3. 内部网络配置

现地控制单元内部网络分为现地控制单元与现场控制设备的连接及 PLC 主控制器与 PLC 各扩展单元的连接。

（1）现地控制单元与现场控制设备的连接。现地控制单元与现场控制设备可采用网络方式或现场总线方式进行连接，网络一般采用以太网，现场总线可在 Modbus、Profibus-DP、Genius、IEC 60870-5-101、Device net、FF 和 Worldfip 等总线中选取，并以一种总线方式为宜。

（2）PLC 主控制器与 PLC 各扩展单元的连接。PLC 主控制器与 PLC 各扩展单元可以采用总线方式或采用网络方式进行连接，采用网络方式比采用总线方式速度快，结构简单，设计时优先考虑网络方式。

机组附属设备控制单元（如高压油顶起系统、外循环油系统、技术供水系统、调相压水系统等）与现地控制单元的连接可采用两种方式，一是作为现地控制单元 PLC 主控制器单元的远程扩展单元并组屏，其优点是：和现地控制单元 PLC 采用同一编程程序，便于管理和维护；缺点是：由于机组附属设备控制单元和现地控制单元往往分属于不同的厂家，联合调试需要不同厂家之间相互协调，增加了调试的难度。二是采用现场总线方式或网络方式和现地控制单元通信，优点是：便于调试；缺点是：由于不同厂家提供各自的控制单元，各控制单元均配备了独立的硬件和软件，增加了后期管理和维护的工作量。

4. 现地控制单元现地交换机配置

现地控制单元一般配置两台现地交换机，组成冗余结构，接口数量根据电站具体需求选取，一般不少于 2 个光口和 6 个电口。根据电站监控系统网络拓扑结构，现地交换机和主交换机以光口方式采用环形网或星形网连接，现地交换机可采用导轨式工业级以太网交换机，双电源冗余供电，如果是环形网络结构，现地交换机需选用网管式工业级以太网交换机。

5. 人机接口配置

现地控制单元人机接口有两种方式，一是采用触摸屏方式，二是采用现地一体化工控机方式。触摸屏方式功能相对简单，通过双以太网口分别和现地控制单元两个现地交换机相连，接收该现地控制单元可编程逻辑控制器数据，并发送控制命令给可编程逻辑控制器。现地一体化工控机方式功能强大，通过双以太网口分别和现地控制单元两个现地交换机相连，可与厂站控制层操作员站功能类似，起到了现地操作员工作站的作用，增强了人机界面功能。由于现地一体化工控机取消了硬盘，采用固态硬盘，降低了一体化工控机硬盘的故障率，增强了系统的可靠性，同时也减轻了调试和维护的工作量，目前，这种方式已被越来越多的抽水蓄能电站使用。

6. 同期配置

抽水蓄能机组在并网前与电力系统是不同步的，存在频率差、电压差和相位差，需要进行同期并列操作。同期并列必须要满足三个条件：机组频率与系统频率近似相等、机组电压与系统电压幅值近似相等、合闸瞬间机组电压的相位与系统电压的相位近似相同。

抽水蓄能机组同期并网方式多，具有发电、静止变频器抽水、背靠背抽水、黑启动等多种不同的并网方式，使得同期回路复杂，具体表现在以下几个方面：

（1）同期装置电压互感器换相回路。抽水蓄能机组发电和抽水相序不同，需要通过换相隔离开关进行换相，同期装置的发电机出口电压互感器也需要根据换相隔离开关进行换相处理。

（2）同期调速调压回路。抽水蓄能机组在抽水启动时，由静止变频器或另一台机组来拖动，机组同期调速需作用于静止变频器或拖动机组调速器，因此同期回路中需设计同期调节静止变频器或拖动机组调速器的调速回路；根据机组同期调压作用于被拖动机组励磁系统或静止变频器，同期回路中需设计同期调节拖动机组励磁系统或静止变频器的调压回路。

（3）抽水同期并网联跳静止变频器输出开关或拖动机出口断路器回路。抽水蓄能机组在抽水启动时，由静止变频器或另一台机组来拖动，当被拖动机组抽水同期并网时，需先分静止变频器输出开关或先分拖动机组出口断路器，断开被拖动机组与静止变频器或拖动机组的电气连接，避免损伤静止变频器或冲击拖动机组。

针对上述需求，机组现地控制单元配置一套数字式多组参数的自动准同期装置、一套手动准同期装置（包括双显示电压差表、双显示频率差表、同步表等）和一套检同期装置。自动准同期装置与现地控制单元联合工作，在机组同期并网过程中，自动调节机组的频率和电压，满足同期条件时，自动发出合闸命令。

与机组现地控制单元相同，开关站现地控制单元一般也配置一套数字式多组参数的自动准同期装置、一套手动准同期装置（包括双显示电压差表、双显示频率差表、同步表等）和一套检同期装置。与机组同期装置不同，开关站同期装置一般不进行频率和电压调节，采用检同期合闸方式，且多个断路器用切换方式共用一个同期装置。

自动准同期装置采用双通道配置相互检查的控制原理，并与检同期装置串联输出，避免由于同期装置故障引起非同期合闸。

7. 测量仪表配置

（1）交流采样装置。机组现地控制单元设置交流采样装置，用于测量机组出口、主变压器高压侧和励磁变压器等处的电压、电流、频率，计算有功功率（双向）、无功功率（双向）、功率因数等参数，电压互感器为 AC 0～100V，电流互感器为 0～1A，测量精度等级在 0.2％级以上，通过装置通信口与机组现地控制单元可编程逻辑控制器通信。

（2）电量变送器。机组现地控制单元一般配置有功功率变送器和无功功率变送器，由于抽水蓄能机组有抽水和发电两种工况，有功功率变送器和无功功率变送器需选双向、测量精度等级在 0.2％级以上、输出为 4mA～12mA～20mA 的电量变送器，采用模拟量方式接入可编程逻辑控制器。

(3) 电能表。机组现地控制单元设置电子式数字电能表，用于测量机组出口和主变压器高压侧的有功电量（双向）和无功电量（双向），电压互感器为 AC 0～100V，电流互感器为 0～1A，测量精度等级在 0.5％级以上，通过装置通信口与机组现地控制单元可编程逻辑控制器通信。

8. 控制面板配置

机组现地控制单元控制面板上需配备现地/单步/远方/锁机控制权切换开关，开关切换至现地时，不接收电站控制层来的控制命令，只传送数据；切换至单步时，机组控制流程按预先设置好的步骤分步执行，这对调试流程是非常方便的；切换至远方时，不接收现地层人机界面的控制命令；切换至锁机时，现地层不接收任何命令。

机组现地控制单元控制面板设置机械事故停机、紧急事故停机、电气事故停机和复归按钮，实现手动机械事故停机、紧急事故停机、电气事故停机功能，该按钮功能不受现地/单步/远方切换开关限制。

机组现地控制单元控制面板设置手动/自动同期方式切换开关和增速/减速、升压/降压、手动合闸操作把手，用于手动同期操作。

9. 机组事故停机回路设计

为保证机组事故时安全可靠停机，机组现地控制单元一般设置独立的事故停机保护回路，其电源和输入信号与机组现地控制单元独立。

机组事故停机硬布线回路包括机械事故停机按钮、紧急事故停机按钮、电气事故停机按钮和事故复位按钮等。为了防止误碰，机械事故停机按钮、紧急事故停机按钮、电气事故停机按钮需设有防护罩，以免误碰。

当前，事故停机硬布线回路主要有两种方式，一种是由继电器硬布线搭建而成，独立于机组现地单元可编程逻辑控制器之外，实现事故停机功能；另一种是使用另一套独立的可编程逻辑控制器系统，独立于机组现地单元可编程逻辑控制器之外，实现事故停机保护功能。

采用继电器方式事故停机水机保护回路主要优点是成本低廉，但其缺点也非常明显，主要表现在以下几点：常规继电器回路接线复杂，可扩展性差，设计、调试和维护工作量大，且加工完成后，很难进行大的修改和调整，灵活性差；继电器在实际使用过程中易出现线圈烧毁等问题，直接影响事故停机水机保护回路的正常运行；更为严重的是，继电器方式事故停机水机保护回路中无法直接接入模拟量、温度量等信号，较难对接点信号进行防抖动滤波处理，易造成由于信号的抖动引起事故停机；此外，继电器方式事故停机水机保护回路无法记录相关动作过程，不便于事故分析。

采用可编程逻辑控制器方式事故停机水机保护回路相对于继电器方式事故停机水机保护回路，成本较高，但优点较多，主要有以下几点：可编程逻辑控制器方式事故停机水机保护回路由一套独立的可编程逻辑控制器构成，可接入数字量输入、数字量输出、模拟量输入、温度量输入等信号，通过编程即可实现事故停机保护功能，具有功能全面、拓展性强、修改维护方便等特点；同时，由于事故停机可编程逻辑控制器可接入模拟量和温度量等信号，实现了多种条件的组合判断，并且设置防抖滤波时间，提高了事故停机可靠性；此外，事故停机可编程逻辑控制器可与厂站控制层、现地人机接口等通信，记录相关动作过程，便于事故过程监控和结果分析。

事故停机回路在设计前期要全面考虑事故停机保护的动作条件、输出结果，以尽量减少后期修改和调整，继电器宜选用带动作指示灯的，以便观察动作情况，事故停机硬布线回路与现地控制单元控制器的输入/输出信号尽可能分开独立布置，若无条件实现，则可使用中间继电器进行扩展，以免产生寄生回路。

事故停机水机保护回路与现地控制单元控制器存在动作配合问题，为防止两者不同步导致控制冲突产生事故，在现地控制单元控制器和事故停机水机保护回路中均设置一个输出继电器，用于当本侧有事故动作时发出相应事故停机信号至对侧，对侧将该信号作为一个独立的事故启动源，以达到互相同时动作，避免事故隐患。

考虑实时性要求，当机组背靠背启动时，机械事故停机/电气事故停机必须分别通过硬布线回路同时作用于对侧另一台机组的机械事故停机/电气事故停机回路；类似地，静止变频器拖动时机械事故停机/电气事故停机同样须分别通过硬布线回路同时作用于静止变频器紧急停机回路。另为了机组安全，拖动过程中的所有事故停机，都需采用电气事故停机，如图 2-8 所示。

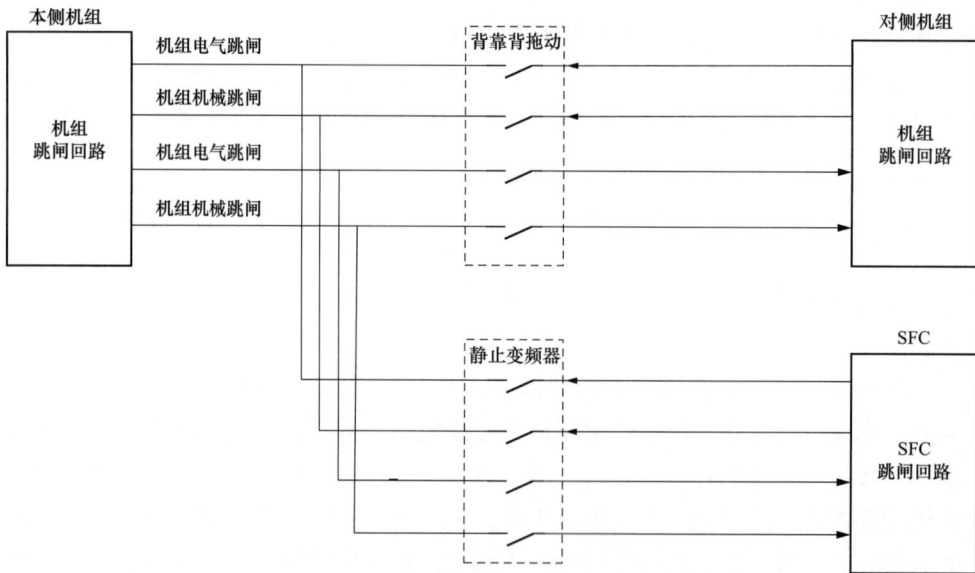

图 2-8　机组拖动过程事故停机/紧急事故停机联动示意图

10. 冗余控制回路设计

当机组发生事故时，为了确保机组出口断路器、磁场断路器可靠分闸，需采用双线圈控制，机组现地控制单元通过双开出进行冗余控制。

当机组发生事故时，为了进水阀和导叶可靠关闭，需采用冗余关闭回路，一路为得电关闭回路，另一路为失电关闭回路。以进水阀为例，在得电关闭回路中，机组一旦发生紧急停机或事故停机，进水阀电磁阀得电动作关闭进水阀；在失电关闭回路中，一旦进水阀供电电源消失或发生停机，电磁阀失电动作关闭进水阀，如图 2-9 所示。

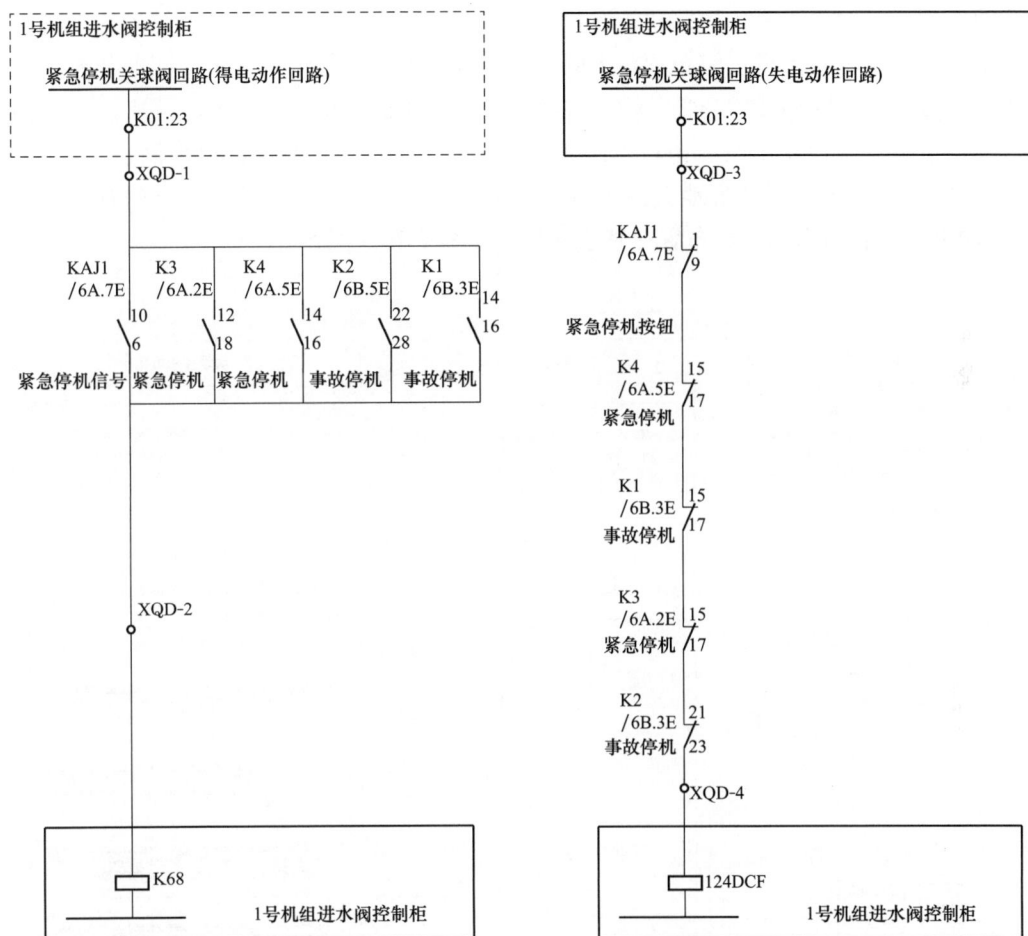

图 2-9　得电和失电关闭进水阀回路图

由于发电机出口断路器不具备低频（20Hz以下）消弧能力，背靠背拖动过程中，当转速小于50％额定转速发生事故时必须先断开励磁系统磁场断路器，待机组停机后再分开拖动机组出口断路器。为实现此功能，需设计低频分机组出口断路器回路，先通过硬布线回路断开励磁系统磁场断路器，延时或机组停机后再分拖动机组出口断路器，从而实现低频分发电机出口断路器功能。

11. 开出继电器配置

现地控制单元控制操作均通过开出继电器方式输出，需选用可靠性高、带动作指示灯的开出继电器，以便于观察动作情况。

12. 组屏方式

机组现地控制单元屏柜有两种组屏方式，一种是集中组屏布置方式，每套机组现地控制单元所有屏柜都布置在一起；另一种是分层组屏布置方式，将屏柜布置在发电机层、中间层和水轮机层，就近连接相应设备信号，这样可以节省大量的接线电缆。目前机组现地控制单元屏柜一般采用分层组屏布置方式。

机组现地控制单元设备按照功能布置到屏柜中。其中：交直流双供电装置、人机接口、测量仪表和事故停机按钮布置在 1 面屏柜；时钟同步扩展装置、手动同期装置、自动准同期装置、检同期装置和相关输出继电器布置在 1 面屏柜；机组事故停机硬布线回路和输出继电器布置在 1 面屏柜；可编程逻辑控制器的 CPU 模件、以太网通信模件、部分扩展输入/输出模件和现地交换机布置在 1 面屏柜；可编程逻辑控制器的其余扩展输入/输出模件和输出继电器布置在其余屏柜。如图 2-10～图 2-12 所示。

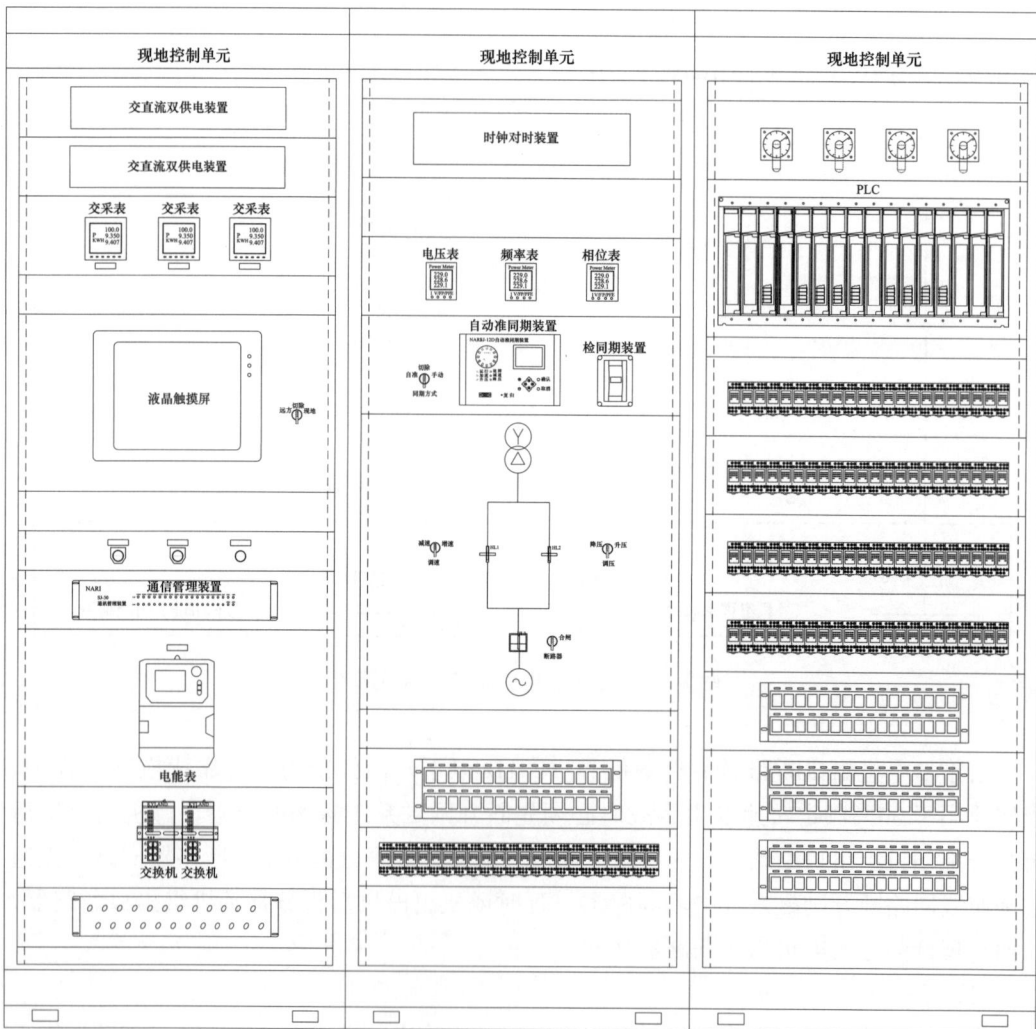

图 2-10 机组现地控制单元本体柜盘面布置图

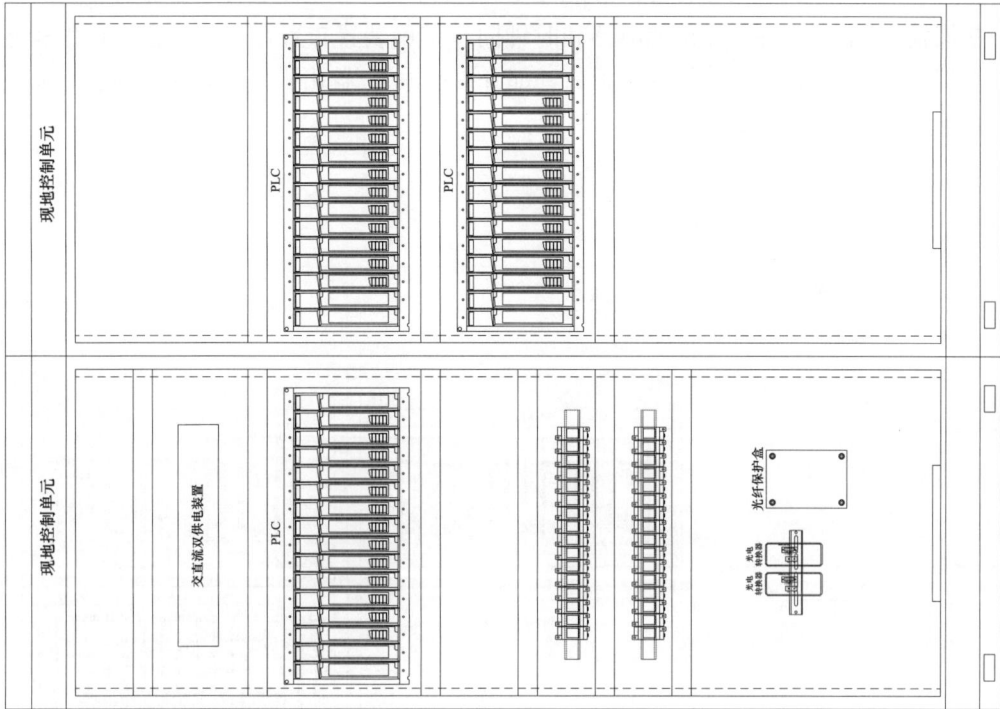

图2-12 机组现地控制单元水轮机层盘面布置图

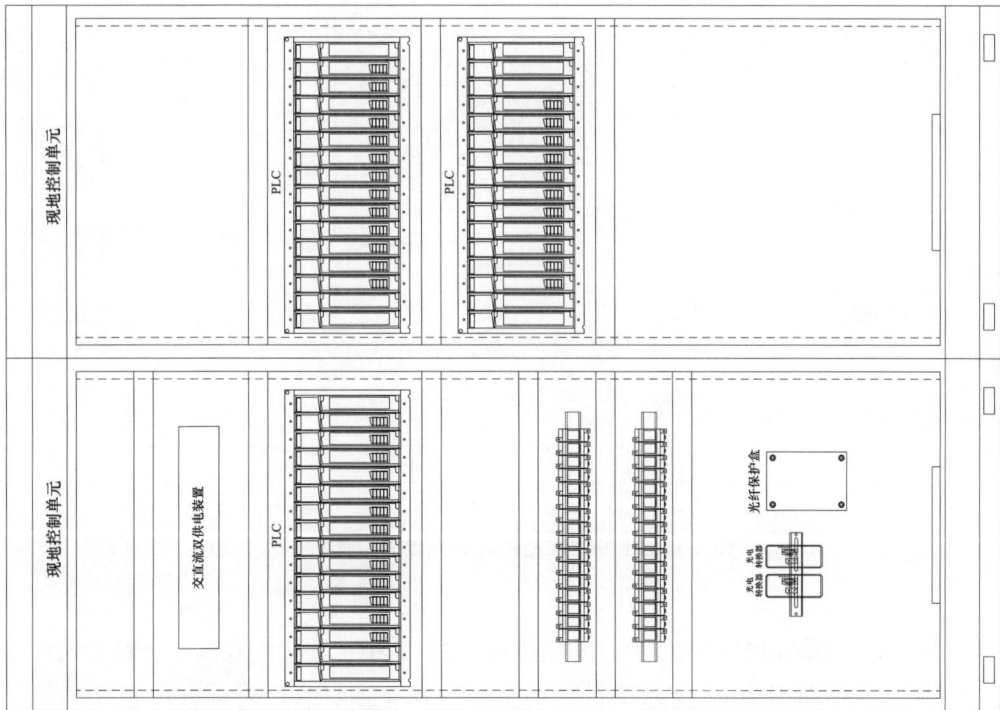

图2-11 机组现地控制单元中间层盘面布置图

主变洞现地控制单元（也称机组公用现地控制单元）设备按照功能布置到屏柜中。其中：交直流双供电装置、人机接口、串口通信管理装置和电能表等设备布置在1面屏柜；扩展输入/输出模件、输出继电器和时钟同步扩展装置布置在1面屏柜；可编程逻辑控制器的CPU模件、以太网通信模件、部分扩展输入/输出模件和现地交换机布置在1面屏柜。如图2-13所示。

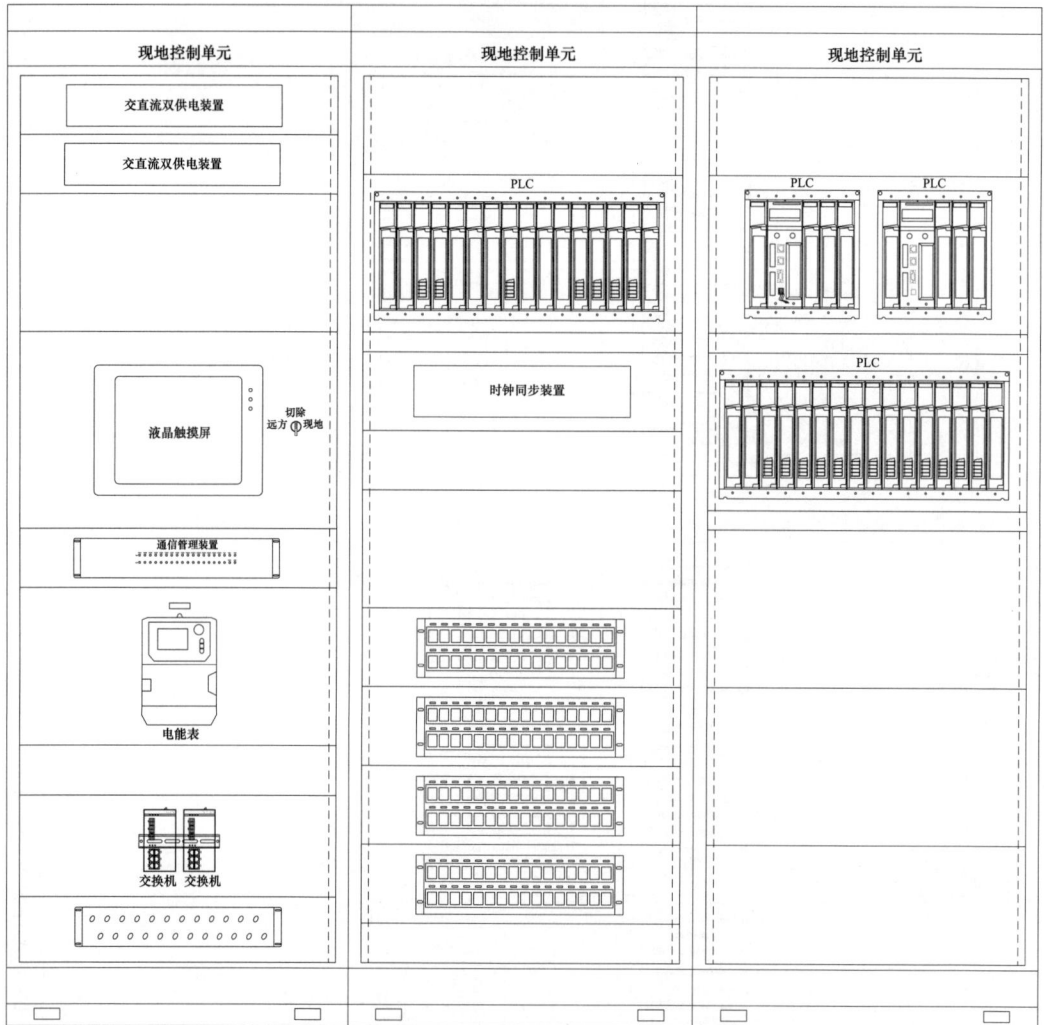

图2-13 主变洞现地控制单元盘面布置图

公用现地控制单元设备按照功能组布置屏柜中。其中：交直流双供电装置、人机接口、光纤硬布线回路的PLC及光端机等设备布置在1面屏柜；可编程逻辑控制器的CPU模件、以太网通信模件、扩展输入/输出模件、输出继电器、串口通信管理装置和现地交换机布置在1面屏柜。如图2-14所示。

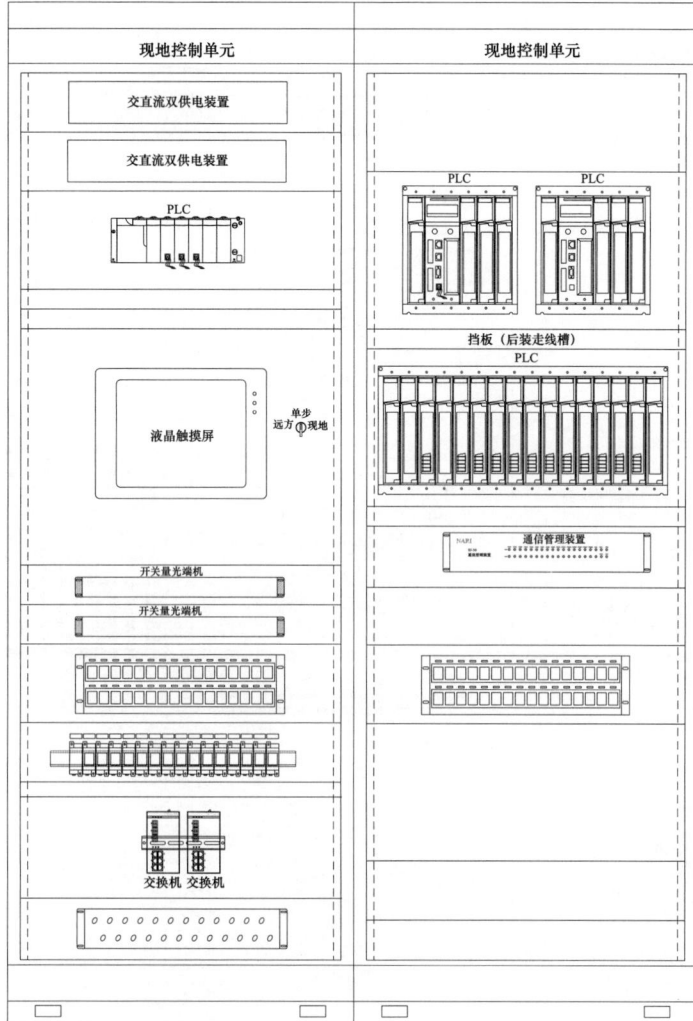

图 2-14 公用现地控制单元盘面布置图

　　开关站现地控制单元设备按照功能布置到屏柜中。其中：交直流双供电装置、人机接口、测量仪表和串口管理装置在 1 面屏柜；时钟同步扩展装置、手动同期装置、自动准同期装置、检同期装置、开关站接线和相关输出继电器布置在 1 面屏柜；可编程逻辑控制器的 CPU 模件、以太网通信模件、扩展输入/输出模件和现地交换机布置在 1 面屏柜。如图 2-15 所示。

　　中控楼现地控制单元设备按照功能布置到屏柜中。其中：交直流双供电装置、人机接口、光纤硬布线回路的光端机和串口管理装置在 1 面屏柜；可编程逻辑控制器的 CPU 模件、以太网通信模件、扩展输入/输出模件、时钟同步扩展装置和现地交换机布置在 1 面屏柜。如图 2-16 所示。

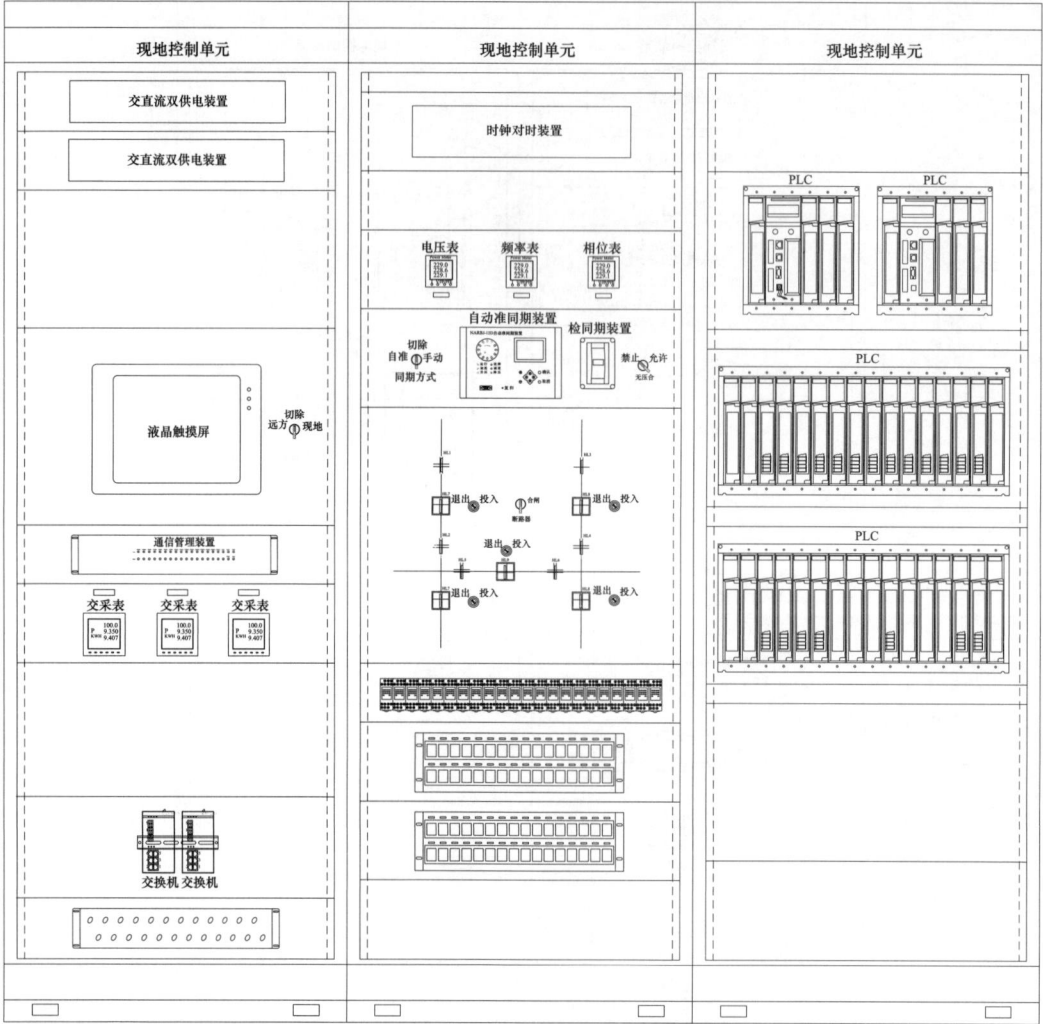

图 2-15 开关站现地控制单元盘面布置图

上水库现地控制单元设备按照功能布置到屏柜中。其中：交直流双供电装置、人机接口、光纤硬布线回路的光端机和串口管理装置在 1 面屏柜；可编程逻辑控制器的CPU 模件、以太网通信模件、扩展 IO 输入模件、时钟同步扩展装置和现地交换机布置在 1 面屏柜。如图 2-17 所示。

抽水蓄能电站一般为地下厂房，环境潮湿，现地控制单元屏柜内需安装温、湿度加热装置，根据屏柜内的温度和湿度自动进行温度、湿度调节。

现地控制单元屏柜尺寸一般有 2260mm×800mm×600mm（高×宽×深）和2260mm×800mm×800mm（高×宽×深）2 种类型，为便于接线，屏柜尺寸推荐采用2260mm×800mm×800mm（高×宽×深），颜色一般采用 RAL7035。

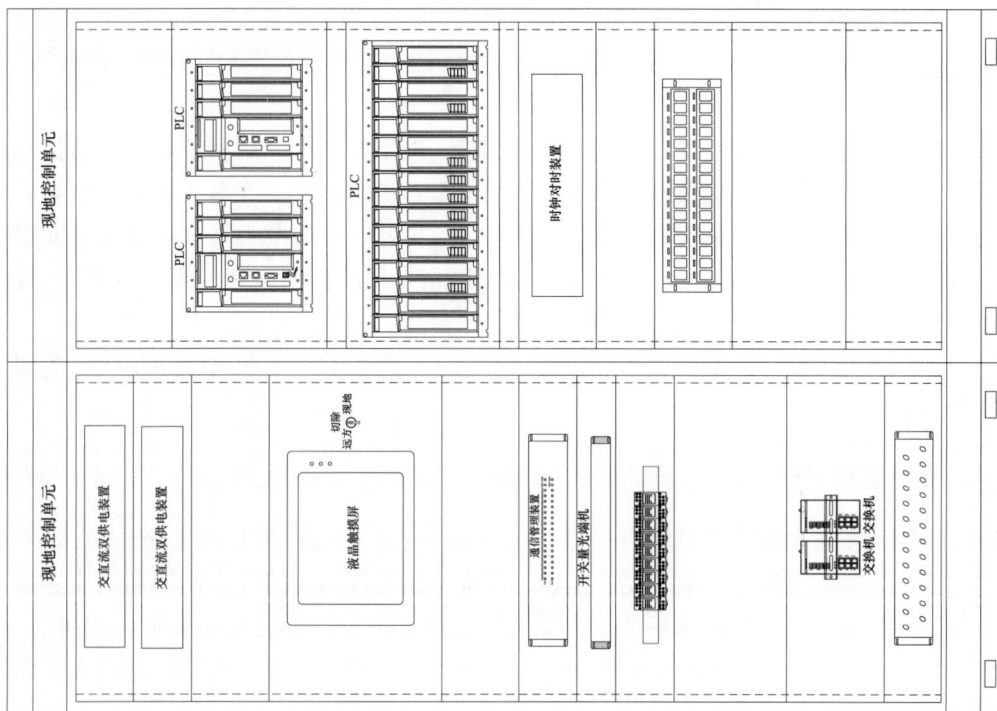

图2-17　上水库现地控制单元盘面布置图

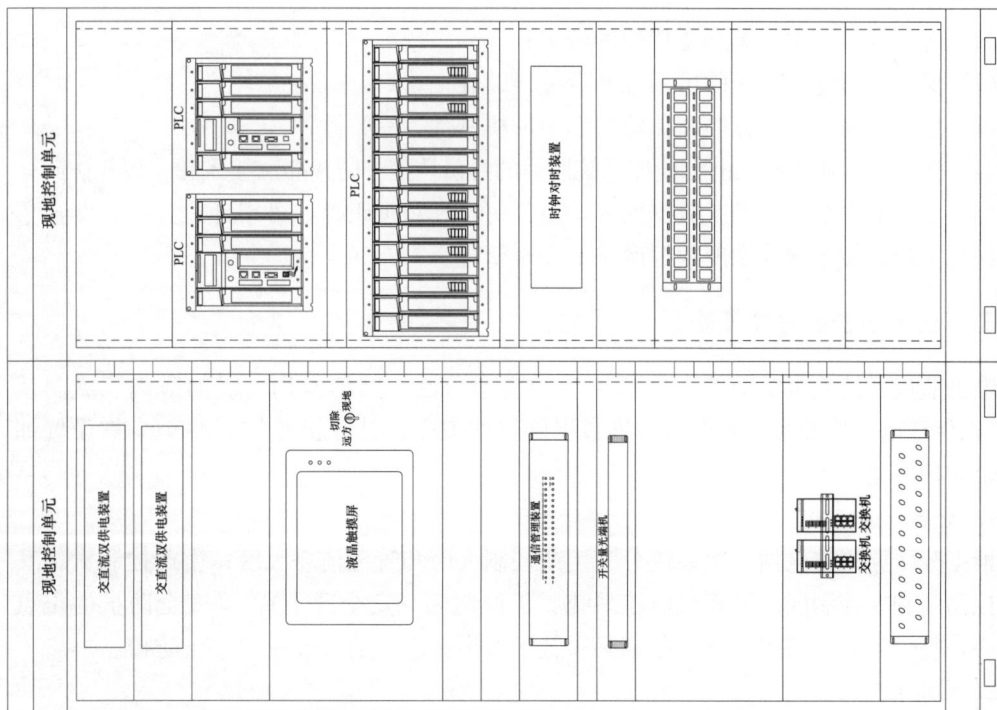

图2-16　中控楼现地控制单元盘面布置图

❖ 第五节　电力监控系统安全防护设计

一、概述

电力监控系统安全防护主要针对网络系统和基于网络的生产控制系统，安全防护的总体目标是保护电力监控系统及调度数据网络的安全，抵御黑客、病毒、恶意代码等的破坏和攻击，防止电力监控系统的崩溃或瘫痪，以及由此造成的电力系统事故或大面积停电事故。安全防护的基本原则为"安全分区、网络专用、横向隔离、纵向认证"。安全防护的核心能力是"保护、检测、响应、恢复、审计"的闭环机制。

电力监控系统安全防护是一项系统工程，其总体安全防护水平取决于系统中最薄弱点的安全水平。

二、安全防护目标

电力监控系统安全防护的总体目标是：建立健全电站电力监控系统安全防护体系，在统一的安全策略下保护重要系统免受黑客、病毒、恶意代码等的侵害，特别是能够抵御来自外部的恶意攻击，能够减轻严重自然灾害造成的损害，并能在系统遭到损害后，迅速恢复主要功能，防止电力监控系统的安全事件引发或导致电力一次系统事故或大面积停电事故，保障电网安全稳定运行。

电力监控系统安全防护工作的具体目标是：

（1）防范病毒、木马等恶意代码的侵害；

（2）保护电力监控系统的可用性和业务连续性；

（3）保护重要信息在存储和传输过程中的机密性、完整性；

（4）实现关键业务接入电力监控系统网络的身份认证，防止非法接入和非授权访问；

（5）实现监控系统和调度数据网安全事件可发现、可跟踪、可审计；

（6）实现监控系统和调度数据网络的安全管理。

三、安全防护的总体策略

电力监控系统安全防护的总体原则为"安全分区、网络专用、横向隔离、纵向认证"，以保证电力监控系统和电力调度数据网络的安全。计算机监控系统至少需设置如下安全防护策略。

1. 安全分区

根据分区原则将电站二次系统分为生产控制大区和管理信息大区；生产控制大区又分为控制区和非控制区。计算机监控系统属于控制区（安全区Ⅰ），是安全防护的重点与核心，整个计算机监控系统设备都必须置于安全区Ⅰ，纳入统一的安全防护。

2. 网络专用

电站监控系统网络为独立专用的网络，在物理层面上实现与电站管理信息大区的安全隔离及不与外部 Internet 直接连接。与电力调度数据网的连接需在专用通道上使用独立的网络设备组网，在物理层面上实现与综合业务数据网及外部公共信息网的安全隔离。

3. 横向隔离

按照"横向隔离"的原则，生产控制大区与管理信息大区之间应设置电力专用横向安全隔离装置实现物理隔离。生产控制大区和管理信息大区内部的安全区之间应采用防火墙或带有访问控制功能的网络设备实现逻辑隔离。

4. 纵向认证

按照"纵向加密"的原则，生产控制大区与调度数据网的纵向连接处应部署电力专用纵向加密认证网关或加密认证装置，为调度系统和电站监控系统之间的调度数据网通信提供双向身份认证、数据加密和访问控制服务。因此，计算机监控系统应经纵向加密认证网关或加密认证装置与调度系统进行调度通信。

根据上述安全防护策略，抽水蓄能电站计算机监控系统安全防护总体结构模型如图 2-18 所示，抽水蓄能电站监控系统安全防护总体逻辑结构如图 2-19 所示。图中示意了监控系统安全区域的划分、安全区域之间横向互联的逻辑结构、安全区纵向互联的逻辑结构以及网络安全防护设备的总体部署。

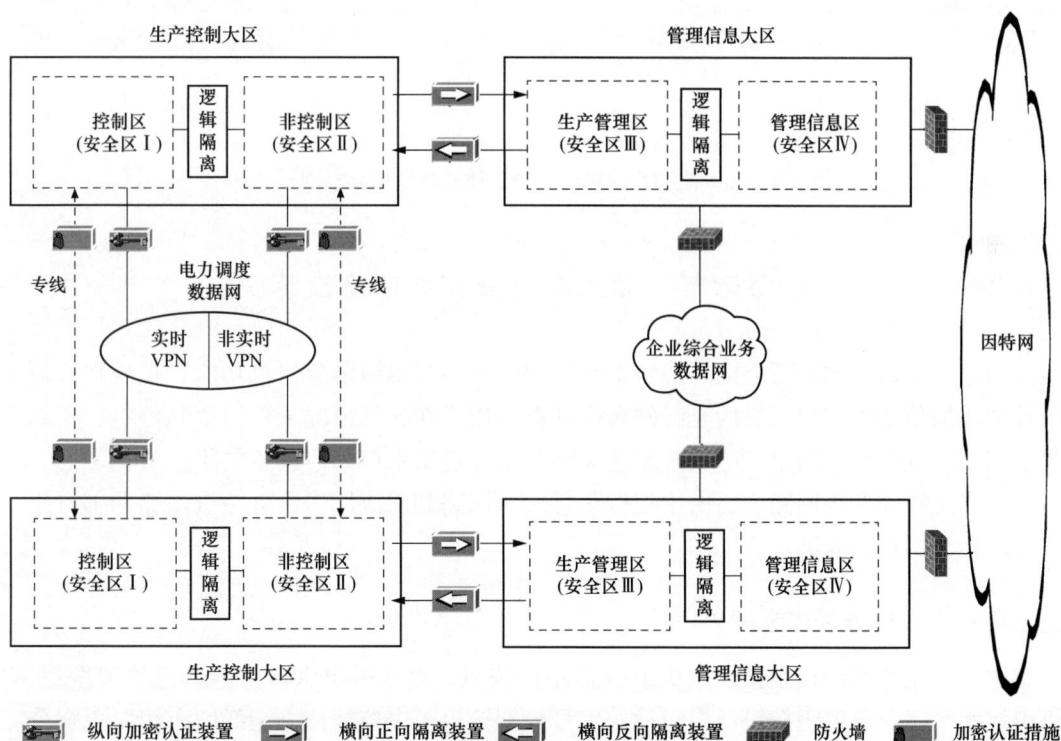

图 2-18 监控系统安全防护总体结构模型

各安全区内具有纵向、横向数据通信业务的业务系统汇集接入各自安全区的互联交换机；各安全区的互联交换机各自通过相应安全强度的安全防护设备横向连接不同的安全区域，纵向连接不同的广域网络。

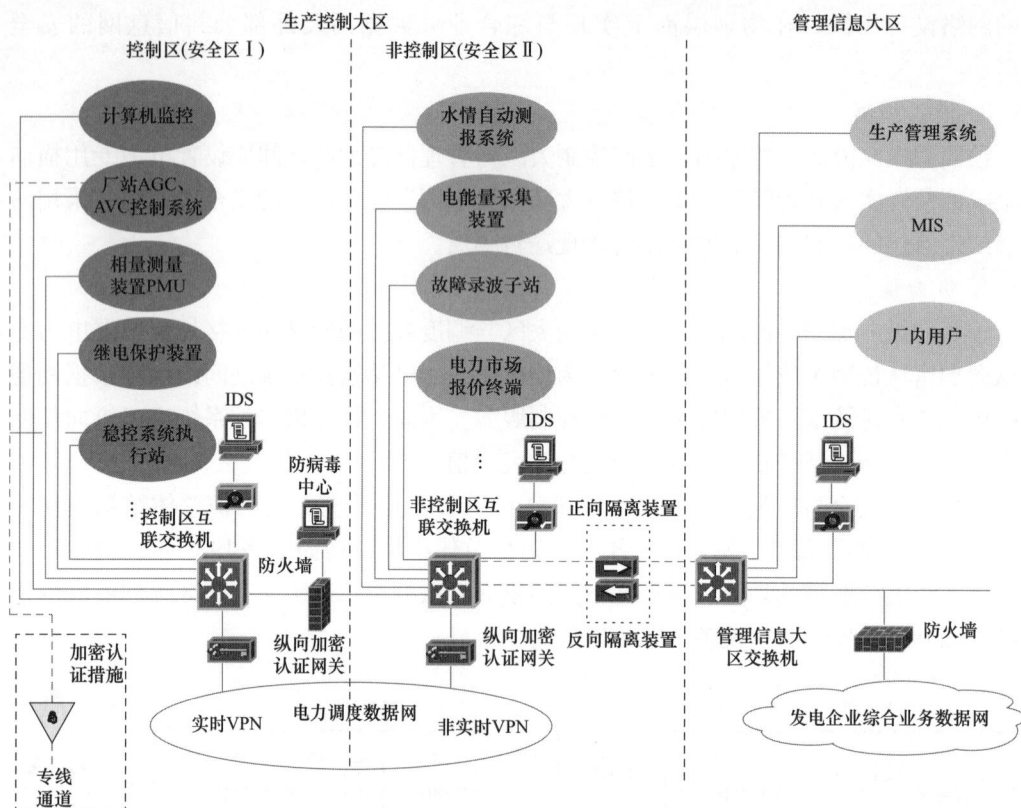

图 2-19　监控系统安全防护总体逻辑结构示意图

⯬ 第六节　独立光纤硬布线回路设计

为进一步提升抽水蓄能电站防止水淹厂房的能力和机组紧急停机功能，在现地控制单元中增加独立于监控系统的光纤硬布线回路，用于在异常情况下机组紧急停机、机组尾水闸门（或下库进出水口闸门）紧急关闭和上库进出水口闸门紧急关闭。

独立光纤硬布线回路主要由中控楼紧急按钮回路和水淹厂房紧急停机回路两部分组成，下面分别进行介绍。

一、中控楼紧急按钮回路设计

中控楼紧急按钮控制箱设置机组紧急停机按钮、上库进出水口闸门紧急关闭按钮、机组尾水闸门紧急关闭按钮，按钮动作信号分别输出至中控楼独立光纤硬布线紧急操作点对点光端机和中控楼现地控制单元数字量输入回路。

当中控楼紧急按钮控制箱的机组紧急停机按钮动作时，机组紧急停机信号通过点对点光端机送至地下厂房独立光纤硬布线紧急操作 PLC，该 PLC 输出相应机组的紧急停机命令至机组现地控制单元内的事故停机硬布线回路，实现联动。

当中控楼紧急按钮控制箱的机组尾水闸门紧急关闭按钮动作时，机组尾水闸门紧急关闭信号通过点对点光端机送至地下厂房独立光纤硬布线紧急操作 PLC，该 PLC 输出相应机组的紧急停机命令至机组现地控制单元内的事故停机硬布线回路，实现联动；同时采集机组进水阀、导叶、机组出口断路器、励磁系统磁场断路器、尾水闸门状态信号进行逻辑判断，当机组尾水闸门关闭条件满足时，PLC 输出相应机组的尾水闸门关闭命令至尾水闸门控制柜。

当中控楼紧急按钮控制箱的上库进出水口闸门紧急关闭按钮动作时，上库进出水口闸门紧急关闭信号通过点对点光端机分别送至上库进出水口闸门控制柜和地下厂房独立光纤硬布线紧急操作 PLC，地下厂房独立光纤硬布线紧急操作 PLC 再输出相应机组的紧急停机命令至机组现地控制单元内的事故停机硬布线回路，实现联动；同时输出相应的上库进出水口闸门紧急关闭命令，通过点对点光端机送至上库进出水口闸门控制柜。

中控楼紧急按钮控制箱功能如图 2-20 所示。

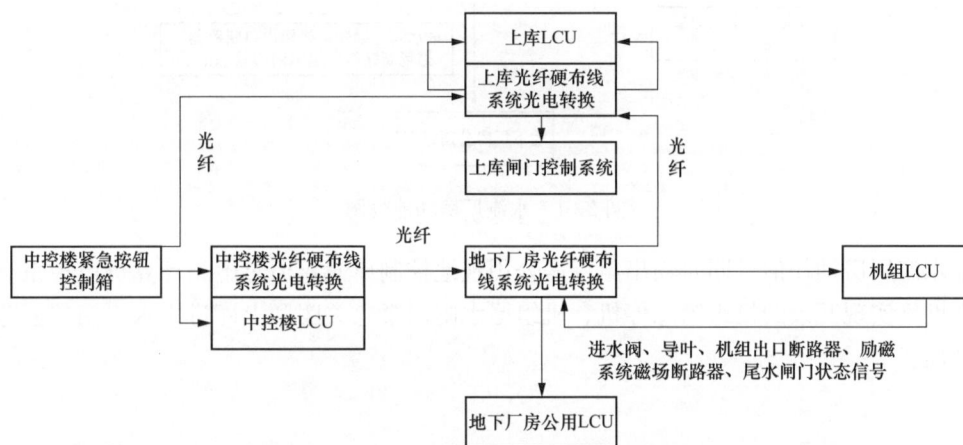

图 2-20　中控楼紧急按钮控制箱功能框图

中控楼紧急按钮控制箱紧急按钮动作信号同时输出至中控楼现地控制单元，通过电站计算机监控系统双环形网络实现冗余的紧急按钮控制功能。

二、水淹厂房紧急停机回路设计

水淹厂房控制箱一般布置于地下厂房发电机层主要疏散通道上，每个水淹厂房紧急按钮控制箱设置一个水淹厂房紧急按钮，紧急按钮动作信号分别输出至地下厂房现地控制单元独立光纤硬布线紧急操作系统及地下厂房公用设备现地控制单元。

水淹厂房既可由运行人员通过按钮启动，也可通过地下厂房不同部位安装的 3 套水位测量装置发出的信号，在独立光纤硬布线紧急操作系统内进行"三取二"逻辑判断，获取水淹厂房停机信号。

当地下厂房现地控制单元独立光纤硬布线紧急操作系统收到水淹厂房停机信号后，输出上库各进出水口闸门紧急关闭命令至上水库各进出水口事故闸门控制柜，输出各机组的紧急停机命令至各机组现地控制单元内的机组紧急停机回路，当地下厂房现地控制单元独立光纤硬布线紧急操作系统收到各机组的导叶、进水阀在全关位置的信号后，根据闭锁条件对应输出机组尾水闸门紧急关闭命令至各机组尾水闸门现地控制柜。

水淹厂房功能如图 2-21 所示。

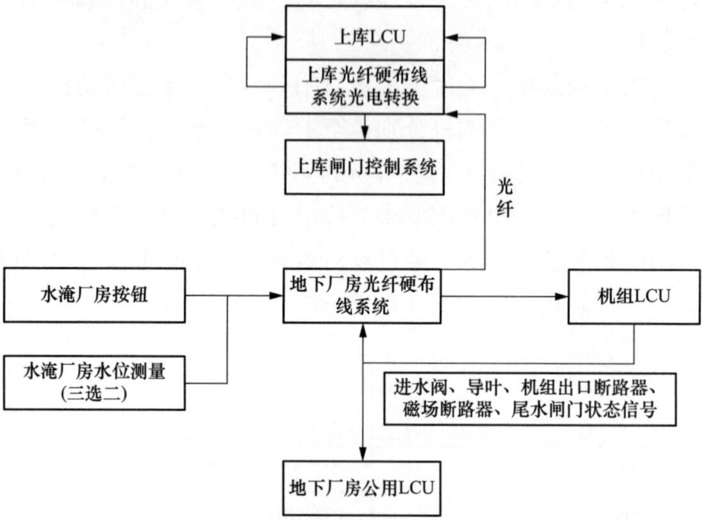

图 2-21　水淹厂房功能框图

水淹厂房动作信号同时输出至厂房公用现地控制单元，通过电站计算机监控系统双环形网络实现冗余的机组紧急停机、机组尾水闸门紧急关闭和上库进出水口闸门紧急关闭功能。

第三章

计算机监控系统功能和性能

计算机监控系统的主要功能是安全操作、实时监测和可靠控制，为了满足抽水蓄能电站生产运行的功能要求，抽水蓄能电站计算机监控系统采用开放式分层分布结构，全分布数据库。整个监控系统由调度控制层设备、厂站控制层设备、现地控制层设备和通信网络组成。其中调度控制层负责与电网调度系统通信，实现"四遥"功能；厂站控制层负责对电站所有设备的集中监视、控制、管理和与外部系统通信；现地控制层负责对所管辖生产设备的生产过程进行安全监控，通过输入、输出接口与生产设备相连，并通过网络接口接连到通信网络上，与厂站控制层通信，实现数据信息交换。

按照抽水蓄能电站计算机监控系统结构，本章将从计算机监控系统调度控制层、厂站控制层及现地控制层功能和性能三方面进行介绍。

⊶ 第一节　调度控制层功能和性能

一、调度控制层功能

调度控制层负责与电网调度系统通信，向电网调度系统上送遥测量和遥信量，接收电网调度系统下发的遥调量和遥控量，实现电网调度系统对电站的远程监视和控制。

调度控制层支持多种调度通信规约，根据电网调度系统要求选用相应的调度通信规约，通常采用 DL/T 634.5104（IEC 60870-5-104）、DL/T 634.5101（IEC 60870-5-101或 IEC 60870-6 TASE.2）通信规约。调度控制层支持同时与多个调度系统进行通信，上送遥测量和遥信量给多个调度系统，但同一时刻只允许执行一个调度系统的遥控、遥调命令。

调度通信信息点表一般有：

（1）遥测量：各机组有功功率、无功功率和频率；接入电网各线路有功功率、无功功率和电流；主变压器各侧有功功率、无功功率和电流；高压启动备用变压器和高压厂用变压器有功功率和无功功率；全厂总有功功率和总无功功率；上、下水库水位；机组电压、开关站电压和母线电压；电网调度系统需要的其他遥测量。

（2）遥信量：各机组断路器位置信号；线路、母联、旁路和分段断路器的位置信号；反映电力系统运行状态的各电压等级的隔离开关位置信号；反映电力系统运行状态的各电压等级的接地开关位置信号；机组工况及运行状态信号；机组事故信号；全厂事故总信号；允许自动发电控制运行状态信号；自动发电控制投入/退出状态信号；允许自动电压控制运行状态信号；自动电压控制投入/退出状态信号；电网调度系统需要的其他遥信量。

（3）遥控量：自动发电控制远方投/切命令；自动电压控制远方投/切命令；抽水蓄能机组发电/抽水/停机等命令；电网调度系统下发的其他遥控量。

（4）遥调量：自动发电控制远方有功功率遥调量；自动电压控制远方无功功率遥调量；自动电压控制远方电压遥调量；电网调度系统下发的 24h 的负荷计划曲线和电压计划曲线等。

二、调度控制层性能

调度控制层设备对计算机监控系统调度通信的可靠性、稳定性和实时性是至关重要的，其性能要求如下：

（1）通信网络需满足调度信息数据采集、控制功能的时间要求，以及对数据的时间限制。时间限制包括考虑最坏情况的数据传输活动，如在电站设备故障、电力系统扰动或这些事件组合发生后，监控系统同时出现大量数据传输期间调度信息的完整更新。

（2）通信网络具有网络链路断线时备份链路，进行网络数据传输恢复的功能。

（3）通信网络采用检错技术，以防止接收和使用不可靠的数据。

（4）通信网络适应电站的工作环境，具有足够的抗干扰性，能长期可靠稳定运行，平均故障间隔时间不小于 25000h。

（5）调度控制层设备选用国家检定机构检测合格的交换机、纵向加密装置和路由器设备，双电源冗余供电，保证网络硬件设备的可靠性和稳定性。

（6）调度控制层设备冗余配置，任意单个设备故障不影响整个系统的正常工作，网络链路切换时不应引起系统扰动，不能影响远动通信功能和丢失数据。

第二节　厂站控制层功能和性能

厂站控制层监控设备由实时数据服务器、历史数据服务器、操作员工作站、工程师工作站、调度通信工作站、厂内通信工作站、语音报警工作站、网络设备、不间断电源和卫星同步时钟装置等设备组成。

厂站控制层监控系统完成对电站所有被控对象的安全监控。监控对象包括地下厂房、中控楼、开关站、上水库、下水库等区域的所有设备。

一、厂站控制层功能

厂站控制层监控系统具有数据采集与处理、监视、控制和调节、自动发电控制、自动电压控制、记录与报警、人机接口、运行管理与指导、通信等功能。

1. 数据采集

厂站控制层监控系统实时采集来自现地控制层的所有运行设备的模拟量、开关量、温度量等信息，以及来自调度控制层的控制命令。

数据采集分为周期巡检和随机事件采集。采集的数据用于画面的显示、更新，报警，记录，统计，报表，控制调节和事故分析。

2. 数据处理

自动从各现地控制单元采集开关量和电气、温度、压力等模拟量，掌握设备动作情况，收集越限报警信息并及时显示、登录在报警区内，并可根据数据库的定义进行归档、存储、生成报表、实时曲线或事故追忆显示。

更新实时数据库和历史数据库，并将实时数据分配到有关工作站，供显示、刷新、打印、检索等使用。

对数据进行越限比较，越限时发出报警信号，异常状态信号在操作员画面上显示。可对测量值设定上上限（HH）、上限（H）、下限（L）、下下限（LL）、复位死区等报警值，当测量值越上限或下限时，发出报警信号，当测量值越上上限或下下限时，应转入与该测点相关设备的事故处理程序。两种不同越限方式有不同的声、光信号和不同的颜色显示，易于分辨。

3. 监视

监视功能主要包括运行监视、过程监视以及运行状态监视和分析。

（1）运行监视：监视各设备的运行工况、位置、参数等。如机组工况、机组功率、断路器位置、隔离开关位置等。当电站设备工作异常时，给出提示信息，自动启动音响报警、语音电话或手机短信自动报警系统，并在操作员工作站上显示报警及故障信息。

（2）过程监视：监视机组各种运行工况转换操作过程及各电压等级开关操作过程，在发生过程阻滞或超时时，显示阻滞或超时原因，并自动将设备转入安全状态，在值守人员确定原因并消除阻滞或超时后，才允许由人工干预回到启动初始状态。

（3）运行状态监视和分析：各类现地自动控制设备如油泵、技术供水泵、空压机的启动及运行间隔有一定的规律，自动分析这些规律，监视这类设备及对应的控制设备是否异常。

4. 控制和调节

运行操作人员通过人机接口对监控对象进行控制和调节，主要控制和调节包括：机组各工况启停和工况转换控制，机组和全厂的有功功率、无功功率及电压调节，发电机出口电压及以上电压等级断路器、隔离开关的合分闸操作控制，厂用电开关的合分闸操作控制，全厂公用和机组附属设备（中压气系统、各轴承冷却油泵、技术供水泵等）的开启或关闭操作控制等。

5. 自动发电控制（automatic generation control，AGC）

自动发电控制的控制方式为闭环自动功率控制，主要功能是：按照调度系统下发的负荷曲线或实时给定负荷值，同时考虑上、下水库的水位，机组的运行效率和运行限制条件等因素，根据机组的优先权，确定最佳的运行机组台数、机组的组合方式和机组间的最佳有功功率分配，并自动触发相应机组启停控制，分配机组有功功率指令到相应机组调节。

机组负荷分配采用平均分配或其他优化计算方法。

6. 自动电压控制（automatic voltage control，AVC）

自动电压控制的控制方式为闭环自动电压控制，主要功能是：及时平稳地维持电站母线电压在给定目标值，当电站母线电压不满足调度或电站操作人员给定目标值要求时，自动完成机组间无功功率的合理分配，调整可调机组的无功功率，以维持电站母线电压，按等无功功率、等功率因数或其他准则调整各机组无功功率。

自动电压控制对电站母线电压为正的调差特性，即电压升高，送出无功功率减少；电压降低，送出无功功率增加。

7. 记录与报警

厂站控制层监控系统实时记录全厂所有监控对象的操作命令、所有现地控制单元的开关量、模拟量及报警事件等信息，按发生时间顺序显示与报警。

记录与报警的主要功能包括操作事件记录、报警记录和报表记录。

（1）操作事件记录：将所有操作自动按其操作顺序记录下来，包括操作对象、操作指令、操作开始时间、执行过程、执行结果及操作完成的时间等。

（2）报警记录：报警记录具有筛选功能，可根据操作人员的要求或自动将各种报警事件按时间顺序记录其发生的时间、内容和项目等，生成报警事件汇总表。

（3）报表记录：生成各种周期性的统计报表，时间间隔可由操作人员选择，也可根据操作人员的指令随时生成各种报表。

8. 人机接口

人机接口主要对设备运行参数、事故和故障状态等以数字、文字、图形、表格的方式组织画面进行动态显示，具有多窗口功能，能分区显示画面、报警窗口和控制对话框等窗口。

显示的画面主要有以下几类：

（1）单线图类。主要包括电站电气主接线图、电站开关站接线图、发电机-变压器单元接线图、厂用电系统接线图、紧急自备电源系统图、SFC 系统图、直流系统接线图、继电保护配置图、水力系统剖面（包括各个闸门）图、水力机械系统图、调速器油系统图、进水阀系统图、全厂测量系统图、上水库进出水口闸门启闭机系统图、机组尾水闸门液压启闭机系统图、全厂及机组油/气/水系统图、通风空调系统图、消防系统图、计算机监控系统图、机组各工况转换过程动态流程图、各轴瓦平面布置图等。

以上各种画面实时动态显示设备状态和参数，并在相应位置显示主要的实时运行参数，各相关物理量参数应同时显示流向（如潮流、水流等）。

（2）曲线类。包括运行电压、电流曲线和频率曲线，给定负荷曲线、给定电压曲线、实际负荷曲线以及用户设定的模拟量（包括机组、主变压器各温度测点及上下库水位）曲线。

（3）棒图类。包括主要运行参数：各机组有功功率（双向），无功功率（双向），电站总有功功率（双向）及无功功率（双向），母线电压，机组推力、上导、下导及水导轴承温度等极限值与实际值、设定值与实时值对比等。

（4）报警画面类。包括模拟量的越限报警、有关参数的趋势报警、故障报警、事故报警以及监控系统自诊断（包括监控系统厂站控制层、现地控制层和通信通道故障等）报警等。

（5）表格类。包括机组及附属设备正常运行报表；操作记录统计表，事故、故障统计表，各种电气量（包括厂用电气量）统计表等。按月、年计算编制机组及输变电设备的可靠性统计报表，以及用户指定设备的运行时间、次数统计报表等。

（6）趋势类。趋势曲线包括实时趋势、历史趋势和事故追忆。

用户可自由组合趋势曲线，选择趋势曲线的日期、时间或时段，生成趋势图，每个趋势图可以同时显示多个变量（模拟量或开关量），以方便运行人员分析查找设备故障或异常的原因，趋势曲线按数据刷新间隔时间显示。

9. 运行管理与指导

运行管理与指导主要包括控制过程指导、电站一次设备操作指导、机组抽水启动设备操作指导、厂用电系统操作指导与事故和故障操作处理指导。

（1）控制过程指导：当控制命令下达后，监控系统自动推出并显示相应设备的操作监视画面，实时显示控制过程中每一步骤及执行情况，提示在开停机及工况转换过程中受阻的部位及原因。

（2）电站一次设备操作指导：当进行电站一次设备倒闸操作时，根据全厂当前的运行状态及隔离开关和接地开关的闭锁条件，监控系统自动判断该设备在当前是否允许操作并给出相应的提示标志。如果操作不允许，则提示其闭锁原因，避免误操作。

（3）机组抽水启动设备操作指导：当机组拟作为抽水工况运行时，监控系统将能根据全厂当前的运行状态及设备状况给出启动方式建议供运行人员参考选择。如果操作不允许，则提示相应原因。

（4）厂用电系统操作指导：根据当前厂用电系统的运行状态、运行方式及倒闸操作闭锁条件等信息，监控系统自动判断厂用电开关是否允许操作，并给出相应的提示标志。如果操作允许则提示操作的先后顺序，如果操作不允许则提示相应原因。

（5）事故与故障操作处理指导：在事故或故障产生时，监控系统自动推出相应的事故和故障处理指导画面，指导事故与故障处理。

10. 通信

厂站控制层与各现地控制单元通信，接收各现地控制单元上送的各种信息，并向各现地控制单元发送控制调节指令。

厂站控制层通过厂内通信工作站与电站生产管理系统、火灾报警系统和电量采集装置等设备通信，有关通信规约和接口设备满足相关系统的接口要求。

厂站控制层对通信进行管理和控制，保证任何时候均不会发生阻塞，并满足监控系统实时性的要求。

二、厂站控制层性能

厂站控制层性能应满足实时性、可靠性、可维护性、可利用性、可扩充性、可改变性及系统安全性等方面的要求。

（一）实时性

厂站控制层的响应能力满足系统数据采集、人机通信、控制功能和系统通信的时间要求。

1. 人机接口响应时间

（1）调用新画面的响应时间，$\leqslant 1s$；

（2）在已显示画面上动态数据更新周期，$\leqslant 1s$；

（3）报警或事件发生到显示器屏幕显示和发出语音的时间，$\leqslant 1s$；

（4）操作人员命令发出到回答显示的时间，$\leqslant 2s$。

2. 数据采集和控制命令响应时间

（1）实时数据库更新周期，$\leqslant 1s$；

（2）控制命令回答响应时间，$< 1s$；

（3）接收控制命令到执行控制的响应时间，$< 1s$；

（4）成组控制执行周期，$1s \sim 3min$，可调。

（二）可靠性

厂站控制层设备能够适应电站的工作环境，具有抗干扰能力，能长期可靠稳定运行。厂站控制层设备应从设计、制造和装配等方面保证系统满足电站运行可靠性要求，系统中任何一个局部设备故障不会影响到系统关键功能的缺失。

系统或设备的可靠性采用平均无故障工作时间（$MTBF$）来反映，各主要设备的 $MTBF$ 值应满足下列要求：

（1）系统主计算机设备，$MTBF \geqslant 20000h$；

（2）系统网络设备，$MTBF \geqslant 50000h$；

（3）系统外围及人机接口设备，$MTBF \geqslant 20000h$。

（三）可维护性

厂站控制层硬件和软件具有自诊断能力，当系统硬件故障时，能够指出具体故障部位；当系统软件故障时，能够指出具体故障功能模件；当现场更换故障部件后即可恢复正常。

在选择硬件和软件时，充分考虑中国市场的元件采购及技术服务，尽量使用通用可互换的硬件，使硬件设备、元器件具有较高的替代能力，并储备备品备件，将平均故障修复时间（$MTTR$）控制在 $0.5h$ 内。

（四）可利用率

系统可利用率在试运行期间不低于 99.95%，验收后保证期内整个系统的可利用率不小于 99.97%。

（五）可扩充性

系统具有很强的开放功能，通过简单连接便可实现系统扩充。

1. CPU 负载率

CPU 负载率定义为参考时间中占用 CPU 时间的比值，即：

CPU 负载率＝（占用 CPU 时间/参考时间）$\times 100\%$

（1）厂站控制层各计算机 CPU 负载率（正常情况），＜30％；

（2）厂站控制层各计算机 CPU 负载率（事故情况），＜50％。

2. 系统使用裕度

（1）服务器、工作站和显示操作终端的内存裕度，＞70％；

（2）服务器硬盘使用率，＜20％；

（3）工作站的硬盘使用率，＜40％；

（4）网络通信负载率，＜20％；

（5）应留有扩充外围设备或系统通信的接口。

（六）可改变性

用户可在线修改数据库中的测点定义、量程、单位、越复限等参数，以及自行生成画面、打印报表及其他功能。

（七）系统安全性

计算机监控系统需严格执行国家能源局《关于印发电力监控系统安全防护总体方案等安全防护方案和评估规范的通知》（国能安全〔2015〕36 号）、《电力监控系统安全防护规定》（国家发展和改革委员会第 14 号令）及《关于印发〈电力二次系统安全防护总体方案〉等安全防护方案的通知》（电监安全〔2006〕34 号），进行安全防护。

安全防护实施方案需经过上级信息安全主管部门和相应电力调度机构的审核，方案实施完成后由上述部门和机构验收。

1. 安全设计原则

安全防护的重要措施是强化电力二次系统的边界防护，同时对电力二次系统内部的安全防护提出要求。为保证控制信息和敏感数据的信息安全，电力二次系统安全防护需要考虑基于 TCP/IP 的广域网通信的信息安全。电力二次系统安全防护工作应坚持安全分区、网络专用、横向隔离、纵向认证的原则，保证电力监控系统和电力调度数据网络的安全。

（1）安全分区：根据二次系统各业务系统的特性和对一次系统的影响程度进行分区，原则上划分为生产控制大区和管理信息大区，所有系统都必须布置于相应的安全区内，纳入统一的安全防护。

（2）网络专用：建立专用电力调度数据网络，与电力企业数据网络实现物理隔离，在调度数据网上形成相互逻辑隔离的实时子网和非实时子网，各级安全区在纵向上应在相同安全区进行互联。

（3）横向隔离：采用不同强度的安全设备隔离各安全区，尤其是在生产控制大区与管理信息大区之间实行有效安全隔离，采用经国家指定部门检测认证的电力横向安全隔离装置，隔离强度应接近或达到物理隔离。分别建立内网、外网公共数据区，内网公共数据分布于数据接口服务器，外网公共数据分布于数据交换平台。

（4）纵向认证：采用认证、加密、访问控制等技术措施实现数据的远方安全传输以及纵向边界的安全防护。

正常情况下，计算机监控系统的调度控制层、厂站控制层均能实现对电站主要设备的控制和调节，并保证操作的安全和设备运行的安全。

计算机监控系统故障时，上一级的故障不应影响下一级的控制调节功能和操作安全，即调度控制层及其通信通道故障时，不应影响电站控制层和现地控制层的功能，而电站控制层故障时，不应影响现地控制单元层的功能。

2. 操作安全

对系统每一功能和操作提供检查和校核，发现有误时能报警、撤销。设备的操作设置完善的软件和硬件闭锁条件，对各种操作进行校核，即使有错误的操作，也不应引起被控设备的损坏。

在人机接口中设置操作控制权限口令，其级数不小于4级。操作控制权限按人员分配，不同的人员有不同的操作权限。

进行任何自动或手动操作时，分为选定设备对象、选定性质和确认三个步骤，并设置检查、提醒和应答确认，能自动禁止误操作并报警。对于复杂的操作，可以选择自动或分步操作方式实现，当以分步操作方式实现时，每步操作设检查、提示指导和应答确认，并可中间停止，返回安全状态。

3. 通信安全

厂站控制层重要网络通信通道采用冗余设置，定期进行各网络通信通道检测，保证通道的正常工作，当检测结果不正常时，自动切换到备用通信通道，并发出通道故障报警信号。厂站控制层通过电力调度专网与调度系统通信，在调度通信通道上安装经过国家指定部门检测认证的电力专用纵向加密认证装置、路由器和交换机等设备，实现逻辑安全隔离。

厂站控制层与外部系统（如电站生产管理系统、水情自动测报系统等）网络通信时，在网络通信通道上安装经国家指定部门检测认证的电力专用横向安全隔离装置，实现有效安全隔离。

此外，厂站控制层通信信息传送中的错误不会导致计算机监控系统关键性故障，通信错误时发出报警提示信息。

4. 硬件、软件安全

厂站控制层硬件设备具备电源故障保护、自动重新启动和输出闭锁，不会对电站的被控对象产生误操作，并具有硬件自检能力，检出故障时能自动报警；重要硬件设备（主服务器、调度通信工作站等）采用冗余配置，硬件设备故障时自动切换到备用设备，不影响系统的正常运行，并报警提示。

厂站控制层软件具有完善的防错纠错功能和自检功能，软件的一般性故障能报警提示，并具有无扰动自恢复能力。

厂站控制层计算机服务器、调度通信工作站、厂内通信工作站等使用安全加固的操作系统。加固方式包括安全配置、安全补丁和专用软件强化操作系统访问控制能力及配置安全的应用程序。安全加固系统采用通过国家电网安全实验室测评的合格产品，并获得公安部颁发的"计算机信息系统安全专用产品销售许可证"。

✦ 第三节　现地控制层功能和性能

现地控制层主要功能是对所管辖的生产过程进行数据采集、监测、处理，并根据要求对设备进行控制，现地控制层通过输入、输出接口与生产设备相连，通过通信接口接到监控系统网络上，与电站控制层交换信息。现地控制层对厂站控制层具有相对独立性，能脱离电站控制层直接完成生产过程的实时数据采集及预处理、单元设备状态监视、控制和调节等功能。

现地控制层由现地控制单元组成，各现地控制单元以可编程逻辑控制器为控制核心，由中央控制器、内存、输入/输出接口、人机接口设备及相应硬软件组成，具备可编程能力。

各现地控制单元与调速系统、励磁系统、继电保护装置、辅助设备和公用设备控制装置、直流系统等监控对象的接口可采用数字式通信为主，结合采用远程 I/O 设备和部分硬布线连接。现地控制单元本体与远程 I/O 之间的通信介质采用专用通信电缆、光纤、网线等。

根据设备布置，抽水蓄能电站一般设置以下现地控制层设备：机组现地控制单元、厂房公用现地控制单元、主变洞现地控制单元（或机组公用现地控制单元）、开关站现地控制单元、中控楼现地控制单元、下水库现地控制单元和上水库现地控制单元。

一、现地控制层功能

（一）机组现地控制单元功能

机组现地控制单元监控范围包括水泵水轮机、发电电动机、主变压器、出口断路器、换向隔离开关、拖动/被拖动隔离开关、机组进水阀、机组自用电变压器及配电盘、尾水事故闸门、机组附属和辅助设备等。

1. 数据采集和处理

现地控制单元的数据采集有定时循环采集和随机事件采集两种方式，定时循环采集是根据不同的任务、不同的优先处理要求，设定相应的数据扫描周期；而随机事件采集则按中断方式，对发生变化的数据即时采集。

机组现地控制单元采用定时或随机事件方式采集机组及其附属和辅助设备、机组出口断路器设备、离相封闭母线及附属设备、主变压器、换向隔离开关、拖动/被拖动隔离开关、机组进水阀、机组自用电变压器及配电盘、尾水事故闸门的各模拟量、开关量和电气量。现地控制单元按不同的数据类型及重要性设置不同的采集周期，其中：SOE量采用带时标的随机事件方式采集，数字量、模拟量和电气量采集周期为每个程序扫描周期，按照数据就地处理原则完成数据转换、越限处理，在现地控制单元人机接口上提供显示及相应的报警提示，同时向厂站控制层传送其运行、控制、监视所必需的数据。

机组现地控制单元主要完成下列数据采集与处理功能。

（1）机组电气量采集与处理：采用交流采样方式采集机组定子和转子的电压量、电流量、频率，根据上述参量计算有功功率、无功功率、视在功率、功率因数等，计算发电电动机三相电流不平衡度，根据转子电流和电压计算转子绕组温度，并进行越限检查和报警。

（2）机组温度量采集与处理：采用温度量方式定时采集机组定子铁芯、定子线圈、机组轴瓦、轴承、轴承油和冷却器等的温度。检查采集的温度量是否越限，监视推力轴承瓦间温差，并及时将越限情况及数据送往厂站控制层和机组状态监测系统，机组现地控制单元上同时也有报警显示和音响。实时显示同类测点最高值、最低值和平均值，对部分温度量还要进行温度变化率监视和温升趋势分析，及时发现异常情况。任何监测的温度都可在监控系统中设置报警功能，同时具备温度测量值的质量判断和滤波功能；根据温度测点的数量选择"N 选 2""N 选 3"来实现温度跳机功能；装置失电、温度计断线时具有闭锁保护出口的功能，提高温度保护的可靠性。

（3）机组振动摆度量采集与处理：通过机组振摆监测装置输出的 $4\sim20\mathrm{mA}$ 模拟量信号采集机组振动、摆度、大轴轴向位移的实时信息；通过通信方式从状态监测系统接收机组气隙等信息；对于越限情况，机组现地控制单元上有报警显示和音响。

（4）机组和主变压器运行状态量采集与处理：监视各设备的运行，发现异常情况及时向厂站控制层传送信息，并在机组现地控制单元上有报警显示。

（5）机组过程控制状态量采集与处理：在机组开机、停机和工况转换时采集机组各操作设备的状态量和模拟量，并进行记录，同时向厂站控制层发送控制过程中的数据。

（6）机组继电保护报警量采集与处理：采集机组继电保护随机动作信息，一旦采集到保护报警信息，立即将该信息上送厂站控制层，同时在机组现地控制单元上报警显示。

（7）机组机械保护报警量采集与处理：采集机组机械保护随机动作信息，及时将采集到保护报警信息上送厂站控制层，同时在机组现地控制单元上报警显示。

（8）主变压器温度采集与处理：定时采集主变压器油温、冷却器水温，检查是否越限，同时进行温度变化趋势分析及变化率监视，异常时及时在机组现地控制单元上发出报警显示，及时将越限情况及数据上送厂站控制层。

（9）主变压器保护报警量采集与处理：采集主变压器保护随机报警信息，及时将报警信息上送厂站控制层，同时在机组现地控制单元上报警显示。

（10）机组电能量采集与处理：通过通信接口接收数字式电能表提供的电能量，并上送厂站控制层显示。

（11）其他通信量采集与处理：通过通信接口接收其他通信设备的通信信息，及时将通信信息上送厂站控制层，同时在机组现地控制单元上报警显示。

2. 显示与安全监视

机组现地控制单元具有显示、监视用的人机接口。机组现地控制单元与厂站控制层脱机时能独立运行，同时能与主变洞现地控制单元以及其他机组现地控制单元协调工作，实现机组水泵启动；人机接口可实时显示机组、主变压器的主要电气量和温度量、机组的发电流量/抽水流量以及有关辅助设备的状态或参数及主要操作画面，具有循环和定点两种显示方式。

在机组处于停机状态时，检查机组是否具备发电或抽水启动条件，如有异常情况，除在现地报警指示外，还上送厂站控制层报警显示。

在机组处于工况转换时，连续监视机组各种工况（发电、发电调相、抽水、抽水调相、停机等）转换过程的状态量和模拟量，并将主要操作过程上送厂站控制层。遇到操作阻滞故障，则将机组转到安全工况或停机，并自动推出画面，记录故障发生步骤。在值守人员确定故障原因、排除故障并解除机组闭锁后，新的机组操作命令才能发出。

当现地控制单元的软硬件故障时，除在现地报警指示外，还上送厂站控制层报警显示。

在机组现地控制单元上可以监视并进行各工况转换的单步和自动操作，还可以监视并进行 SFC 启动的单步和自动操作。

3. 控制与调节

机组现地控制单元接收厂站控制层的控制、调节命令对监控对象进行控制、调节。机组现地控制单元在没有厂站控制层命令或脱离厂站控制层的情况下，也能独立完成对所控设备的控制与调节，保证机组安全运行和开停机操作。

机组现地控制单元与机组附属设备配合，完成机组工况转换控制与调节，机组附属设备配备独立完善的现地控制系统，机组现地控制单元与这些设备仅有简单的命令和信息交换。

机组现地控制单元与主变洞现地控制单元协调配合，可以自动或单步方式完成机组的抽水启动控制。

机组现地控制单元与厂房公用设备现地控制单元及主变洞现地控制单元协调配合，完成机组黑启动及相关厂用电开关操作控制。

机组现地控制单元可实现对机组控制范围内的断路器和各种隔离开关的分合控制，并具有完善的安全闭锁措施。

机组现地控制单元具体控制与调节如下：

机组工况转换控制，包括发电、发电调相、抽水、抽水调相、正常停机、机械事故停机、电气事故停机、紧急事故停机、黑启动及线路充电。

正常停机时，采用电气制动和机械制动混合制动方式，机组电气事故停机时则将电气制动闭锁，只采用机械制动。

机组紧急停机控制命令具有最高的优先权。机组紧急停机顺序操作由地下厂房水位异常升高控制系统自动启动或由机组现地控制单元及中控楼、地下厂房调试监控室的机组紧急停机按钮控制，机组紧急停机顺序作用于机组直接或减负荷至空载，然后与系统解列并停机、机组进水阀关闭；地下厂房水位异常升高控制系统还同时作用于上水库进出水口事故闸门和尾水事故闸门紧急关闭。机组电气事故停机作用于机组与系统直接解列，并事故停机。机组机械事故停机作用于机组减负荷至空载，然后与系统解列并停机。抽水工况时上库水位过高、下水库水位过低警戒信号或发电工况时下库水位过高、上水库水位过低警戒信号作用于机组停机。事故停机后，机组将被闭锁在停机状态，直至运行人员现场消除故障复位信号后，方可重新启动机组。

机组辅助设备启动/停止控制。

对尾水进行充水，事故闸门开启及关闭控制，在地下厂房水位异常升高控制系统自动启动时，完成紧急关闭控制。机组进水阀和导叶的启闭及尾水事故闸门的启闭顺序具有严格的安全硬接线闭锁和程序逻辑闭锁。

在现地控制单元的屏幕上显示相应的机组工况转换控制顺控画面。如遇顺序阻滞，故障步则显示不同的颜色，并自动记录。

机组及其辅助设备的温度、压力、流量等越限后引起事故停机的重要参量，需设置一定时延，并做模拟量突变闭锁，以防模拟量受干扰抖动或传感器断线引起误停机。

4. 数据通信

完成与厂站控制层及与厂内公用设备现地控制单元、主变洞现地控制单元、上库现地控制单元、其他机组现地控制单元的数据交换，实时上送厂站控制层所需的过程信息，接收厂站控制层的控制和调节命令。

与机组附属及相关设备（包括调速系统、励磁系统、保护系统、发电/电动机辅助设备 PLC、水泵/水轮机辅助设备 PLC、调速器油压系统 PLC、进水阀 PLC、尾水事故闸门 PLC、机组冷却水系统 PLC、主变压器冷却系统 PLC、机组状态监测系统等）的通信采用以太网或现场总线技术，延伸至柜外的通信介质采用光缆。对于无法采用数字通信的设备采用硬布线 I/O 进行连接。另外，对于涉及安全运行的重要信息、控制命令和事故信号除采用以太网或现场总线通信外，还需通过硬布线 I/O 直接接入现地控制单元，以保证安全。对于有功功率、无功功率、接力器行程、转速、定子电压、定子电流、励磁电流、励磁电压、上水库水位、下水库水位、水头、工况状态等工况参数，采用 4～20mA 或开关量硬接线方式输出至机组状态监测系统。

除了系统内的通信外，卫星时钟系统的对时信息可通过网络数据通信，对网络各节点设备进行时钟同步对时。

5. 自诊断与自恢复功能

现地控制单元具有硬件故障诊断功能，在线或离线自检设备的故障，故障诊断能定位到模件。

具有软件故障诊断功能，在线自检应用软件运行情况，若遇故障能自动给出故障性质及涉及的功能，并提供相应的软件诊断工具。

在线运行时，当诊断出故障，自动闭锁控制出口，切换到备用系统，并将故障信息上送厂站控制层报警显示。当故障消失后，自动恢复到正常运行状态。

具有失电保护功能，当机组现地控制单元双路电源消失，机组事故停机硬布线回路将启动紧急事故停机流程。当电源恢复时，监控系统将自动恢复并且其参数和程序不变，电源恢复瞬间，闭锁输出。

现地控制单元中运行的软件可通过笔记本电脑现地在线维护或通过工程师工作站进行远方在线维护，维护时不影响现地控制单元的运行。维护包括程序的修改、上传、下载、在线监视等。

当现地控制单元发生意外断电、人为断电、软件重启时，现地控制单元内包括 PLC 在内的各设备均能自动启动，恢复到正常运行状态，无须人为干预。

（二）厂房公用现地控制单元功能

厂房公用设备现地控制单元一般布置在副厂房，监控范围包括主、副厂房内公共辅助设备，厂房 220V 直流电源系统，主厂房及副厂房内厂用电及配电装置等。

1. 数据采集和处理

现地控制层按照数据就地处理的原则自动完成数据处理任务，仅向厂站控制层传送其运行、控制、监视所必需的数据，并在现地控制单元上提供显示及相应的报警。

定时或随机采集全厂公用的油、气、水辅助系统工作状态及保护动作信号，采集地下厂房水位异常升高控制水位系统信息，采集 220V 直流电源系统有关信息，采集主厂房、副厂房内厂用电及配电装置的有关信息。并将采集到的信息量做工程值变换和越限检查，发现状态变位、越限和其他异常情况及时上送至厂站控制层报警显示，同时在现地控制单元给出报警显示信息。

定时对全厂公用设备的状态量，如空压机、排水泵的启停次数和运行时间，以及断路器、隔离开关的分合次数进行分类处理，上送至厂站控制级。采集的信息包括报警事件发生的时间、地点和事件性质等参数。

在收到地下厂房水位异常升高控制系统启动信号后，通过冗余的网络通道作用于机组紧急停机，关闭尾水事故闸门，并关闭上库进/出水口。信号还直接作用于安装在柜内的紧急光纤硬布线装置，通过电缆发送到机组现地控制单元，作用于机组紧急停机；通过专用光缆分别发送到上库现地控制单元及尾水闸门现地控制柜，作用于紧急落上库闸门及尾水事故门。

采集厂房其他公共辅助设备的有关信息。

2. 控制与显示

现地控制单元具有显示、监视用的人机接口。与厂站控制层和监视对象的控制保护系统配合，完成设备安全监视和控制任务。主要包括厂房内公共设备的控制、设备状态变化监视和主要运行参数监视、现地控制单元异常监视、异常时发报警显示和音响。现地/远方切换开关布置在 LCU 屏上。

完成各区域厂用电备用电源自动投入的控制功能，厂用电系统的备用电源自动投入时间不大于 2s。

3. 数据通信

完成与厂站控制层及机组现地控制单元的数据交换，实时上送厂站控制层所需的过程信息，接收厂站控制层的控制和调整命令。

接收电站的卫星同步时钟系统的信息，以保持与厂站控制层同步。

与厂房公用的相关设备（包括地下厂房直流 220V 系统、油污水处理系统、渗漏排水系统 PLC、中压压气机系统 PLC、低压压气机系统 PLC 等）的通信采用以太网或现场总线技术，对于无法采用数字通信的设备采用硬布线 I/O 进行连接。

4. 自诊断与自恢复功能

功能与机组现地控制单元相同。

（三）主变洞现地控制单元功能

主变洞现地控制单元一般布置在静止变频器控制室，监控范围包括静止变频器及其辅助设备、主变洞配电装置、厂用变压器及厂用电配电装置等。

1. 数据采集和处理

现地控制层按照数据就地处理的原则完成数据处理任务，仅向厂站控制层传送其运行、控制、监视所必需的数据，并在现地控制单元上提供显示及相应的报警音响。

采集静止变频器及其辅助设备的工作状态及保护动作信号，采集厂用变压器、厂用断路器的状态和继电保护动作信息，采集其他电压等级厂用变压器、厂用配电装置的状态及保护动作信息，采集各段厂用电母线电压，采集备用电源自动投入装置、事故照明自动切换装置等的状态及动作信息，并将采集到的信息量做工程值变换和越限检查，发现越限和其他异常情况及时上送至厂站控制层，同时在现地控制单元上作报警显示和音响。

定时对厂用变压器和静止变频器设备的启停次数和运行时间，以及断路器、隔离开关的分合次数等进行分类处理，上送至厂站控制层。采集的信息包括报警事件发生的时间、地点和事件性质等参数。

通过通信接口接收厂用电数字式电能表提供的电能量，上送厂站控制层。

2. 控制与显示

现地控制单元具有显示、监视用的人机接口。与厂站控制层和监视对象的控制保护系统配合，完成设备安全监视任务，主要包括设备状态变化监视和主要运行参数监视、现地控制单元异常监视、异常时应发报警显示和音响。现地/远方切换开关布置在现地控制单元屏上。

接收厂站控制层控制命令，完成有关断路器顺序操作，具有完善的操作安全闭锁。控制静止变频器系统的投、切，厂用电进线断路器及母联断路器的分/合控制等。主变洞现地控制单元与机组现地控制单元配合，执行静止变频器抽水启动和背靠背抽水启动，其中包括选择和控制启动回路的隔离开关（不包括检修接地隔离开关）和断路器并完成有关的顺序操作。在遇到顺序阻滞故障或启动失败时，能与机组现地控制单元协调将设备转到安全状态或停机。即使在脱离厂站控制层时，也能完成上述功能。以上操作在现地具有硬线逻辑安全闭锁，并在现地控制单元中设有软件闭锁。在现地控制单元的屏幕上显示静止变频器启动过程相应的顺控画面，如遇顺序阻滞，采用不同的颜色明显显示故障步。

3. 数据通信

完成与厂站控制层及机组现地控制单元的数据交换，实时上送厂站控制层所需的过程信息，接收厂站控制层的控制和调整命令。

接收电站的卫星同步时钟系统的信息，以保持与厂站控制层同步。

与静止变频器设备之间采用网络或串行通信方式，专用通信口，通信介质一般采用光缆。与厂用电配电控制保护装置的通信采用以太网或现场总线技术。对于无法采用数字通信的设备采用硬布线 I/O 进行连接。

4. 自诊断与自恢复功能

功能与机组现地控制单元相同。

（四）开关站现地控制单元功能

开关站现地控制单元一般布置在开关站继电保护室，监控范围包括开关站开关设备、母线、电缆、继电保护装置、直流电源系统、不间断电源、厂用电配电装置、消防水泵系统等。一般设置地下厂房主变洞远程 I/O，布置在地下厂房主变洞控制室，用于对地下开关站设备的监视和控制。

1. 数据采集和处理

现地控制单元按照数据就地处理的原则完成数据处理任务，仅向厂站控制层传送其运行、控制、监视所必需的数据，并在现地控制单元上提供显示及相应的报警音响。

采集开关站各电气量〔开关站母线和线路的电压、电流、频率、有功功率（双向）和无功功率（双向）等〕和非电气量（包括开关设备 SF_6 气体密度，操动机构液体压力等）有关信息。

通过数字通信口与电能量采集装置通信，接收电能量采集装置提供的开关站线路有功电能量（双向）和无功电能量（双向）信息，上送厂站控制层。

采集开关站断路器、隔离开关、接地开关位置状态量，采集到设备状态变位时，刷新数据库相应的参数。

采集继电保护和自动装置的报警信息。

将采集到的信息量做工程值变换和越限检查，发现状态变位、越限和其他异常情况及时上送至厂站控制层，同时在现地控制单元给出报警显示和音响。

采集的信息包括报警事件发生的时间、地点和事件性质等参数。

2. 控制与显示

现地控制单元具有显示、监视用的人机接口。与厂站控制层和监视对象的控制保护系统配合，完成对该区域设备的控制及安全监视任务，异常时还可发报警显示和音响。现地/远方切换开关布置在现地控制单元屏上。

现地控制单元装设一套微机自动准同期装置（捕捉），并装设非同期闭锁装置，当相角差过大时，闭锁合闸回路。同期装置具有同频合环功能。

根据厂站控制层控制命令或操作人员指令，在现地控制单元上可对开关站断路器、隔离开关、接地开关进行分合操作。这些操作在现地具有硬线逻辑安全闭锁，并在现地控制单元中设有软件闭锁。

3. 数据通信

完成与厂站控制层的数据交换，实时上送厂站控制层所需的过程信息，接收厂站控制层的控制和调整命令。

接收电站的卫星同步时钟系统的信息，以保持与厂站控制层同步。

现地控制单元与开关站保护装置、开关站不间断电源、开关站直流系统等的通信采用以太网或现场总线技术，对于无法采用数字通信的设备采用硬布线 I/O 进行连接。

4. 自诊断与自恢复功能

功能与机组现地控制单元相同。

（五）中控楼现地控制单元功能

中控楼现地控制单元一般布置在中控楼二次室，监控范围包括中控楼区域配电装置及公共辅助设备、不间断电源及事故照明切换装置、全厂消防及火灾报警系统、全厂通风空调监控系统、机组状态监测系统、大坝监测系统等。设置电站紧急按钮控制柜或控制箱，布置在中控楼内。

1. 数据采集和处理

现地控制单元按照数据就地处理的原则完成数据处理任务，仅向厂站控制层传送其运行、控制、监视所必需的数据，并在现地控制单元上提供显示及相应的报警音响。

采集中控楼配电盘运行状态，继电保护的报警信息，采集到设备状态变位时，刷新数据库相应的参数。

采集全厂工业电视系统、全厂通信系统、全厂消防及火灾报警系统、全厂通风空调监控系统、机组状态监测系统、大坝监测系统等的信息。

采集中控楼不间断电源设备信息以及其他中控楼区域内辅助设备信息等。

将采集到的信息量做工程值变换和越限检查，发现状态变位、越限和其他异常情况及时上送至厂站控制层，同时在现地控制单元给出报警显示和音响。

采集的信息包括报警事件发生的时间、地点和事件性质等参数。

2. 控制与显示

现地控制单元具有显示、监视用的人机接口。与厂站控制层和监视对象的控制保护系统配合，完成对该区域设备的控制及安全监视任务，异常时还可发报警显示和音响。现地/远方切换开关布置在现地控制单元屏上。

接收厂站控制层的命令，完成厂用电进线断路器和母联断路器的分合闸等控制。

中控楼电站紧急按钮控制柜或控制箱上设置机组紧急停机按钮、机组尾水闸门紧急关闭按钮、上库进出水口事故闸门紧急关闭按钮、启动地下厂房水位异常升高控制系统按钮。按钮设有防护罩，避免误动。

3. 数据通信

完成与厂站控制层的数据交换，实时上送厂站控制层所需的过程信息，接收厂站控制层的控制和调整命令。

接收电站的卫星同步时钟系统的信息，以保持与厂站控制层同步。

现地控制单元与中控楼不间断电源、全厂工业电视系统、通信电源系统、全厂消防及火灾报警控制系统、全厂通风空调监控系统、大坝监测系统等的通信采用以太网或现场总线技术，对于无法采用数字通信的设备采用硬布线 I/O 进行连接。

4. 自诊断与自恢复功能

功能与机组现地控制单元相同。

（六）下水库现地控制单元功能

下水库现地控制单元，一般设置于下库进出水口启闭机配电室内，监控范围包括下水库区域公共辅助设备、配电设备、220V 直流系统及柴油发电机等。一般还会设置下水库进出水口远程 I/O，布置在下水库启闭机楼，主要监视下水库进出水口拦污栅、启闭机及其附属设备、消防取水泵及其启动设备、水位测量设备及厂用电配电装置等。

1. 数据采集和处理

现地控制层按照数据就地处理的原则完成数据处理任务，仅向厂站控制层传送其运行、控制、监视所必需的数据，并在现地控制单元上提供显示及相应的报警音响。

采集下水库区域公共辅助设备的有关信息，包括下水库水位、下水库水温、下水库进出水口闸门前后压差及拦污栅前后压差、厂用电配电装置的工作状态及保护动作信号、下水库泄洪洞闸门位置、下水库溢洪道闸门位置、下库消防系统取水泵运行状态，及其他需采集的电气量、非电气量，做工程值变换和预处理，并根据要求上送厂站控制层。当下水库水位过高或过低时，作用于报警并停机（宜先报警，各机组分别经一定时限后自动停机，以留有时间给值班人员进行人工控制）。

2. 控制与显示

现地控制单元具有供显示、监视用的人机接口。与厂站控制层和监视对象的控制保护系统配合，完成设备安全监视任务。主要包括状态监视和现地控制单元异常监视，异常时还应发报警显示和音响。现地/远方切换开关布置在现地控制单元屏上。

接收厂站控制层的命令，完成下水库区域厂用电 0.4kV 进线断路器和母联断路器的分合闸操作、下水库区域闸门及阀门启闭等控制。

3. 数据通信

完成与厂站控制层的数据交换，实时上送厂站控制层所需的过程信息，接收厂站控制层的控制和调整命令。

接收电站的卫星同步时钟系统的信息，以保持与厂站控制层同步。

现地控制单元与下水库进出水口闸门控制系统的通信采用网络或现场总线技术。对于无法采用数字通信的设备采用硬布线 I/O 进行连接。

4. 自诊断与自恢复功能

功能与机组现地控制单元相同。

（七）上水库现地控制单元功能

上水库现地控制单元一般布置在上水库启闭机配电房二次盘室，监控范围包括上水库进出水口事故闸门及其附属设备、上水库水位测量设备、调压井水位信号、上水库220V 直流电源系统、厂用变压器及配电装置、柴油机等。

1. 数据采集和处理

现地控制单元按照数据就地处理的原则完成数据处理任务，仅向厂站控制层传送其运行、控制、监视所必需的数据，并在现地控制单元上提供显示及相应的报警音响。

采集上水库区域公共辅助设备的有关信息，采集上水库 220V 直流电源系统的工作信息，采集 0.4kV 配电系统工作状态及保护动作信号，采集上水库进出水口事故闸门位置，及其他需采集的电气量、非电气量，做工程值变换和预处理，并根据要求上送厂站控制层。

采集上水库水位、上水库进出水口事故闸门两侧水位及拦污栅差压。当上水库水位过高或过低时，作用于报警并停机（宜先报警，并经一定时限后自动停机，以留有时间给值班人员进行人工控制）。当上库水位计故障，无法采集上库水位时，保持故障前水位输出以保证机组稳定运行，同时发信号至厂站控制层，以便运行人员及时排除水位计故障。

采集引水调压井水位信号。记录机组在试验、试运行过程中多种工况下的调压井水位变化情况，并上送至厂站控制层。

2. 控制与显示

现地控制单元具有供显示、监视用的人机接口。与厂站控制层和监视对象的控制保护系统配合，完成设备安全监视任务。主要包括状态监视和现地控制单元异常监视，异常时还应发报警显示和音响。现地/远方切换开关布置在现地控制单元屏上。

接收厂站控制层关于上水库进出水口事故闸门的充水、开启及关闭控制，这些控制具有严格的安全闭锁逻辑。在现地控制单元与厂站控制层脱机时，在地下厂房水位异常升高控制系统自动启动时，能完成上水库进出水口事故闸门紧急关闭控制，并有严格的安全闭锁，当上水库进出水口闸门下滑或不正常关闭时，与机组现地控制单元协调，自动完成相应的两台机组快速停机，上述控制均需有严格的安全闭锁。

3. 数据通信

完成与厂站控制层的数据交换，实时上送厂站控制层所需的过程信息，接收厂站控制层的控制和调整命令。

接收电站的卫星同步时钟系统的信息，以保持与厂站控制层同步。

与相关设备（包括上水库进出水口事故闸门启闭机控制设备、上水库水位测量设备、220V 直流电源系统等）的通信采用以太网或现场总线技术，对于无法采用数字通信的设备采用硬布线 I/O 进行连接。

4. 自诊断与自恢复功能

功能与机组现地控制单元相同。

二、现地控制层性能

现地控制单元性能应满足实时性、可靠性、可维护性、可用性、可扩充性、可改变性及系统安全性等方面的要求。

（一）实时性

现地控制单元的响应能力应该满足对生产过程的数据采集和控制命令执行的时间要求。

（1）现地控制单元数据采集时间：

1）电气量模拟量采集周期，<1s；

2）非电气量模拟量采集周期，<1s；

3）温度量采集周期，≤1s；

4）一般数字量采集周期，<100ms；

5）事件顺序记录点（SOE）分辨率，≤2ms。

（2）系统时钟同步精度：±1μs。

（3）冗余设备双机自动切换：无扰动。

（二）可靠性

现地控制层设备应能适应电站的工作环境，具有抗干扰能力，能长期可靠稳定运行。现地控制层设备应从设计、制造和装配等方面保证系统满足电站运行可靠性要求，系统中任何一个局部故障都不会影响到系统关键功能的缺失。

系统或设备的可靠性采用平均无故障工作时间（MTBF）来反映，各主要设备的 MTBF 值应满足下列要求：

系统外围及人机接口设备，$MTBF \geqslant 20000h$；

现地控制单元，$MTBF \geqslant 50000h$。

（三）可维护性

现地控制层硬件和软件具有自诊断能力，当硬件故障时，能够指出具体故障部位；当软件故障时，能够指出具体故障功能模块；当现场更换故障部件后即可恢复正常。

在选择硬件和软件时，充分考虑中国市场的元件采购及技术服务，采用品种很少的硬件，使硬件设备、元器件、模件板卡有较高的替代能力，同时要求现地控制单元的 PLC 模件支持在线插拔更换功能。

（四）可利用率

系统可利用率在试运行期间不应低于 99.95%，验收后保证期内整个系统的可利用率应不小于 99.97%。

（五）可扩充性

系统具有很强的开放功能，通过简单连接便可实现系统扩充。

1. CPU 负载率

（1）现地控制单元 CPU 负载率（正常情况），< 30%；

（2）现地控制单元 CPU 负载率（事故情况），< 50%。

2. 系统使用裕度

（1）各 I/O 插槽裕度（不包括备品备件），≥ 20%；

（2）应留有扩充现地控制装置、外围设备或系统通信的接口。

（六）可改变性

现地控制单元可在线进行参数修改及限值修改。PLC 模件可在线插拔更换。

（七）系统安全性

1. 操作安全

在操作方面，现地控制单元具有防误操作措施，对系统每一功能和操作提供检查和校核，发现有误时能报警、撤销。设备的操作设置完善的软件和硬件闭锁条件，对各种操作进行校核，即使有错误的操作，也不会引起被控设备的损坏。

2. 硬件、软件安全

现地控制单元 PLC 具有自检能力，检出故障时能自动报警，并自动切换到备用设备上，而不影响系统的正常运行。且在电源故障时，具有故障保护、自动重新启动和输出闭锁功能，不会对电站的被控对象产生误操作。

现地控制单元应用软件具有完善的程序逻辑闭锁条件，对各种操作进行校核，即使有错误的操作，也不会引起被控设备的损坏。

第四章

计算机监控系统控制与调节

控制与调节功能是计算机监控系统的重要功能，包括电站联合控制、机组工况转换控制、机组负荷调节、开关分合闸控制、辅助设备启停控制、闸门开启关闭控制以及厂用电备用电源自动投入控制等。其中电站联合控制通过厂站控制层实现，机组工况转换控制、机组负荷调节、开关分合闸控制、辅助设备启停控制、闸门开启关闭控制以及厂用电备用电源自动投入控制在现地控制层中编程实现。

控制与调节功能一般按三层设计考虑：现地控制层是面向监控对象层，由现地控制单元及附属设备组成；厂站控制层是操作监视层，由服务器和操作员站等组成；调度控制层由与上级调度自动化系统进行数据通信的调度通信服务器等组成。各级控制选择切换开关位置和设备在各级的操作控制权限见表 4-1。控制权限遵循底层优先的原则，从现地设备安全操作考虑，原则上，调度层控制范围小于厂站层，厂站层控制范围小于现地层。设计上，各控制层功能相对独立，除了操作监视外，尽可能减少控制层间的数据交换。

表 4-1　　　　　　　　　　　　操 作 控 制 权 限

操作控制权限	选择切换开关位置			
	现地控制单元		厂站操作员站	
	现地	远方	电站	调度
现地控制层	√			
厂站控制层		√	√	
调度控制层		√		√

注　√表示选择开关的位置。

本章主要介绍电站控制与调节、机组控制与调节、开关设备控制和厂用电备用电源自动投入控制。

⊪ 第 一 节　电 站 控 制 与 调 节

电站控制分为手动控制和联合控制。手动控制是指机组启停和工况转换操作由中控室操作员手动进行，而联合控制包括了负荷成组控制、紧急支援控制电压成组控制和水位控制四个模件，负荷和电压成组控制系统根据上级调度自动化系统下发的电站总有功负荷、母线电压指令或计划曲线，自行进行计算、处理和优化分配，触发机组启停控制流程，与手动控制机组相比，可充分发挥电站监控系统自身对电站设备安全、经济运行等方面的作用，减少操作失误，解放劳动生产力。

汛期的水库水位控制对电站水工设施、大坝及下游居民生命及财产安全十分重要，作为联合控制的一个附加模块，水位控制采用实际水位与水库安全水位比较的方法，计算需要排泄的水量、机组运行台数和运行时间，确保水库水位控制在安全运行范围内。

联合控制遵循以下设计原则：

（1）以电站为单元进行自动计算、分配和调控；

（2）在自动方式下，闭锁电站机组发电和抽水工况同时运行要求；

（3）电站控制权限切换时负荷和电压设定值跟踪和无扰切换；

（4）在水库水位运行范围内按设定要求维持电站功率；

（5）电站自动控制设计可考虑满足电网旋转备用的需要；

（6）电站负荷和电压协调控制可以通过选择负荷或电压优先的方式，优先满足负荷或母线电压的设定要求。

一、电站手动控制与调节

当机组控制权限在"远方"、电站控制权限在"现地"、操作员站的操作控制选择"手动"时，机组的启停和工况转换由电站中控室操作员根据调度要求操作。在"手动"控制方式下，电站控制将闭锁系统层（电网调度）的任何指令，仅接收电站中控室操作员的指令。

二、电站联合控制与调节

1. 联合控制的基本框架

抽水蓄能电站联合控制一般可分为负荷成组控制、紧急支援控制、电压成组控制和水位控制等模块。负荷成组控制模块包括电站模式选择、负荷指令计算和分配、机组自启停控制、安全闭锁等功能；紧急支援控制模块除了具备负荷成组控制模块的功能外，还包括紧急支援模式选择、电站可支援容量计算等功能；电压成组控制模块包括电站模式选择、电压指令计算和分配、安全闭锁等功能；水位控制模块包括电站模式选择、流量指令计算和分配、安全闭锁等功能。联合控制基本功能框架如图4-1所示。

2. 控制模式的选择

抽水蓄能电站联合控制方式按机组、电站和系统（调度）分层设计，各层模式选择相互独立，又相互关联。

机组控制模式一般可分"单机"和"成组"两种，所谓"单机"模式指单台机组的启停及有功/无功调整独立于联合控制，由操作员人工操作；而"成组"模式机组启停、有功和无功分配由电站联合控制软件自动计算和控制。

电站控制模式分自动模式、操作员指导模式和手动模式三种：

（1）自动模式：电站联合控制系统投入，系统依照电站设置指令或调度下发的负荷/电压计划曲线，自行计算机组的有功/无功指令，根据有功指令自动触发相应机组启停控制，分配机组有功和无功指令，电站"自动"模式仅控制"成组"模式的机组。

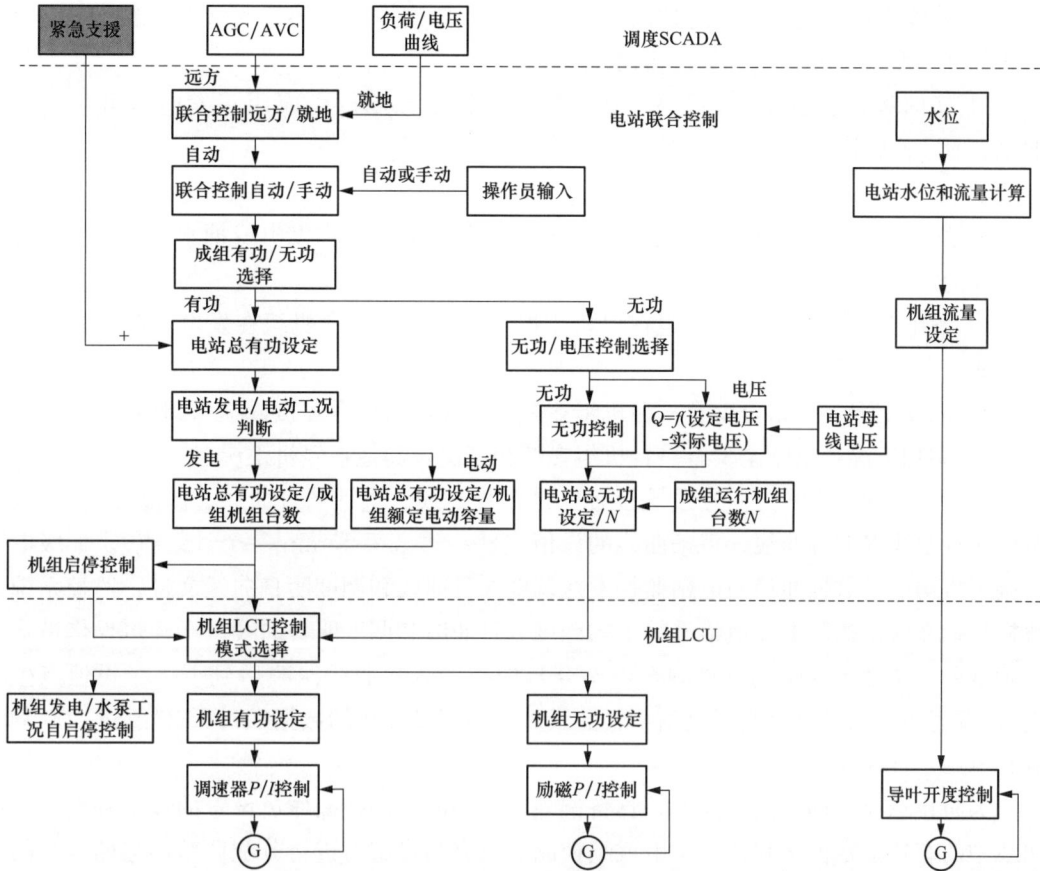

图 4-1 联合控制基本功能框架

（2）操作员指导模式：类似于"自动"模式，只不过需要操作员对系统自行计算单台机组的有功/无功指令以及机组启停控制进行确认。

（3）手动模式：机组的启停和指令设置由操作员人工操作。当电站控制模式切换到"手动"模式，所有机组自动切换到"单机"模式。

系统（调度）控制模式分"调度"模式和"电站"模式两种，在电站侧选择切换，"调度"模式时接收调度下发的控制指令，"电站"模式时接收电站设置的控制指令。

抽水蓄能电站集电源和负荷于一身，因此遥调和遥测信息按照电网符号定义，发电工况为"正"（＋），电动工况为"负"（－）。

3. 负荷成组控制

负荷成组控制是指按预定条件和要求，以迅速、经济的方式自动控制抽水蓄能电站有功功率来满足系统需要的技术，包括发电成组控制（也称自动发电控制，AGC）和电动成组控制。它是在水轮发电机（水泵电动机）可逆机组自动控制的基础上，实现电站自动化的一种方式。根据上水库水位和电力系统的要求，考虑电站及机组的运行限制条件，在保证电站安全运行的前提下，以经济运行为原则，确定电站机组运行台数、运行机组的组合和机组间的负荷分配。

联合控制中的负荷成组可分计划曲线和实时控制两种方式：

1）曲线控制：是电网通过预测负荷变化，计算安排电站第二天 24h、按一定的时间间隔（一般为 15min）的发电/抽水计划；

2）实时控制：分指令控制和 AGC 控制，指令控制即可应用于发电也可应用于抽水；而 AGC 控制仅仅在电站"自动"、电站操作权限在"电网"，且发电工况有效。

电站"自动"控制设计原则上不允许电站机组同时运行在发电或抽水工况，因此电站工况的定义：

1）发电工况：电站所有机组在停机工况，或至少有一台机组在发电工况，其他在停机或发电调相工况；

2）电动工况：电站至少有一台机组在电动工况，其他在停机或抽水调相工况；

3）调相工况：电站至少有一台机组在调相工况，其他在停机工况。

（1）调度曲线方式。监控系统设置电站今日曲线、电站明日曲线、调度今日曲线、调度明日曲线等四种曲线，每条曲线的设值点数一致（每 15min 一个计划点）。上级电网调度机构通过数据通信向电站监控发送调度今日曲线和调度明日曲线文件，监控系统解析后把文件中的数据赋值给系统中的调度今日曲线和调度明日曲线。在经过操作员核实确认后，调度今日曲线可复制至电站今日曲线（今日曲线修改后到下一个设值点生效），调度明日曲线可复制至电站明日曲线。电站明日曲线的数据在每天 23：56：00 复制到电站今日曲线予以执行。

为防止总有功调节出现偏差，具备偏差补偿功能，即把操作员设置的偏差补偿值与曲线中的有功设定值之和作为发电成组控制的总有功设定值进行分配调节。当曲线中的相邻两个有功设值点差值过大时，发电成组控制采用分步调节（按电站爬坡率计算后实时下发有功设定值，时间间隔以"1min"为单位）的方法实现平稳调节。

相关安全闭锁、报警和提示如下：

1）显示电站与调度系统时差，时差偏差过大时（阈值可设为 1min）报警提醒值班员；

2）显示下一时刻（时间间隔以"1min"为单位）有功设定值；

3）截至某时刻，如果电站没有更新电站明日曲线，立即报警提示或退出电站成组控制（触发报警和退出时间可设置）。

（2）发电成组控制。无论是实时控制还是日计划曲线控制，对发电成组控制而言区别只是接收的电站总负荷设定是连续或断续的，发电成组控制根据电站发电可调范围，计算和平均分配各机组负荷设定，并根据机组启停优先级，自动触发相应机组 LCU 发电启停控制、设置发电负荷。

机组 LCU 在接收到控制指令后实施启停控制，调速器按照机组 LCU 的负荷设定进行闭环调节。

成组机组的负荷按均分方式计算：

1）单台"成组"机组负荷设定 P_g

$$P_g = (P_{sp} - \sum P_i)/N_g \qquad\qquad P_1 \leqslant P_g \leqslant P_2 \qquad\qquad (4\text{-}1)$$

式中 P_{sp}——电站总负荷设定，MW；

    P_i——"单机"机组负荷设定，MW；

    N_g——运行发电"成组"机组台数，$1 \leqslant N_g \leqslant$ 电站机组台数；

    P_1——机组安全运行的最小功率，MW；

    P_2——机组额定发电功率，MW。

电站总成组容量 $TV_g = (P_{sp} - \sum P_i)$。

2）电站发电工况最大可调容量及范围

$$\text{最大发电容量 } P_{max} = N_g \times \text{机组额定发电功率} \tag{4-2}$$

$$\text{机组运行的最小功率 } P_{min} \leqslant \text{电站发电可调范围} \leqslant P_{max} \tag{4-3}$$

（3）电动成组控制。目前，国内抽水蓄能机组在电动工况用电负荷无法像发电一样连续调节负荷，因此电动成组控制将根据电站总负荷设定（一）计算出需要机组启停台数，自动触发机组水泵启停控制。

电动成组控制按如下规则计算各参数：

计算运行电动"成组"机组的台数 N_p

$$N_p = INT(|P_{sp} - \sum P_i| / \text{机组额定电动功率}) \tag{4-4}$$

式中 P_{sp}——电站总负荷设定（一），MW；

    P_i——"单机"机组负荷设定，MW。

抽水蓄能电站水泵工况启动可采用两种方式，一种是根据负荷指令直接触发机组从停机到水泵工况的启停控制，另一种触发机组从水泵调相到水泵工况的转换，鉴于后者启动成功率要高很多，在成组电动控制实际应用中，一般采用第二种方式。

（4）自动开停机控制。负荷成组控制可设定机组优先级，机组开停机命令遵照事先设定的优先级，在开停机条件满足时，自动（或经操作员确认）下发机组开停机命令。

1）自动开停机提前时间。在调度计划曲线方式下，成组控制可设置提前开停机时间，满足电网计划曲线对应时间下的负荷需求，对于同一时间多台机组启停的计划有需求，成组控制可按照调度下发的时间表，错开机组启停时间。

调度曲线模式下，下一个负荷点（每15min一个负荷点）有一台机组开机时，提前 T_1 分钟成组控制发出开机令；如果两台机组同时开机，则按照第一台机组提前 T_1 分钟成组控制发出开机令，提前 T_2 分钟再开第2台机组；开三机时第一台机组提前 T_1 分钟开机，第二台机组提前 T_2 分钟开机，第三台机组提前 T_3 分钟开机。

调度曲线模式下，下一个负荷点（每15min一个负荷点）有一台机组停机时，提前 t_1 分钟成组控制发出停机令；如果两台机组同时停机，则按照第一台机组提前 t_1 分钟成组控制发出停机令，提前 t_2 分钟再停第二台机组；停三机时第一台机组提前 t_1 分钟停机，第二台机组提前 t_2 分钟停机，第三台机组提前 t_3 分钟停机。

上述自动开停机提前时间可根据电站实际情况确定（其中，$T_3 < T_2 < T_1 < 15$，$t_3 < t_2 < t_1 < 15$，$T_i > t_i$）。

2）发电方向自动开机策略。以下任一条件满足时，成组控制启动一台备用机组：

a. 总有功设定值大于当前运行机组所能发出的最大出力，且多启动一台机组并重新分配负荷后，各机组所带出力均不小于单机最小出力；

b. 旋转备用功能投入、实际旋转备用小于设定值，且多启动一台机组并重新分配负荷后，各机组所带出力均不小于最小出力。

机组 LCU 确保在正常开机过程中，成组投入的条件始终满足。开机机组并网后，成组控制把电站出力缺额直接分配给该机组，使电站总出力尽快达到设定值要求，然后再采用优化调节的方式调整各机组出力，使其达到最终优化分配值，避免电站总出力上下波动。以下条件满足时认为开机失败，成组控制报警并选择其他机组继续开机：

a. 成组控制发出开机令后 10s 内，机组 LCU 未返回开机流程执行过程中的信号；

b. 机组开机流程执行过程中的信号复位，且机组未达到并网状态；

c. 机组 LCU 返回机组停机流程执行过程中的信号。

3）发电方向自动停机策略。总有功设定值小于当前运行机组所发出的最小出力，且停一台机组并重新分配负荷后，各机组所带出力均不大于最大出力时，成组控制停一台发电机组。

以下情况认为停机过程失败，第一种情况成组控制报警并选择其他机组继续停机，后两种情况成组控制停止停机过程，报警并由机组 LCU 完成紧急事故停机：

a. 成组控制发出停机令后 10s 内，机组 LCU 未返回停机流程执行过程中的信号；

b. 停机机组减负荷超时；

c. 机组停机流程执行 30s，出口开关仍未断开。

为避免成组控制在临界值附近反复开停机，对各开停机判据增加死区判断。

4）电动方向自动开停机策略。负荷成组控制的电动方向启动一般仅考虑 SFC 拖动方式，设计上可采用停机到电动或抽水调相到电动两种工况流程，因此：

a. 调度曲线模式下，抽水开机时，负荷成组控制提前自动启动机组到调相工况或 30min 报警提示运行人员需要开机到抽水调相工况，或提前启动机组到电动工况，在开机条件满足时，下发机组开机至抽水调相命令；

b. 抽水调相转抽水开机以及抽水工况停机的自动开停机提前时间可参考 1）的处理方法；

c. 调度曲线模式下，每个计划点应不超过两台机组抽水开机。

（5）负荷成组安全闭锁策略。

1）防主站目标错误保护。当成组负荷控制系统检测到非法主站目标时，提供两种处理策略：闭锁成组负荷控制输出和维持原值。

2）振动区自动躲避策略。机组不允许在低负荷区运行。如果机组运行在这些区间，不仅效率低而且会危及机组的安全，因而必须有效地避开振动区运行。

3）水头滤波处理策略。负荷成组控制界面中全厂控制参数中可以对水头进行监视和设定。默认水头给定方式为"自动"，水头值采用上游水位与下游水位之差，当上游水位或下游水位数据质量发生故障时，进行报警处理并保持原值不变，同时可将水头给定方式修改为"手动"，此时，可采用人工设定的方式设定水头，水头显示值是人工判断后的设定值。在负荷成组控制程序组态中设定了水头变化梯度闭锁，每个程序运转周期读 1 次水头，考虑到水电厂下游水位会有一定的变化幅度，因此考虑读取的水头与上次有效水头值之差小于水头梯度时，认为该水头有效，超过水头梯度，则认为水头无效，将该值丢掉；手动设置水头值时，如想要设定水头与当前水头相差过大，可采用多次设值逐步实现；当水头测值超过最高/最低限值时，机组成组控制禁止投入。

4）负荷成组控制自动退出策略。当发生有可能影响系统或机组安全的事件时，负荷成组控制自动退出，所有参与成组控制的机组自动切换到单机模式。

a. 母线频率故障，包括频率测量通道故障、频率越限（上限 50.3Hz，下限 49.7Hz）。

b. 上下库水位超限，当电站在发电工况，若上库水位低于设计要求、下库水位高于设计要求；或电站在抽水工况，若上库水位高于设计要求、下库水位低于设计要求。

c. 电站有功或无功/电压测值故障，此时电网无法确定电站有功或无功/电压测值是否准确，为避免电网调度与电站间闭环调节失误，负荷/电压成组控制自动却换到手动控制。

d. 成组控制装置故障，包括硬件、软件和通信。

e. 在成组控制参与调度的实时控制时，若与电网调度的通信通道、网关设备故障。

4. 紧急支援控制

抽水蓄能电站紧急支援控制是区域电网故障频率恢复体系的电站侧组成部分，是在原有电站负荷成组计划曲线功能模块基础上，采用电站总计划负荷指令叠加紧急支援附加值后直接启停机组方式实现的。该功能首次在华东电网得到成功应用。基本构架如图 4-2 所示。

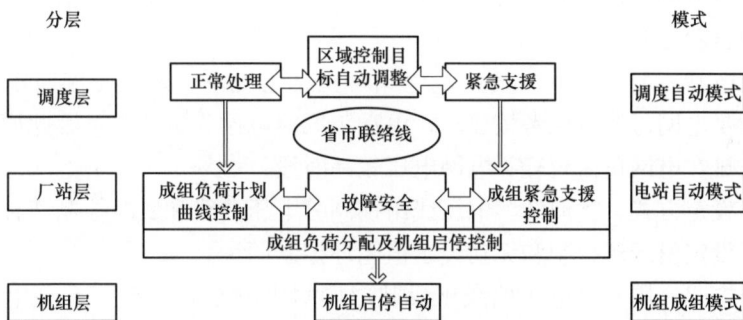

图 4-2　电站紧急支援框架示意图

鉴于电网故障发生的随机性，电站紧急支援的启动必须考虑电站可能运行的各种工况（停机、发电、调相、抽水）、机组运行的稳态和暂态过程，以及与电网调度信息交互的安全性、可靠性和实时性。

电站紧急支援功能设计的关键是电站当前和下一时刻可调容量，作为电站与调度故障频率恢复体系间交互的关键参数，上传到调度的电站可调容量（正整数）实时地反映了电站的工况、运行状态及当前和下一时刻电网可支配的容量，是电网故障频率恢复体系启动后紧急支援附加值计算分配以及电网故障频率恢复退出后调控的依据。

电站可调容量的计算：

（1）发电工况（当前）：成组运行机组旋转备用及成组停机机组容量总和；

（2）发电工况（下一时刻）：电站总成组容量与下一时刻负荷计划的差值；

（3）电动工况（当前）：成组运行机组电动容量；

（4）电动工况（下一时刻）：下一时刻负荷计划的电动容量；

（5）调相工况（当前）：零；

（6）调相工况（下一时刻）：下一时刻负荷计划的电动容量（若负荷计划要求转抽水）。

一旦电网故障频率恢复体系启动，电网调度根据抽水蓄能电站当前可调容量计算和分配叠加的紧急支援附加值（正整数），其要求根据机组的工况采取相应的措施：

（1）停机工况：即刻触发机组发电流程，启动机组到发电工况；

（2）发电工况：即刻调用现有的旋转备用，同时触发成组停机机组的发电流程；

（3）抽水工况：即刻触发水泵停机流程，释放相应的有功功率；

（4）调相工况：即刻闭锁下一个计划曲线点调相转抽水的流程。

根据约定，电网故障频率恢复体系在第二个计划周期启动自动退出控制，紧急支援附加值根据电站当时工况，以不同的线性递减方式，逐步将附加值降至零，使电站在一定的时间内恢复到预定的计划曲线控制方式。

5. 电压成组控制

电压成组控制（也称自动电压控制，AVC）是指按预定条件和要求自动控制水电厂母线电压或全电厂无功功率的技术。在保证机组安全运行的条件下，为系统提供可充分利用的无功功率，减少电厂的功率损耗。水电厂 AVC 子站系统接收 AVC 主站系统下发的全厂控制目标（电压曲线、电厂高压母线电压、全厂总无功等），按照控制策略合理分配给每台机组，通过调节发电机无功出力，达到全厂目标控制值，实现全厂多机组的电压无功自动控制。

抽水蓄能电站一般是电网中的终端电站，正常情况下，发电工况时电站作为电源点，可基本满足电网母线电压考核要求；电动工况时电站为负荷点，因此原则上电动工况一般要求安排在电网负荷较轻、电网电压较高时段。

（1）电压设定方式。类似的，电压线组控制分电压曲线和实时控制两种方式，实时控制又分电压设定值闭环控制和无功设定值闭环控制两种。

电压曲线方式：用一对电压曲线组反映电网对电站在各工况下允许电压波动的范围，电压成组控制将按曲线组计算维持电压所需的无功，一旦无功调节使母线电压恢复到电压曲线范围内，电压成组控制将维持无功设定不变。

电压设定值闭环控制：电压设定值与电压曲线方式十分类似，所不同的是采用电压设定与实际母线电压相比较的方式，根据电压差计算需要增减的无功，并在励磁侧用脉冲方式进行无功调节，直到实际母线电压回复到预设的允许范围内。

无功设定值闭环控制：电压成组控制将根据下达的无功指令，计算和平均分配机组无功指令。

（2）无功计算和分配。AVC 至少提供等功率因数分配法、无功容量成比例分配法、相似调整裕度分配法（根据 PQ 功率特性曲线实时计算无功容量）和动态优化分配法四种算法可选。

1）等功率因数分配法

$$Q_{iAVC} = Q_{AVC} \times \frac{P_i}{\sum_{i=1}^{n} P_i} (i = 1, 2, \cdots, n) \tag{4-5}$$

式中　Q_{iAVC}——分配到第 i 台参加 AVC 机组的无功功率，Mvar；

$\qquad Q_{AVC}$——全厂无功 AVC 分配值，Mvar；

$\qquad n$——参加 AVC 的机组数；

$\qquad P_i$——参加 AVC 的第 i 台机组的当前有功实发值，MW；

$\sum_{i=1}^{n} P_i$——参加 AVC 机组的当前有功实发值之和，MW。

2）无功容量成比例分配法

$$Q_{iAVC} = Q_{AVC} \times \frac{Q_{i\max}}{\sum_{i=1}^{n} Q_{i\max}} (i = 1, 2, \cdots, n) \tag{4-6}$$

式中　Q_{iAVC}——分配到第 i 台参加 AVC 机组的无功功率，Mvar；

$\qquad Q_{AVC}$——全厂无功 AVC 分配值，Mvar；

$\qquad n$——参加 AVC 的机组数；

$\qquad Q_{i\max}$——参加 AVC 的第 i 台机组的最大无功容量，Mvar；

$\sum_{i=1}^{n} Q_{i\max}$——参加 AVC 机组的最大无功容量之和，Mvar。

3）相似调整裕度分配法

$$Q_{iAVC} = Q_{AVC} \times \frac{Q_{i\max} - Q_i}{\sum_{i=1}^{n} (Q_{i\max} - Q_i)} (i = 1, 2, \cdots, n) \tag{4-7}$$

式中　　　Q_{iAVC}——分配到第 i 台参加 AVC 机组的无功功率，Mvar；

$\qquad Q_{AVC}$——全厂无功 AVC 分配值，Mvar；

$\qquad n$——参加 AVC 的机组数；

$\qquad Q_{i\max} - Q_i$——参加 AVC 的第 i 台机组的无功调整裕度，Mvar；

$\sum_{i=1}^{n} (Q_{i\max} - Q_i)$——参加 AVC 机组的当前无功调整裕度之和，Mvar。

4）动态优化分配法

$$Q_{iAVC} = Q_{AVC} \times \frac{F_i}{\sum_{i=1}^{n} F_i} (i = 1, 2, \cdots, n) \tag{4-8}$$

式中　Q_{iAVC}——分配到第 i 台参加 AVC 机组的无功功率，Mvar；

$\qquad Q_{AVC}$——全厂无功 AVC 分配值，Mvar；

$\qquad n$——参加 AVC 的机组数；

$\qquad F_i$——参加 AVC 的第 i 台机组的当前优化系数；

$\sum_{i=1}^{n} F_i$——参加 AVC 机组的当前优化系数之和。

特别说明：不参加 AVC 机组，AVC 分配值跟踪实发值，但此值只供显示，并不实际作用于该机组。母线电压与给定电压值在电压死区内，AVC 分配值跟踪实发值。

（3）AVC 安全闭锁策略。

1）防主站目标错误保护。当 AVC 检测到非法主站目标时，提供两种处理策略：闭锁 AVC 输出和维持原值。

2）AVC 自动退出条件。

a. AVC 全厂自动退出条件：电站事故；母线电压测量值异常；系统电压振荡；分段母线母联断路器合闸运行时，Ⅰ母与Ⅱ母电压差值过大。

b. AVC 单机自动退出条件：机组无功不可调，机组 LCU 故障，机组励磁装置故障，机组无功测量故障。

3）AVC 自动闭锁条件。当出现以下情况之一时，AVC 子系统应自动闭锁相应机组 AVC 功能，并给出报警信号。在恢复正常后应自动解锁恢复调节。

a. AVC 增磁/减磁闭锁条件：高压母线电压越闭锁限值，闭锁控制；高压母线电压越控制限值上限，闭锁增磁控制；高压母线电压越控制限值下限，闭锁减磁控制；机组转子电流越控制限值上限，闭锁相应机组增磁控制；机组定子电压越控制限值上限，闭锁相应机组增磁控制；机组无功功率越闭锁限值，闭锁控制；机组无功功率越控制限值上限，闭锁增磁控制；机组无功功率越控制限值下限，闭锁减磁控制；厂用母线电压越闭锁限值，闭锁控制（可选）；厂用母线电压越控制限值上限，闭锁增磁控制；厂用母线电压越控制限值下限，闭锁减磁控制。

b. 其他安全闭锁条件：AVC 调度调节模式下，远动通信故障，AVC 自动切为电站调节模式。AVC 调度调节模式下，电站电压（无功）设定值跟踪实发值；系统震荡时 AVC 系统退出，同时发出报警信号。

（4）抽水蓄能电站成组电压控制的辅助手段。由于抽水蓄能机组不是连续运行的，电站无功控制在发电和抽水工况调整手段有：

1）发电工况：当电站机组在发电工况时，电站联合系统可以利用机组发电工况进相和调相能力来维持母线电压；当电站部分机组在成组备用（停机）状态，若电站无功调节超出其可调范围，可设计启动停机机组调相，不过若采用有功控制优先设计，一旦电网有发电需求，系统将自动将调相机组转换到发电工况。

2）电动工况：由于机端电压变化对水泵运行安全和效率的影响，为了确保机组运行在稳定的极限范围内（低励、过励许可范围），水泵工况励磁一般采用恒功率因素或恒电压控制模式。因此当电站母线电压超出许可范围，也可采用启动成组备用（停机）机组到水泵调相工况，参与电压调节。

3）调相工况：若电站无机组运行，而电站母线电压超出许可范围，可通过无功成组控制启动成组机组到调相工况进行电压辅助调整。

6. 水位控制

水位控制是联合控制中的附加功能，在选择水位控制时，联合控制可根据上水库水位与水量间相互关系，计算和分配机组流量设定，根据机组流量和开度曲线进行控制。

7. 运行控制限制

（1）有功功率、电压限制。协调控制是指在当电站负荷总指令和电压总指令计算分配到机组控制未受到机组有功功率及励磁限制器限制时，联合控制将满足电网要求协调进行调整；当两者指令发生冲突时，电站联合控制则根据预先设置的负荷优先/电压优先的要求，优先满足电网对电站总负荷/升压站母线电压的要求。

（2）电站水位、频率限制。为了避免上、下水库水位发生溢流，电站控制可考虑上下水库的水位保护，当上库水位高或下库水位低于运行要求，电站水位保护启动，将按一定的时间间隔，逐台切除运行在电动工况的机组，同时闭锁发电工况机组的停机，直至水位恢复正常；类似地，当上库水位低或下库水位高，将按一定的时间间隔，逐台切除正在发电工况运行的机组，同时闭锁水泵工况的机组停机，直至水位恢复正常。

同样当电网频率高于系统要求，电站频率保护启动，将按一定的时间间隔切除正在发电工况运行的机组，同时闭锁水泵工况的机组停机；电网频率低于系统运行要求，将按一定的时间间隔，切除运行在电动工况的机组，同时闭锁发电工况机组的停机，直至频率恢复正常。

当电站成组负荷控制投入，设计上可考虑加入频率限制功能，当频率低于电网要求，将自动闭锁电动工况启动或水泵调相工况到水泵工况的转换；当频率高于电网要求，将闭锁发电工况的启动，直至频率恢复正常。

8. 软件性能和容错设计

应用软件的上述功能采用模块化设计结构，用户可以根据需要选择投入或退出，应用软件与电站监控系统的数据交互满足实时性要求，小于或等于 1s。

应用软件的容错设计至少要求当运行应用软件的硬件设备故障、电源故障、通信故障、软件本身故障，电站控制自动地切换到"手动"控制方式，同时电站"手动"和"自动"方式下，电站各类设定值进行相互跟踪，避免切换扰动。

9. 性能指标

（1）负荷成组控制性能指标。

1）响应速率。抽水蓄能机组每分钟增减负荷的响应速率一般按照电网的要求进行设置。

2）负荷成组控制调节精度。负荷成组控制指令执行完后，机组实际功率和目标值的误差与机组容量的百分比，不大于 3%。

3）负荷成组控制可用率。负荷成组控制功能可用时间与并网运行时间的百分比，不小于 98%。

4）负荷成组控制合格率。负荷成组控制合格时间或合格时段的时间总和与 AGC 功能投入时间的百分比，不小于 95%。

（2）电压成组控制性能指标。

1）电压调节速度。调节母线电压变化 1kV 的时间小于 60s。

2）电压调节精度。220kV 电压等级，母线电压偏离目标电压小于 0.3kV；500kV 电压等级，母线电压偏离目标电压小于 0.6kV。

3）电压成组控制可用率。电压成组控制可用时间与并网运行时间的百分比，不小于 98%。

4）电压成组控制合格率。电压成组控制合格时间或合格时段的时间总和与 AVC 功能投入时间的百分比，不小于 95%。

✤ 第二节 机组控制与调节

抽水蓄能机组具有停机、旋转备用、发电、发电调相、抽水、抽水调相等基本运行工况，以及黑启动、线路充电 2 种特殊运行工况，其中抽水启动有静止变频器启动和背靠背启动两种方式，以静止变频器启动方式为主用方式，背靠背启动方式为备用方式，当采用背靠背启动方式时，被启动机组外的电站任意一台机组均可作为拖动机。

抽水蓄能机组工况转换主要有：停机→旋转备用，旋转备用→发电，发电→发电调相，发电调相→发电，发电→旋转备用，旋转备用→停机，停机→发电，发电→停机，停机→发电调相，发电调相→停机，旋转备用→发电调相，发电调相→旋转备用，停机→抽水调相，抽水调相→抽水，抽水→抽水调相，抽水调相→停机，停机→抽水，抽水→停机，抽水→发电，停机→黑启动，黑启动→停机，停机→线路充电，线路充电→停机。运行工况转换如图 4-3 所示，运行工况转换参考时间见表 4-2。

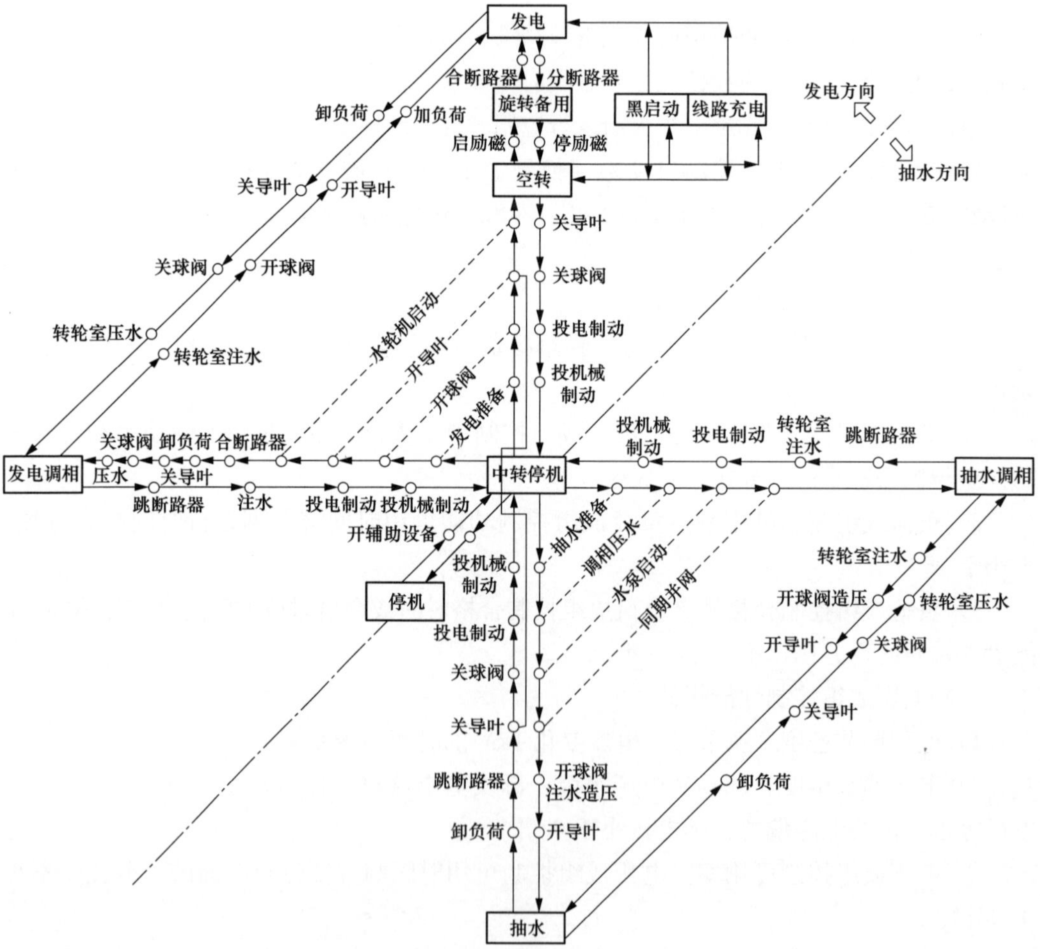

图 4-3　抽水蓄能机组运行工况转换图

表 4-2　　　　　　　　　　　　抽水蓄能机组运行工况转换参考时间

序号	工况转换	工况转换参考时间（s）	备注
1	停机→旋转备用	110	
2	旋转备用→停机	320	
3	旋转备用→发电	40	
4	发电→旋转备用	40	
5	停机→发电	150	
6	发电→停机	360	
7	发电→发电调相	90	
8	发电调相→发电	120	
9	停机→发电调相	240	
10	发电调相→停机	350	
11	停机→抽水调相（SFC）	350	
12	停机→抽水调相（B.T.B）	260	
13	抽水调相→停机	350	
14	抽水调相→抽水	100	
15	抽水→抽水调相	110	
16	停机→抽水（SFC）	450	
17	停机→抽水（B.T.B）	360	
18	抽水→停机	360	
19	抽水→发电	500	抽水→停机→发电

抽水蓄能机组工况转换控制有"单步"和"自动"两种控制方式。"单步"控制方式是将整个控制流程按照设备运行许可条件，拆分成若干步骤，控制流程执行时可停留在某个步骤，等待人工确认后再执行下一步控制操作，"单步"控制方式一般用于调试或试验，便于测试和校验控制流程。相对于"单步"控制方式，"自动"控制方式则按照控制流程自动完成工况转换控制操作。

当机组控制权限在"远方"，电站成组控制在"电站"，控制室操作员通过厂站控制层人机接口发令，现地控制层接受控制令将自动执行机组启停和工况转换控制流程。当机组控制权限选择"远方"，电站成组控制在"调度"，监控系统按照调度下发指令或调度下发的负荷/电压计划曲线，自动计算机组的有功/无功指令，根据指令自动触发相应机组启停控制，分配机组有功和无功指令。

抽水蓄能机组运行工况多、转换复杂、操作频繁，为保证机组工况转换准确、安全、可靠运行，控制流程需遵循以下设计原则：

（1）同一时刻仅允许一个流程执行。

（2）从机组安全运行的角度考虑，事故停机或正常停机流程优先于启动或工况转换流程，即在机组正常启动或工况转换过程中，若事故停机或停机流程触发，将中断正在运行的启动或工况转换流程，从事故停机或停机流程第一步开始执行事故停机或停机流程。

（3）当机组处于自动控制方式下，机组启动或工况转换流程的任一判断条件不满足（流程阻滞）或超时直接触发停机流程，从停机流程第一步开始执行。类似的，停机流程判断条件不满足将触发更高级别的事故停机流程。

（4）机组各工况的启动和工况转换受到许可条件和闭锁条件的约束，许可条件一般考虑设备的位置信息和可控状态（如手动/自动、远方/就地、启/停、分/合等），闭锁条件一般判断设备是否存在故障报警或故障报警未复位等。

（5）机组各工况顺序控制分主流程控制、子系统控制及设备控制，对于配备控制器的子系统如调速器、励磁、进水阀、静止变频器等控制，主流程只发出启停命令，由子系统根据不同工况要求自行控制相应的设备，而子系统被控设备状态判据，可按其重要程度，直接由主流程判断或通过子系统进行。除此之外的单个设备由主流程直接控制。

本节将介绍抽水蓄能机组工况转换控制、机组事故停机控制、机组功率调节控制和机组安全闭锁控制。

一、机组工况转换控制

（一）机组工况定义

机组控制流程首先需定义机组各种运行工况。根据抽水蓄能机组运行状态，进一步细化机组运行工况为停机、空转、旋转备用、发电、发电调相、抽水、抽水调相等 7 种基本运行工况，以及黑启动、线路充电 2 种特殊运行工况，以及中转停机、旋转、静止变频启动、背靠背启动、背靠背拖动 5 种过渡运行工况。

机组运行工况由机组及附属设备运行状态、机组转速、电气量、相关断路器和隔离开关位置等信号组合定义。下面将具体介绍机组各运行工况定义。

1. 停机工况（stop mode，ST）

抽水蓄能机组静止停机状态。停机工况一般满足下列判据：

（1）机组出口断路器在"分闸"位置；

（2）机组换相隔离开关在"分闸"位置；

（3）机组拖动隔离开关在"分闸"位置；

（4）机组被拖动隔离开关在"分闸"位置；

（5）机组电气制动开关在"分闸"位置；

（6）机组中性点隔离开关在"合闸"位置；

（7）机组电压为零；

（8）磁场断路器"分闸"位置；

（9）机组转速为零；

（10）导叶"全关"；

（11）进水阀"全关"；

（12）调相压水系统"退出"；

（13）其他相关辅助设备"停止"。

2. 空转工况（spinning at rated speed，SS)

抽水蓄能机组以发电工况启动，机组达到额定转速、电压为零的一种工况。空转工况一般满足以下判据：

（1）机组出口断路器在"分闸"位置；

（2）机组换相隔离开关在"发电方向合闸"位置；

（3）机组拖动隔离开关在"分闸"位置；

（4）机组被拖动隔离开关在"分闸"位置；

（5）机组电气制动开关在"分闸"位置；

（6）机组中性点隔离开关在"合闸"位置；

（7）机组电压为零；

（8）磁场断路器在"分闸"位置；

（9）机组转速为额定转速；

（10）调速器在"水轮机"模式运行；

（11）导叶"未全关"或水轮机空载开度以上；

（12）进水阀"全开"；

（13）调相压水系统"退出"；

（14）其他相关辅助设备"启动"。

3. 旋转备用工况（空载）（spinning reserve，SR)

抽水蓄能机组以发电工况启动，机组达到额定转速，电压达到额定电压，未并网运行的一种工况。旋转备用工况一般满足以下判据：

（1）机组出口断路器在"分闸"位置；

（2）机组换相隔离开关在"发电方向合闸"位置；

（3）机组拖动隔离开关在"分闸"位置；

（4）机组被拖动隔离开关在"分闸"位置；

（5）机组电气制动开关在"分闸"位置；

（6）机组中性点隔离开关在"合闸"位置；

（7）机组电压为额定电压；

（8）磁场断路器在"合闸"位置；

（9）机组转速为额定转速；

（10）调速器在"水轮机"模式运行；

（11）导叶"未全关"或水轮机空载开度以上；

（12）进水阀"全开"；

（13）调相压水系统"退出"；

（14）其他相关辅助设备"启动"。

4. 发电工况（generator mode，G）

从上水库放水流向下水库，驱动机组水泵水轮机转轮转动，将水势能转化为电能的运行状态。发电工况一般满足下列判据：

（1）机组出口断路器在"合闸"位置；

（2）机组换相隔离开关在"发电方向合闸"位置；

（3）机组拖动隔离开关在"分闸"位置；

（4）机组被拖动隔离开关在"分闸"位置；

（5）机组电气制动开关在"分闸"位置；

（6）机组中性点隔离开关在"合闸"位置；

（7）机组电压为额定电压；

（8）磁场断路器在"合闸"位置；

（9）励磁不在"黑启动"模式；

（10）励磁不在"线路充电"模式；

（11）机组转速为额定转速；

（12）调速器在"水轮机"模式运行；

（13）导叶"未全关"或水轮机空载开度以上；

（14）进水阀"全开"；

（15）调相压水系统"退出"；

（16）其他相关辅助设备"启动"；

（17）机组功率大于初始预设负荷。

5. 发电调相工况（generator condenser mode，GC）

抽水蓄能机组在进水阀全关、导叶全关、转轮室压水且尾水管水位低于转轮，发电方向并网运行的状态。发电调相工况一般满足下列判据：

（1）机组出口断路器在"合闸"位置；

（2）机组换相隔离开关在"发电方向合闸"位置；

（3）机组拖动隔离开关在"分闸"位置；

（4）机组被拖动隔离开关在"分闸"位置；

（5）机组电气制动开关在"分闸"位置；

（6）机组中性点隔离开关在"合闸"位置；

（7）机组电压为额定电压；

（8）磁场断路器在"合闸"位置；

（9）机组转速为额定转速；

（10）调速器在"调相"模式运行；

（11）导叶"全关"；

（12）进水阀"全关"；

（13）调相压水系统"投入"；

（14）尾水管水位过"低"；

（15）其他相关辅助设备"启动"；

（16）止漏环冷却水阀"全开"。

6. 抽水工况（pump mode，P）

抽水蓄能机组从下水库向上水库抽水，将电能转化为水势能的运行状态。抽水工况一般满足下列判据：

（1）机组出口断路器在"合闸"位置；

（2）机组换相隔离开关在"抽水方向合闸"位置；

（3）机组拖动隔离开关在"分闸"位置；

（4）机组被拖动隔离开关在"分闸"位置；

（5）机组电气制动开关在"分闸"位置；

（6）机组中性点隔离开关在"合闸"位置；

（7）机组电压为额定电压；

（8）磁场断路器在"合闸"位置；

（9）机组转速为额定转速；

（10）调速器在"水泵"模式运行；

（11）导叶"未全关"或水泵运行最小开度以上；

（12）进水阀"全开"；

（13）其他相关辅助设备"启动"；

（14）调相压水系统"退出"。

7. 抽水调相工况（pump condenser mode，PC）

抽水蓄能机组在进水阀全关、导叶全关、调相压水系统投入且尾水管水位低于转轮，抽水方向并网运行的状态。抽水调相工况一般满足下列判据：

（1）机组出口断路器在"合闸"位置；

（2）机组换相隔离开关在"抽水方向合闸"位置；

（3）机组拖动隔离开关在"分闸"位置；

（4）机组被拖动隔离开关在"分闸"位置；

（5）机组电气制动隔离开关在"分闸"位置；

（6）机组中性点隔离开关在"合闸"位置；

（7）机组电压为额定电压；

（8）磁场断路器在"合闸"位置；

（9）机组转速为额定转速；

（10）调速器在"调相"模式运行；

（11）导叶"全关"；

（12）进水阀"全关"；

（13）调相压水系统"投入"；

（14）尾水管水位过"低"；

（15）其他相关辅助设备"启动"；

（16）止漏环冷却水阀"全开"。

8. 线路充电工况（line charge mode，LC）

抽水蓄能机组带主变压器、线路以零启升压方式给主变压器、线路充电的一种运行状态。线路充电工况一般满足下列判据：

（1）机组出口断路器在"合闸"位置；

（2）机组换相隔离开关在"发电方向合闸"位置；

（3）机组拖动隔离开关在"分闸"位置；

（4）机组被拖动隔离开关在"分闸"位置；

（5）机组电气制动隔离开关在"分闸"位置；

（6）机组中性点隔离开关在"合闸"位置；

（7）磁场断路器合闸位置；

（8）机端电压大于设定值；

（9）励磁系统在"线路充电"模式运行；

（10）调速器在"孤网"模式运行；

（11）机组转速为额定转速；

（12）导叶"未全关"或水轮机空载开度以上；

（13）进水阀"全开"；

（14）其他相关辅助设备"启动"。

9. 黑启动工况（black start mode，BS）

机组黑启动工况是在厂用电源及外部电网供电消失后，用厂用自备应急电源作为辅助设备操作电源，根据电网黑启动要求启动并对外供电，为电网中其他无自启动能力的机组提供辅助设备工作电源，使其恢复发电，进而逐步恢复整个电网正常供电的过程。黑启动工况一般满足下列判据：

（1）机组出口断路器在"合闸"位置。

（2）机组换相隔离开关在"发电方向合闸"位置。

（3）机组拖动隔离开关在"分闸"位置；

（4）机组被拖动隔离开关在"分闸"位置；

（5）机组电气制动开关在"分闸"位置；

（6）机组中性点隔离开关在"合闸"位置；

（7）磁场断路器在"合闸"位置；

（8）机端电压为额定电压；

（9）励磁系统在"黑启动"模式运行；

（10）调速器在"孤网"模式运行；

（11）机组转速为额定转速；

（12）导叶"未全关"或水轮机空载开度以上；

（13）进水阀"全开"；

（14）其他相关辅助设备"启动"；

（15）厂用交流电源正常；

（16）厂用直流电源正常。

10. 中转停机（transfer stop，TS）

一种过渡工况，指机组启动过程中，技术供水系统、高压油顶起系统、轴承外循环冷却油泵等机组辅助设备已经投入，但机组尚未转动的状态；或停机过程中机组已经静止但机组辅助设备还在运行的状态。中转停机工况一般满足下列判据：

（1）机组出口断路器在"分闸"位置；

（2）机组换相隔离开关在"分闸"位置；

（3）机组拖动隔离开关在"分闸"位置；

（4）机组被拖动隔离开关在"分闸"位置；

（5）机组电气制动开关在"分闸"位置；

（6）机组中性点隔离开关在"合闸"位置；

（7）机组电压为零；

（8）磁场断路器"分闸"位置；

（9）机组转速为零；

（10）导叶"全关"；

（11）进水阀"全关"；

（12）调相压水系统"退出"；

（13）其他相关辅助设备"启动"。

11. 旋转（spinning，S）

一种过渡工况，指机组停机过程中，技术供水系统、高压油顶起系统、轴承外循环冷却油泵等机组辅助设备已经投入，进水阀"关闭"，导叶"关闭"，励磁"停机"但机组尚在转动，还未进入中转停机工况前的状态。旋转工况一般满足下列判据：

（1）机组换相隔离开关在"分闸"位置；

（2）机组电压为零；

（3）磁场断路器"分闸"位置；

（4）机组转速不为零；

（5）导叶"全关"；

（6）进水阀"全关"；

（7）调相压水系统"退出"；

（8）其他相关辅助设备"启动"。

12. 拖动工况（luncher mode，L）

机组以背靠背方式启动，拖动机运行在发电方向并提供变频电流驱动被拖动机抽水方向启动的一种工况。拖动工况一般满足下列判据：

（1）机组出口断路器在"合闸"位置；

（2）机组换相隔离开关在"分闸"位置；

（3）机组拖动隔离开关在"合闸"位置；

（4）机组中性点隔离开关在"分闸"位置；

（5）进水阀"全开"。

13. 静止变频启动（static frequency converter startup，SFC）

利用静止变频器通过启动回路驱动机组以抽水方向启动的启动方式。静止变频启动工况一般满足下列判据：

（1）机组出口断路器在"分闸"位置；

（2）机组换相隔离开关在"抽水方向合闸"位置；

（3）机组拖动隔离开关在"分闸"位置；

（4）机组被拖动隔离开关在"合闸"位置；

（5）机组电气制动隔离开关在"分闸"位置；

（6）机组中性点隔离开关在"合闸"位置；

（7）机组选择静止变频器驱动；

（8）导叶"全关"；

（9）进水阀"全关"；

（10）其他相关辅助设备"启动"。

14. 背靠背启动（back to back startup，BTB）

一台机组以拖动工况启动，通过启动回路驱动另一台机组以抽水方向启动的同步启动方式。背靠背启动工况一般满足下列判据：

（1）机组出口断路器在"分闸"位置；

（2）机组换相隔离开关在"抽水方向合闸"位置；

（3）机组拖动隔离开关在"分闸"位置；

（4）机组被拖动隔离开关在"合闸"位置；

（5）机组电气制动隔离开关在"分闸"位置；

（6）机组中性点隔离开关在"合闸"位置；

（7）机组选择拖动机组驱动；

（8）导叶"全关"；

（9）进水阀"全关"；

（10）其他相关辅助设备"启动"。

（二）机组工况转换条件

为保证机组运行的安全，机组各运行工况转换应具有工况转换闭锁条件，根据各运行工况转换操作设备范围的不同，其工况转换条件也有区别，机组工况转换条件除了设备状态外，还有设备电源（正常/故障）、设备状态（分/合或启动/停止）、设备操作权限（现地/远方）、设备故障及闭锁条件等，机组只有在满足工况转换条件下才允许进行工况转换控制。

根据机组的初始状态和目标状态，将机组各工况转换条件进行分类，共分为 22 个工况转换条件。下面将具体介绍机组各工况转换条件。

1. 机组其他工况转换至停机工况条件

为保证机组运行安全，机组的停机和事故停机命令是所有控制令里面优先级最高的控制令，机组工况无论是转换过程中或稳态运行时，当出现危及机组安全的事故时或控制室操作人员要求停机时，监控系统应无条件限制启动相应的事故停机流程。

2. 机组所有工况转换应满足的公用预启动条件

(1) 机组相应的上水库闸门全开；

(2) 机组相应的上水库闸门控制系统无故障；

(3) 机组相应的下水库闸门全开；

(4) 机组相应的下水库闸门控制系统无故障；

(5) 机组及相应主变压器无故障报警信号；

(6) 机组上导、下导油位正常；

(7) 变压器冷却控制系统无故障；

(8) 发电机-变压器组继电保护装置无故障；

(9) 短引线保护装置无故障；

(10) 无机械事故停机信号；

(11) 无电气事故停机信号；

(12) 无紧急事故停机信号；

(13) 机组出口开关设备在"远方"控制方式；

(14) 机组出口开关设备无故障；

(15) 励磁系统在"远方自动"控制方式；

(16) 励磁系统无故障；

(17) 调速系统在"远方自动"控制方式；

(18) 调速系统无故障；

(19) 调速器/进水阀油罐压力正常；

(20) 转速测量装置无故障；

(21) 进水阀在"远方自动"控制方式；

(22) 进水阀控制系统无故障；

(23) 同期装置在"自动"控制方式；

(24) 同期装置无故障；

(25) 机组 LCU 无故障；

(26) 机组状态监测系统无故障；

(27) 高压油顶起系统在"远方自动"控制方式；

(28) 高压油顶起系统无故障；

(29) 机组轴承循环油泵在"远方自动"控制方式；

(30) 机组轴承循环油泵无故障；

(31) 机械制动在"远方自动"控制方式；

（32）机械制动气源压力正常；

（33）技术供水系统在"远方自动"控制方式；

（34）技术供水系统无故障；

（35）机组调相压水系统在"远方"控制方式；

（36）机组调相压水系统无故障；

（37）机组其他相关辅助设备在"远方自动"控制方式；

（38）机组其他相关辅助设备无故障；

（39）机组中性点隔离开关在"远方"控制方式；

（40）机组直流配电盘供电正常；

（41）机组交流配电盘供电正常。

3. 停机工况转换至空转/旋转备用/发电工况应满足的条件

（1）机组在停机工况；

（2）公用预启动条件满足；

（3）机组主变压器低压侧有压；

（4）上水库水位正常；

（5）下水库水位正常；

（6）同管其他机组不在抽水工况运行或抽水方向工况转换过程中。

4. 空转工况转换至旋转备用/发电工况应满足的条件

（1）机组在空转工况；

（2）公用预启动条件满足；

（3）机组主变压器低压侧有压；

（4）上水库水位正常；

（5）下水库水位正常；

（6）同管其他机组不在抽水工况运行或抽水方向工况转换过程中。

5. 旋转备用工况转换至发电工况应满足的条件

（1）机组在旋转备用工况；

（2）公用预启动条件满足；

（3）机组主变压器低压侧有压；

（4）上水库水位正常；

（5）下水库水位正常；

（6）同管其他机组不在抽水工况运行或抽水方向工况转换过程中。

6. 旋转备用工况转换至空转工况应满足的条件

（1）机组在旋转备用工况；

（2）公用预启动条件满足；

（3）上水库水位正常；

（4）下水库水位正常；

（5）同管其他机组不在抽水方向运行或抽水方向工况转换过程中。

7. 停机工况转换至发电调相工况应满足的条件

(1) 机组在停机工况；

(2) 公用预启动条件满足；

(3) 机组主变压器低压侧有压；

(4) 机组调相压水气罐压力正常；

(5) 同管其他机组不在抽水方向运行或抽水方向工况转换过程中。

8. 停机工况转换至抽水调相工况（SFC 启动）应满足的条件

(1) 机组在停机工况；

(2) 公用预启动条件满足；

(3) 机组主变压器低压侧有压；

(4) SFC 系统在"远方自动"控制方式；

(5) SFC 系统可用；

(6) SFC 输入/输出变开关在"远方自动"控制方式；

(7) 启动母线相关设备在"远方"控制方式；

(8) 机组调相压水气罐压力正常。

9. 停机工况转换至抽水工况（SFC 启动）应满足的条件

(1) 机组在停机工况；

(2) 公用预启动条件满足；

(3) 机组主变压器低压侧有压；

(4) SFC 系统在"远方自动"控制方式；

(5) SFC 系统可用；

(6) SFC 输入/输出变开关在"远方自动"控制方式；

(7) 启动母线相关设备在"远方"控制方式；

(8) 上水库水位正常；

(9) 下水库水位正常；

(10) 机组调相压水气罐压力正常；

(11) 其他机组不在发电方向运行或发电方向工况转换过程中。

10. 停机工况转换至抽水调相工况（BTB 启动）应满足的条件

(1) 机组在停机工况；

(2) 公用预启动条件满足；

(3) 机组主变压器低压侧有压；

(4) 拖动机组在"远方自动"控制方式；

(5) 拖动机组发电开机条件满足；

(6) 启动母线相关设备在"远方"控制方式；

(7) 机组调相压水气罐压力正常。

11. 停机工况转换至抽水工况（BTB 启动）应满足的条件

(1) 机组在停机工况；

（2）公用预启动条件满足；

（3）机组主变压器低压侧有压；

（4）拖动机组在"远方自动"控制方式；

（5）拖动机组发电开机条件满足；

（6）启动母线相关设备在"远方"控制方式；

（7）上水库水位正常；

（8）下水库水位正常；

（9）机组调相压水气罐压力正常；

（10）其他机组不在发电方向运行或发电方向工况转换过程中。

12. 停机工况转换至拖动工况应满足的条件

（1）机组在停机工况；

（2）公用预启动条件满足；

（3）上水库水位正常；

（4）下水库水位正常。

13. 停机工况转换至线路充电工况应满足的条件

（1）机组在停机工况；

（2）公用预启动条件满足；

（3）机组相应主变压器及出线高压设备一次回路合闸；

（4）机组相应主变压器及出线无电压；

（5）机组相应厂用电可用；

（6）上水库水位正常；

（7）下水库水位正常；

（8）同管其他机组不在抽水方向运行或抽水方向工况转换过程中。

14. 停机工况转换至黑启动工况应满足的条件

（1）机组在停机工况；

（2）公用预启动条件满足；

（3）机组相应主变压器及出线高压设备一次回路合闸；

（4）机组相应主变压器及出线无电压；

（5）机组相应厂用电可用；

（6）上水库水位正常；

（7）下水库水位正常；

（8）同管其他机组不在抽水方向运行或抽水方向工况转换过程中。

15. 抽水调相工况转换至抽水工况应满足的条件

（1）机组在抽水调相工况；

（2）公用预启动条件满足；

（3）上水库水位正常；

（4）下水库水位正常；

（5）同管其他机组不在发电方向运行或发电方向工况转换过程中。

16. 抽水工况转换至抽水调相工况应满足的条件

（1）机组在抽水工况；

（2）公用预启动条件满足；

（3）机组调相压水气罐压力正常；

（4）同管其他机组不在发电方向运行或发电方向工况转换过程中。

17. 发电工况转换至发电调相工况应满足的条件

（1）机组在发电工况；

（2）公用预启动条件满足；

（3）机组调相压水气罐压力正常；

（4）同管其他机组不在抽水方向运行或抽水方向工况转换过程中。

18. 发电工况转换至空转/旋转备用工况应满足的条件

（1）机组在发电工况；

（2）公用预启动条件满足；

（3）上水库水位正常；

（4）下水库水位正常；

（5）同管其他机组不在抽水方向运行或抽水方向工况转换过程中。

19. 发电调相工况转换至发电工况应满足的条件

（1）机组在发电调相工况；

（2）公用预启动条件满足；

（3）上水库水位正常；

（4）下水库水位正常；

（5）同管其他机组不在抽水方向运行或抽水方向工况转换过程中。

20. 线路充电工况转换至发电工况应满足的条件

（1）机组在线路充电工况；

（2）公用预启动条件满足；

（3）上水库水位正常；

（4）下水库水位正常；

（5）同管其他机组不在抽水方向运行或抽水方向工况转换过程中。

21. 黑启动工况转换至发电工况应满足的条件

（1）机组在黑启动工况；

（2）公用预启动条件满足；

（3）上水库水位正常；

（4）下水库水位正常；

（5）同管其他机组不在抽水方向运行或抽水方向工况转换过程中。

22. 抽水工况转换至发电工况应满足的条件

（1）机组在抽水工况；

（2）公用预启动条件满足；

（3）上水库水位正常；

（4）下水库水位正常；

（5）同管其他机组不在抽水方向运行或抽水方向工况转换过程中。

（三）机组工况转换控制流程

抽水蓄能机组具有停机、旋转备用、发电、发电调相、抽水、抽水调相、黑启动、线路充电，以及机械事故停机、电气事故停机和紧急事故停机等控制命令。操作人员通过人机接口下发控制命令后，机组现地控制单元首先根据机组的当前运行状态，判断当前运行状态到目标运行状态的工况转换条件是否满足，条件不满足则拒绝执行控制流程，条件满足则执行相应的工况转换控制流程。由于各工况转换控制流程中有部分设备控制操作是相同的，因此可将各工况转换控制流程进一步细化，分解成独立的子控制流程模块，各工况转换控制流程由相应的子控制流程模块组合而成，从而降低各工况转换控制流程的复杂性和编程工作量，提高控制流程的执行效率和灵活性。

抽水蓄能机组工况转换控制流程主要有 19 种：停机→旋转备用，旋转备用→停机，停机→发电，发电→停机，停机→发电调相，发电调相→停机，旋转备用→发电，发电→旋转备用，旋转备用→发电调相，发电调相→旋转备用，发电调相→发电，发电→发电调相，停机→抽水调相，抽水调相→停机，停机→抽水，抽水→停机，抽水调相→抽水，抽水→抽水调相，抽水→发电。如图 4-4 所示。

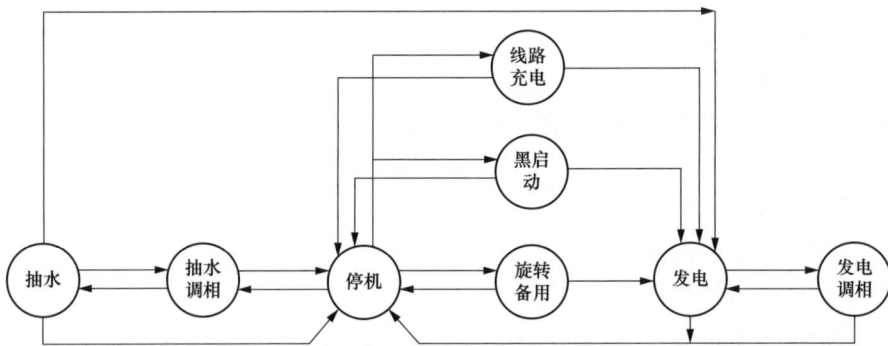

图 4-4　抽水蓄能机组工况转换图

根据模块化分解原则，进一步细化分解机组工况转换流程，可将图 4-4 抽水蓄能机组工况转换图转换为图 4-5 抽水蓄能机组工况转换详图和图 4-6 抽水蓄能机组事故停机工况转换详图。

模块化细化分解机组工况转换控制流程后，机组增加了中转停机、SFC 启动、BTB 启动、BTB 拖动和旋转（旋转停机）等暂态工况。机组工况转换控制流程细化组合见表 4-3。

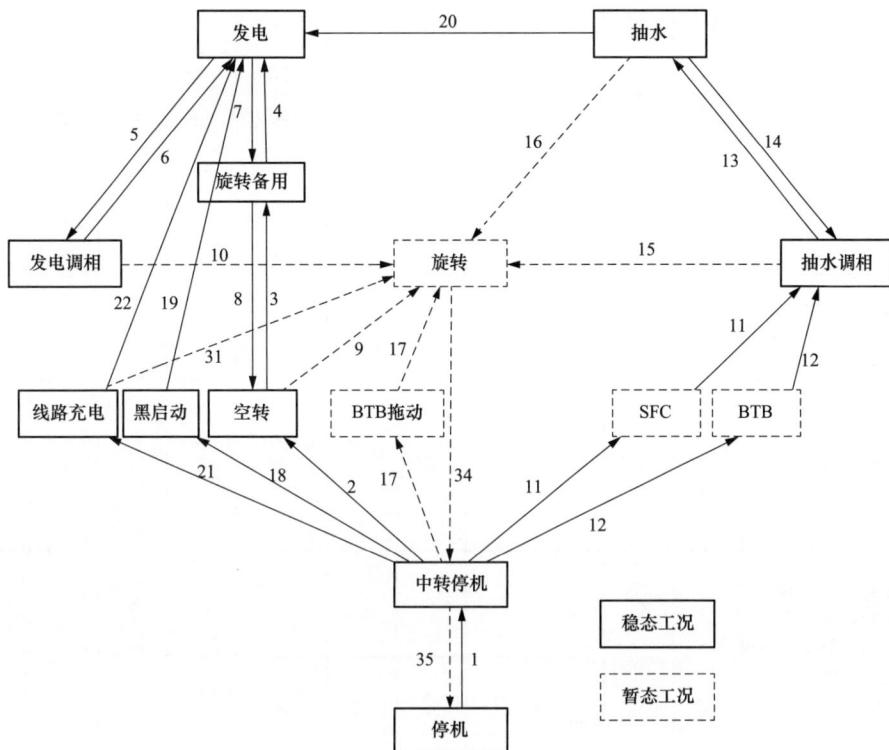

图 4-5 抽水蓄能机组工况转换详图

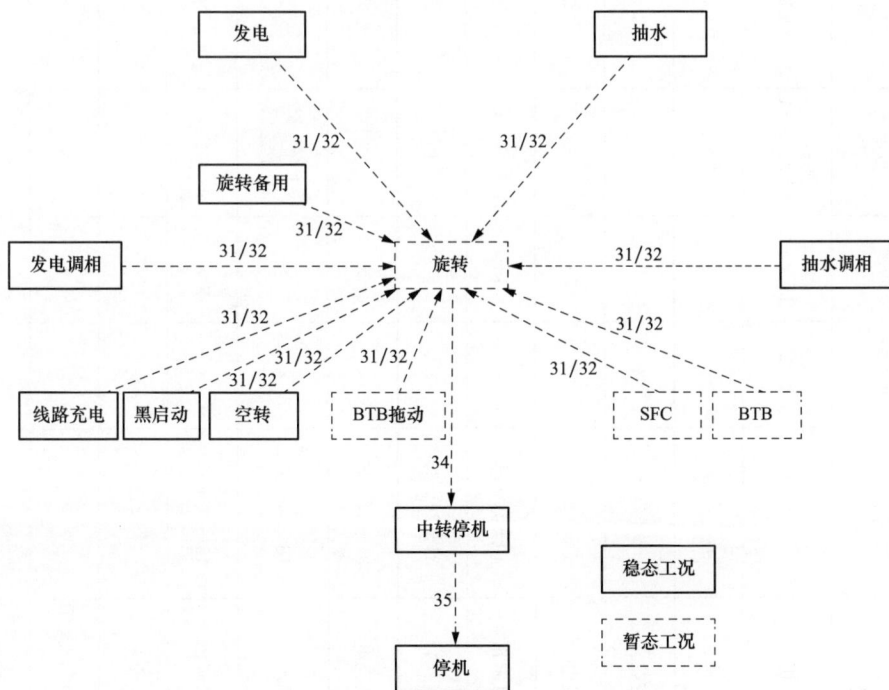

图 4-6 抽水蓄能机组事故停机工况转换详图

表 4-3

机组工况转换控制流程细化组合

目标态 初始态	停机	空转	空载	发电	发电调相	黑启动	线路充电	抽水	抽水调相	机械停机	电气停机
停机	×	1+2	1+2+3	1+2+3+4	1+2+3+4+5	1+18	1+21	1+11+13 或 1+12+13	1+11 1+12	×	×
空转	9+34+35	×	3	3+4	3+4+5	×	×	×	×	31+34+35	32+34+35
空载	8+9+34+35	8	×	4	4+5	×	×	×	×	31+34+35	32+34+35
发电	7+8+9+34+35	7	7+8	×	5	×	×	×	×	31+34+35	32+34+35
发电调相	10+34+35	6+7+8	6+7	6	×	×	×	×	×	31+34+35	32+34+35
黑启动	31+34+35	×	×	19	×	×	×	×	×	31+34+35	32+34+35
线路充电	31+34+35	×	×	22	×	×	×	×	×	31+34+35	32+34+35
抽水	16+34+35	×	×	16+34+2+3+4 或 20	×	×	×	×	14	31+34+35	32+34+35
抽水调相	15+34+35	×	×	×	×	×	×	13	×	31+34+35	32+34+35
SFC抽水	×	×	×	×	×	×	×	×	×	×	32+34+35
BTB抽水	×	×	×	×	×	×	×	×	×	×	32+34+35
BTB拖动	×	×	×	×	×	×	×	×	×	×	32+34+35

注　×表示不能直接转换。

下面以停机→发电方向控制流程为例介绍分解后的子控制流程。

1. 停机→中转停机控制流程

（1）启动技术供水泵、推力轴承循环油泵、高压顶起油泵，退出导叶锁锭，并启动其他相关辅助设备；

（2）待技术供水泵、推力轴承循环油泵、高压顶起油泵及其他相关辅助设备投入，导叶锁锭退出后，机组进入中转停机状态。

停机→中转停机控制流程如图 4-7 所示。

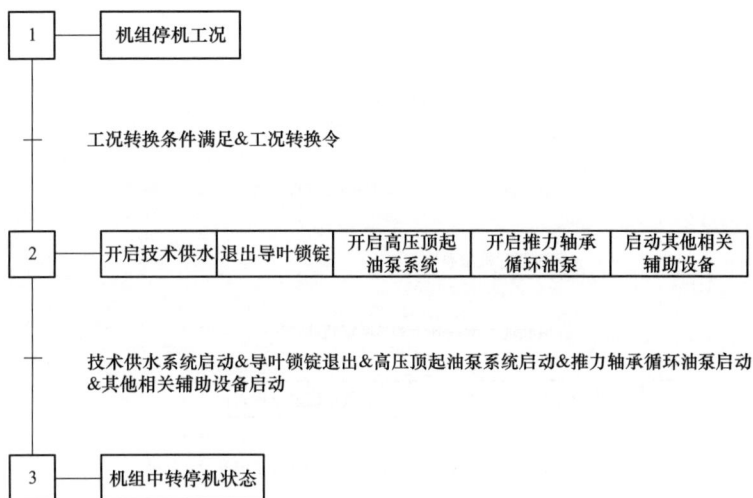

图 4-7　停机→中转停机控制流程图

2. 中转停机→旋转备用（空载）控制流程

（1）合发电方向换相隔离开关；

（2）待发电方向换相隔离开关合闸后，退出机械制动；

（3）待机械制动退出后，开启进水阀，设置调速器水轮机模式；

（4）待进水阀开度大于 50% 开度后，发出调速系统开机命令；

（5）待机组转速达到 90% 及以上额定转速后，停止高压顶起油泵系统，设置励磁发电机模式令；

（6）待机组转速达到 95% 及以上额定转速后，励磁建压；

（7）待机端电压达到 90% 及以上额定电压后，机组进入旋转备用（空载）状态。

中转停机→旋转备用（空载）控制流程如图 4-8 所示。

3. 旋转备用（空载）→发电控制流程

（1）启动同期装置，进行同期合闸，在电压、频率及相位满足并网条件后发出机组出口断路器合闸命令；

（2）待机组出口断路器合闸后，设定机组初始功率；

（3）待机组功率大于初始功率后，机组进入发电状态。

旋转备用（空载）→发电控制流程如图 4-9 所示。

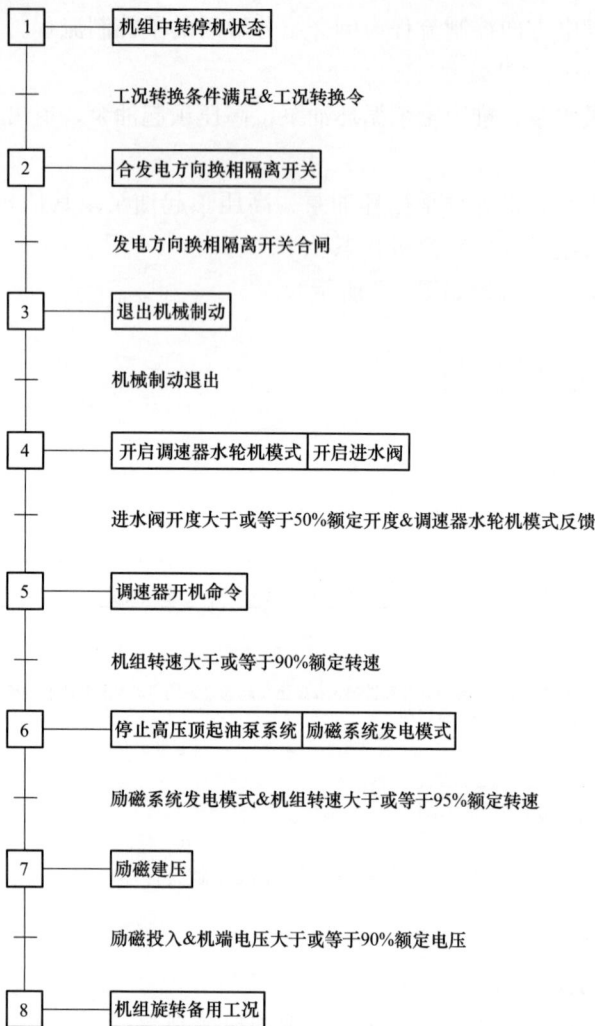

图 4-8　中转停机→旋转备用（空载）控制流程图

4. 发电→旋转备用（空载）控制流程

（1）投入机组有功功率和无功功率控制，有功功率和无功功率设置为零；

（2）待机组功率调整至可分机组出口断路器的范围后，分机组出口断路器；

（3）待机组出口断路器分闸后，机组进入旋转备用（空载）状态。

发电→旋转备用（空载）控制流程如图 4-10 所示。

5. 旋转备用（空载）→旋转停机（旋转）控制流程

（1）停止励磁；

（2）待励磁停止成功后，发出调速器停机命令，启动高压顶起油泵系统；

（3）待导叶全关后，关闭进水阀；

（4）待进水阀全关后，机组进入旋转停机（旋转）状态。

旋转备用（空载）→旋转停机（旋转）控制流程如图 4-11 所示。

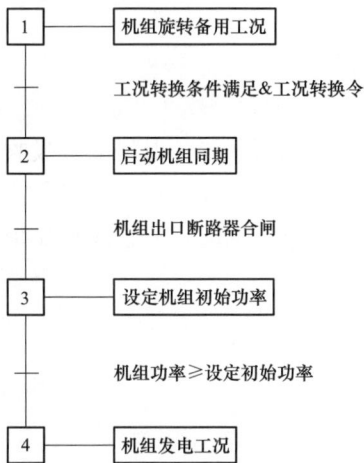

图 4-9 旋转备用（空载）→
发电控制流程图

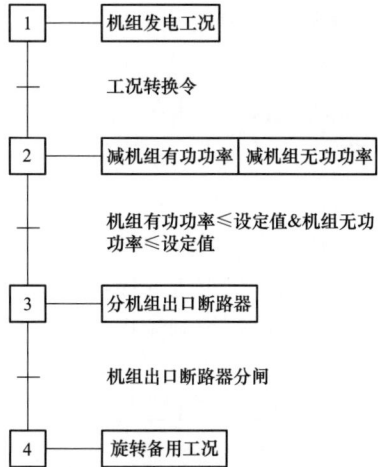

图 4-10 发电→旋转备用（空载）
控制流程图

6. 旋转停机（旋转）→中转停机控制流程

（1）分换向隔离开关；

（2）待机组转速小于 50% 额定转速后，投入励磁电制动；

（3）待电制动将机组转速降至 5% 额定转速后，复归励磁电制动，投入机械制动；

（4）待机组转速降至 0% 额定转速后，机组进入中转停机状态。

旋转停机（旋转）→中转停机控制流程如图 4-12 所示。

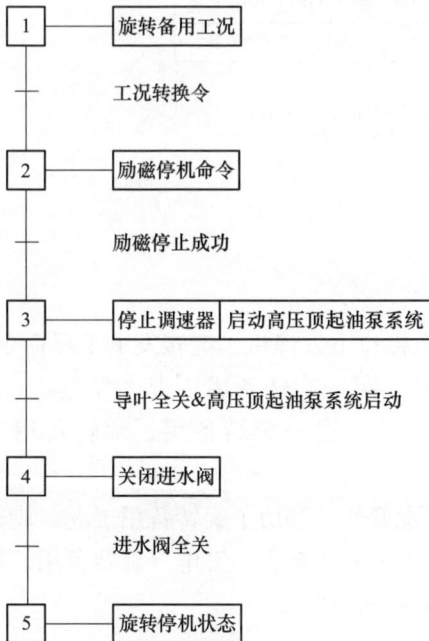

图 4-11 旋转备用（空载）→
旋转停机（旋转）控制流程图

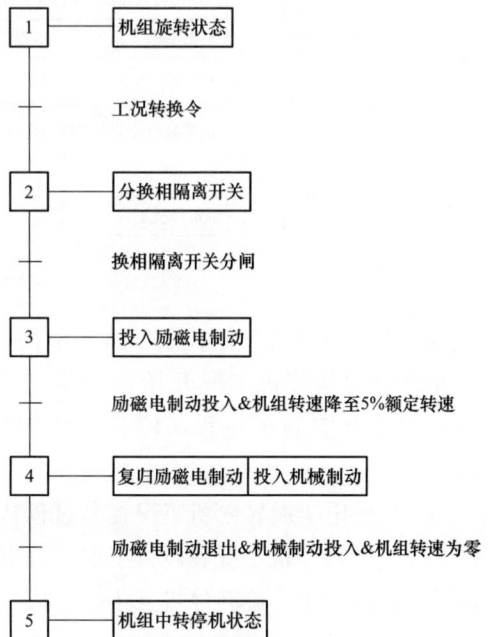

图 4-12 旋转停机（旋转）→
中转停机控制流程图

7. 中转停机→停机控制流程

（1）在导叶及进水阀全关的情况下投入导叶锁锭；

（2）关闭迷宫环供水阀；

（3）停止技术供水、推力轴承循环油泵、高压顶起油泵系统，退出油雾吸收、碳粉除尘及其余相关辅助设备；

（4）待技术供水、推力轴承循环油泵、高压顶起油泵、油雾吸收、碳粉除尘及其余辅助设备停止后，机组进入停机状态。

中转停机→停机控制流程如图 4-13 所示。

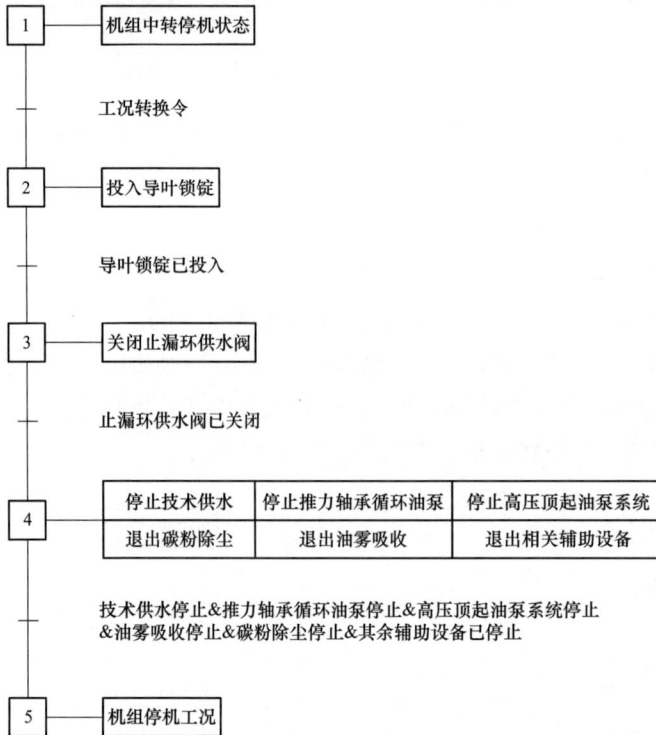

图 4-13　中转停机→停机控制流程图

操作人员可通过厂站控制层或现地控制层人机接口下发停机工况转发电工况命令，整个控制过程从停机工况开始，经历了中转停机工况、旋转备用工况、发电工况，分别调用 3 个控制子流程：停机→中转停机、中转停机→旋转备用、旋转备用→发电。

同样，发电工况转停机工况控制过程从发电工况开始，经历了旋转备用工况、旋转停机工况、中转停机工况和停机工况，分别调用 4 个控制子流程：发电→旋转备用、旋转备用→旋转停机、旋转停机→中转停机、中转停机→停机。

二、机组事故停机控制

机组工况转换过程中或稳定运行状态时，出现危及机组安全的事故时，应无条件启动相应的事故停机流程。根据事故性质的不同，事故停机一般分为机械事故停机、电气事故停机和紧急事故停机三类。

（一）事故停机启动源

1. 机械事故停机启动源

机械事故停机启动源（启动触发条件）一般有如下几种：

（1）机组轴承温度过高；

（2）机组定子绕组温度过高；

（3）机组定子铁芯温度过高；

（4）主轴密封温度过高；

（5）止漏环温度过高；

（6）机组振动、摆度过大；

（7）机组轴向位移过大；

（8）机组轴承油位过低；

（9）调速系统故障；

（10）进水阀异常关闭；

（11）进水阀系统重大故障；

（12）事故闸门下滑到事故位置；

（13）转轮室压水状态时，转轮水位过高；

（14）机组机械事故停机按钮动作；

（15）上水库水位超出机组正常运行水位；

（16）下水库水位超出机组正常运行水位。

2. 电气事故停机启动源

电气事故停机启动源（启动触发条件）一般有如下几种：

（1）机组继电保护跳闸动作；

（2）机组相关主变压器继电保护跳闸动作或非电量保护跳闸动作；

（3）机组相关高压开关设备及出线继电保护跳闸动作；

（4）机组抽水工况突然断电；

（5）机组抽水调相启动过程中，SFC系统或拖动/被拖动机组事故；

（6）励磁系统事故；

（7）机组火灾报警动作；

（8）机组电气事故停机按钮动作。

3. 紧急事故停机启动源

紧急事故停机启动源（启动触发条件）一般有如下几种：

（1）机组一级过速动作且调速器主配压阀拒动；

（2）机组二级过速动作；

（3）油压装置事故低油压；

（4）油压装置事故低油位；

（5）水淹厂房保护动作；

（6）机组紧急事故停机按钮动作。

（二）事故停机控制流程

1. 机械事故停机控制流程

（1）减负荷，发出调速器停机命令，发命令至事故停机硬布线回路或事故停机 PLC 启动机械事故停机流程；

（2）待负荷降至可分机组出口断路器的范围后，发出分机组出口断路器命令，启动高压顶起油泵系统；

（3）待机组出口断路器分闸后，发出励磁退出命令，而励磁控制器在收到命令后执行逆变励磁，并断开磁场断路器，若励磁逆变失败则执行电气事故停机流程，同时判断调相压水系统是否在充气压水过程中，如果正在充气压水过程中则需执行排气回水命令；

（4）待导叶全关后，发出关闭进水阀命令；

（5）待进水阀全关后，发出分拖动/被拖到隔离开关命令、分启动母线隔离开关命令和分换向隔离开关命令；

（6）待拖动/被拖动隔离开关分闸、启动母线隔离开关分闸、换向隔离开关分闸，且机组转速小于或等于 50％额定转速后，投入励磁电制动；

（7）待机组转速小于或等于 5％后，复归励磁电制动，投入机械制动；

（8）待机组转速为零后，投入导叶锁锭；

（9）待导叶锁锭投入后，停止技术供水、推力轴承循环油泵和高压顶起油泵，投入机坑加热器，退出碳粉除尘、油雾吸收及其余辅助设备，使机组安全停机。

机械事故停机控制流程如图 4-14 所示。

2. 电气事故停机控制流程

（1）发出分机组出口断路器命令、调速器停机命令、分励磁逆变命令和分磁场断路器命令，启动高压顶起油泵系统，发命令至事故停机硬布线回路或事故停机 PLC 启动电气事故停机流程；

（2）待机组出口断路器分闸导叶全关后发出关闭进水阀命令，同时判断调相压水系统是否在充气压水过程中，如果正在充气压水过程中则需执行排气回水命令；

（3）待进水阀全关后发出分拖动/被拖动隔离开关命令、分启动母线隔离开关命令和分换向隔离开关命令；

（4）待拖动/被拖动隔离开关分闸、启动母线隔离开关分闸、换相隔离开关分闸，且机组转速小于或等于 10％额定转速后，投入机械制动；

（5）待机组转速为零后，投入导叶锁锭；

（6）待导叶锁锭投入后，停止技术供水、推力轴承循环油泵和高压顶起油泵，投入机坑加热器，退出碳粉除尘、油雾吸收及其余辅助设备，使机组安全停机。

电气事故停机控制流程如图 4-15 所示。

1	机组不在停机工况		

工况转换令

2	减机组有功/无功功率	调速器停机令	动作事故停机硬布线回路或事故停机PLC

机组有功功率≤设定值&机组无功功率≤设定值

3	分机组出口断路器	启动高压顶起油泵系统

机组出口断路器分闸&高压顶起油泵系统运行

4	退励磁	充气压水过程中 排气回水

励磁系统已退出&导叶全关

5	关进水阀

进水阀全关

6	分拖动/被拖动隔离开关	分启动母线隔离开关	分换相隔离开关

拖动/被拖动隔离开关分闸&启动母线隔离开关分闸&换相隔离开关分闸&机组转速小于或等于50%额定转速

7	投入励磁电制动

励磁电制动投入&机组转速降至5%额定转速

8	复归励磁电制动	投入机械制动

励磁电制动退出&机械制动投入&机组转速为零

9	投入导叶锁锭

导叶锁锭已投入

10	停止技术供水	停止推力轴承循环油泵	退出油雾吸收
	退出碳粉除尘	投入机坑加热器	退出其余辅助设备

技术供水已停止&推力轴承循环油泵已停止&油雾吸收已停止&碳粉除尘已停止&机坑加热器已投入&其余辅助设备已停止

11	机组停机工况

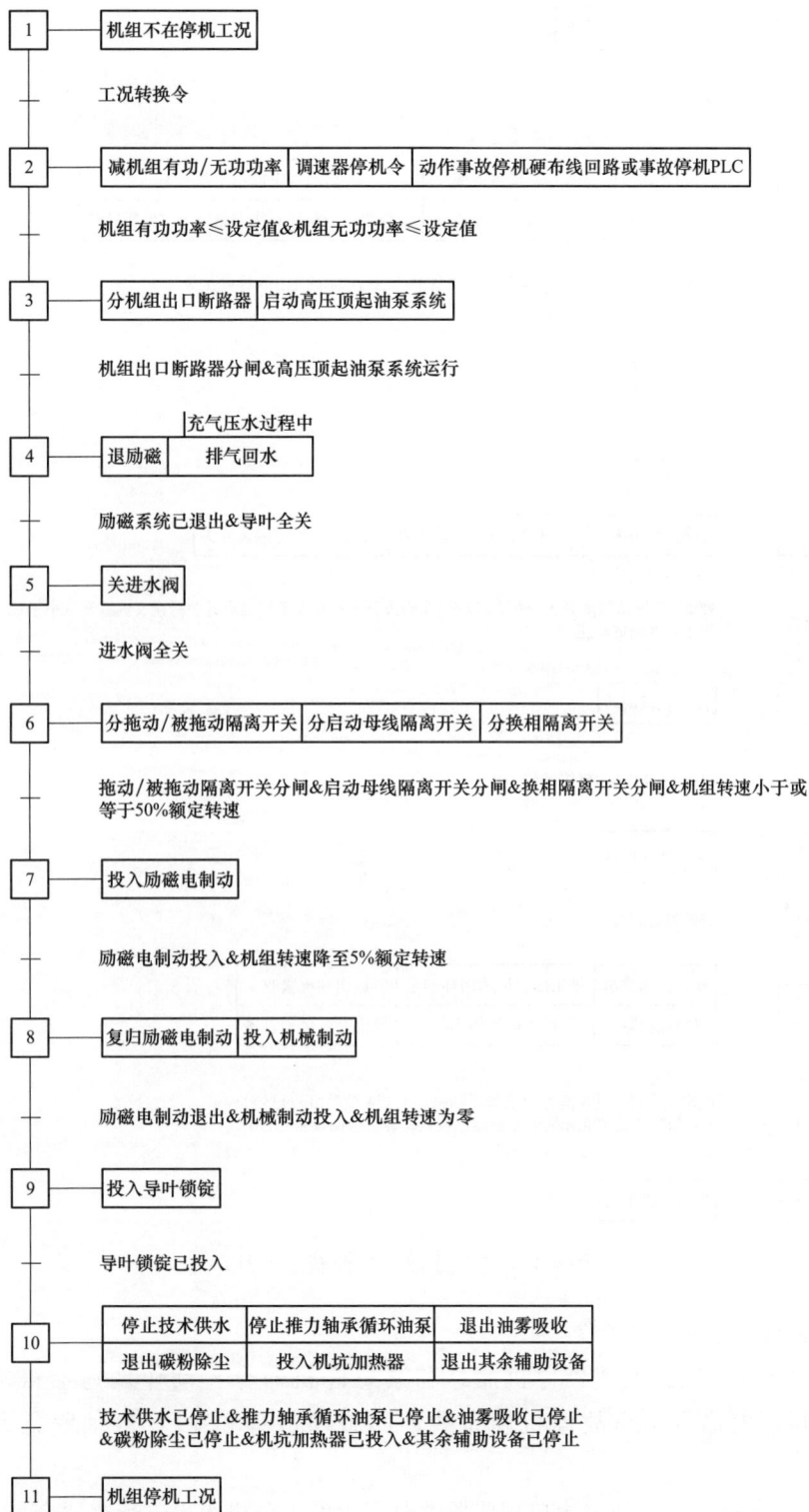

图 4-14 机械事故停机控制流程图

1	机组不在停机工况

工况转换令

2	分机组出口断路器	励磁逆变	启动高压顶起油泵系统
	分灭磁开关	调速器停机令	动作事故停机硬布线回路或事故停机PLC

机组出口断路器分闸&高压顶起油泵系统运行&励磁退出&导叶全关

3	转轮室非回水状态	
	排气回水	关进水阀

进水阀全关

4	分拖动/被拖动隔离开关	分启动母线隔离开关	分换相隔离开关

拖动/被拖动隔离开关分闸&启动母线隔离开关分闸&换相隔离开关分闸&机组转速小于或等于10%额定转速

5	投入机械制动

机械制动投入&机组转速为零

6	投入导叶锁锭

导叶锁锭已投入

7	停止技术供水	停止推力轴承循环油泵	退出油雾吸收
	退出碳粉除尘	投入机坑加热器	退出其余辅助设备

技术供水已停止&推力轴承循环油泵已停止&油雾吸收已停止&碳粉除尘已停止&机坑加热器已投入&其余辅助设备已停止

8	机组停机工况

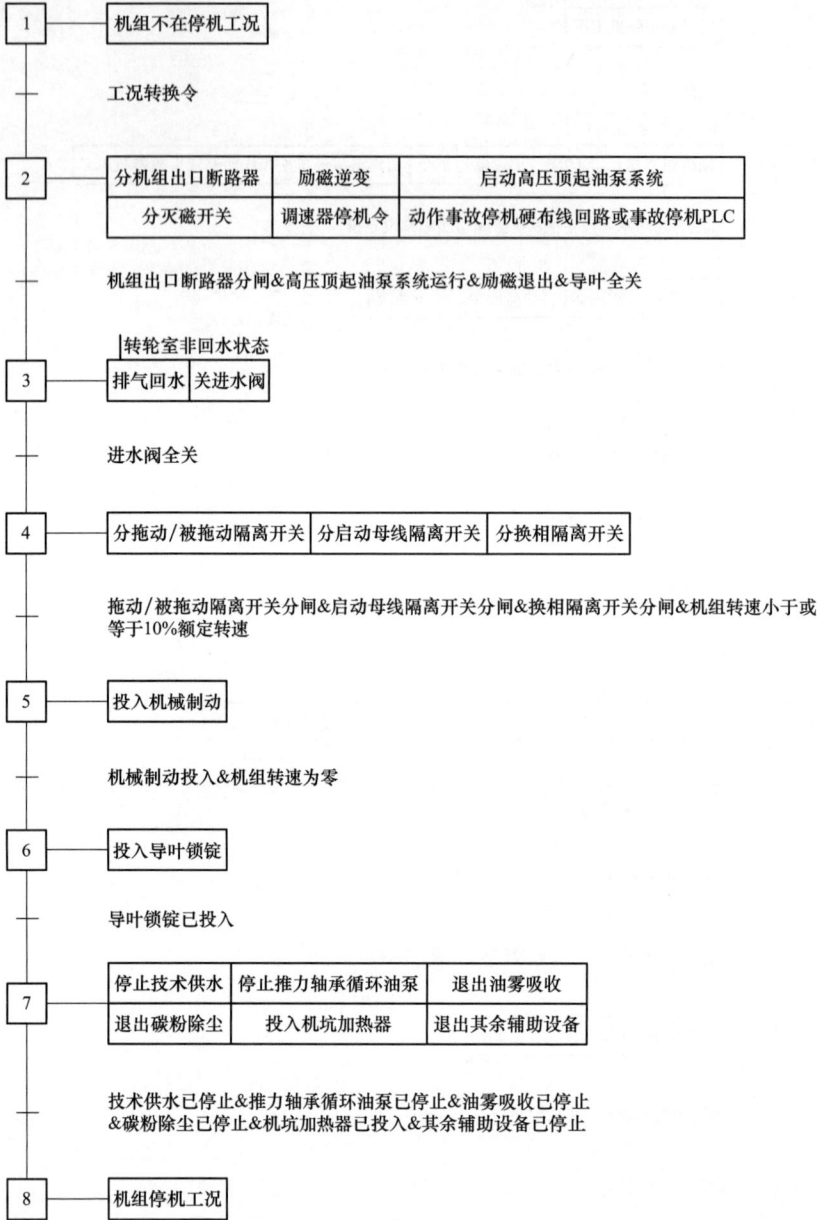

图 4-15　电气事故停机控制流程图

3. 紧急事故停机控制流程

（1）降负荷，发出调速器停机命令和紧急停机命令，动作调速器得电、失电关机电磁阀，发命令至事故停机硬布线回路或事故停机 PLC 启动紧急事故停机流程；

（2）待负荷降至可分机组出口断路器的范围后发出分机组出口断路器命令，启动高压顶起油泵系统；

（3）待机组出口断路器分闸后发出励磁退出命令，而励磁控制器在收到命令后执行逆变励磁，并断开磁场断路器，若励磁逆变失败则需执行分磁场断路器命令，同时判断调相压水系统是否在充气压水过程中，如果正在充气压水过程中则需执行排气回水命令；

（4）待导叶全关后发出关闭进水阀命令；

（5）待进水阀全关后发出分拖动/被拖动隔离开关命令、分启动母线隔离开关命令和分换相隔离开关命令；

（6）待拖动/被拖动隔离开关分闸、启动母线隔离开关分闸、换相隔离开关分闸，且机组转速小于或等于50％额定转速后，投入励磁电制动；

（7）待机组转速小于或等于5％额定转速后，复归励磁电制动，投入机械制动；

（8）待机组转速为零后投入导叶锁锭；

（9）待导叶锁锭投入后，停止技术供水、推力轴承循环油泵和高压顶起油泵，投入机坑加热器，退出碳粉除尘、油雾吸收及其余辅助设备，使机组安全停机。

紧急事故停机控制流程如图4-16所示。

三、机组功率调节控制

机组功率调节是对机组有功、无功出力进行调节控制，使机组的有功、无功实发值保持在设定的范围之内。

对功率调节的要求是：快速、平滑、安全、准确。快速是指能较快的响应功率设定，用较短时间完成调节过程；平滑是指功率调节时功率不要出现大的超调及振荡；安全即指功率调节中机组的各项参数都不能超出安全的范围；准确是指功率调节过程及结果达到预定目标。

机组功率调节有两种方式，一种是LCU开环调节，所谓LCU开环调节是LCU将有功和无功指令直接下发到调速器或励磁，由调速器和励磁进行闭环的PID调节；另一种是LCU闭环调节，这里仅介绍LCU闭环调节。

（一）功率调节条件

机组功率调节条件是：当调节功能投入并且功率调节可调时，才能进行功率调节。

功率调节可调判断条件通常分为两类：

1. 有功调节可调

有功调节可调条件：

（1）机组发电态；

（2）有功功率输入数据品质好；

（3）调速器在远方/自动方式。

2. 无功调节可调

无功调节可调条件：

（1）机组发电态或调相态；

（2）无功功率输入数据品质好；

（3）励磁在远方/自动方式。

1	机组不在停机工况

工况转换令

2	降负荷	调速器停机令	动作调速器得电、失电关机电磁阀
	调速器紧急停机令	动作事故停机硬布线回路或事故停机PLC	

机组有功功率≤设定值&机组无功功率≤设定值

3	分机组出口断路器	启动高压顶起油泵系统

机组出口断路器分闸&高压顶起油泵系统运行

充气压水过程中

4	退励磁	排气回水

励磁系统已退出&导叶全关

5	关进水阀

进水阀全关

6	分拖动/被拖动隔离开关	分启动母线隔离开关	分换相隔离开关

拖动/被拖动隔离开关分闸&启动母线隔离开关分闸&换相隔离开关分闸&机组转速小于或等于50%额定转速

7	投入励磁电制动

励磁电制动投入&机组转速降至5%额定转速

8	复归励磁电制动	投入机械制动

励磁电制动退出&机械制动投入&机组转速为零

9	投入导叶锁锭

导叶锁锭已投入

10	停止技术供水	停止推力轴承循环油泵	退出油雾吸收
	退出碳粉除尘	投入机坑加热器	退出其余辅助设备

技术供水已停止&推力轴承循环油泵已停止&油雾吸收已停止
&碳粉除尘已停止&机坑加热器已投入&其余辅助设备已停止

11	机组停机工况

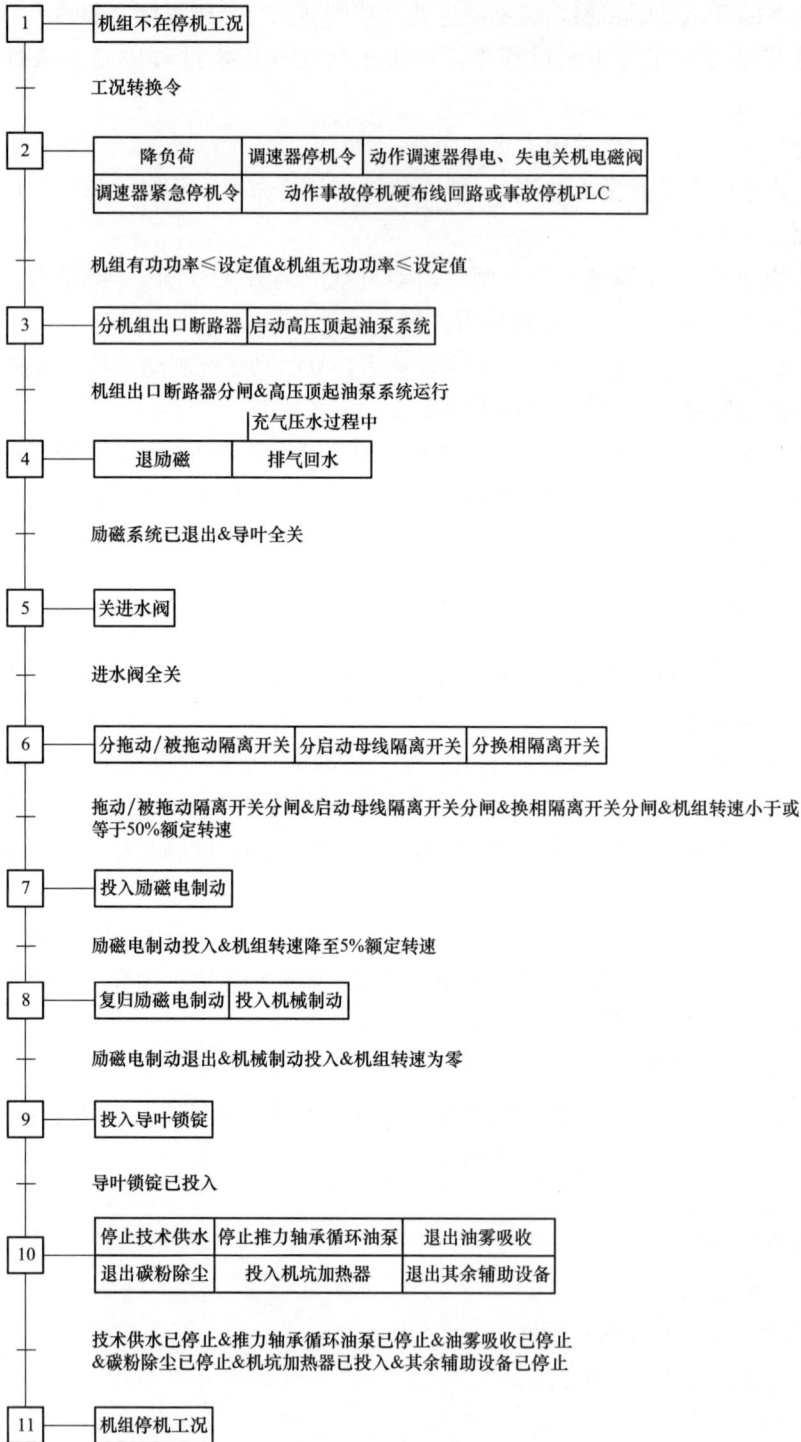

图 4-16　紧急事故停机控制流程图

(二) 功率调节功能

功率调节功能可分为三个部分:

1. 调节

通过程序计算调节输出脉宽控制机组功率的上升或下降，通常采用 PID 方式进行调节。

2. 监视

在机组运行时监视其出力是否在要求范围之内，如果超出范围则需对机组进行调节以恢复到设定值。

3. 调节保护

在调节过程中对机组的各项参数进行监视，防止机组在调节过程中出现异常，如果有一次出现，调节程序应退出或输出闭锁并发出相应的报警。

（三）功率调节原理

监控系统的功率调节是典型的工业闭环调节。一个传统的闭环控制系统包括控制器、传感器、变送器、执行机构、输入接口、输出接口。

控制器的输出经过输出接口、执行机构，加到被控系统上；被控系统的被控量经传感器、变送器并通过输入接口反馈到控制器。

在监控系统中功率调节程序就是"控制器"，开出继电器接点就是"输出接口"，调速器及励磁装置就是"执行机构"，机组就是最终的"被控系统"。机组的有功、无功为"被控量"，TV、TA 为"传感器"，交流量信号变送器或交流量信号采集装置为"变送器"，模拟量输入模件或通信接口为"输入接口"，最终被控量的值将反馈到功率调节程序（控制器）。

机组的有功调节与无功调节原理相同，但在具体调节实现方法上是有差异的。

1. 有功调节

通过调速系统实现，其原理是通过调节机组的导叶开度控制水轮机的过水流量，从而控制机组的有功功率。其特点是调节速度较慢，各种不同机组的调节特性区别较大。

2. 无功调节

通过励磁系统实现，其原理为调节机组的励磁电流，控制机组的无功功率和机端电压。其特点是调节速度较快，各种不同机组的调节特性区别不大。

（四）功率调节算法

功率调节算法本身并不复杂，它是一个典型的 PID 算法。算法公式如下

$$U(k) = K_p e(k) + K_i \sum_{j=0}^{k} e(j) + K_d [e(k) - e(k-1)] \tag{4-9}$$

PID 调节中有 K_p、K_i、K_d 三个主要参数，分别为比例项参数、积分项参数和微分项参数。

比例项参数 K_p：在功率调节中起主导作用，计算时根据设定值和实测值的差值乘以比例系数得出一个调节脉宽值，选择合适的比例项参数，满足调节速度的要求。比例算法能缩小功率实发值和设定值之间的差距，但无法消除这个差距。如果比例系数过大的话还会引起超调，甚至引起振荡。

积分项参数 K_i：积分控制的作用是只要设定值和实发值之间存在差值，积分部分就会不断累积差值，输出控制量，来消除差值。在理论上，只要有足够的时间，积分控制能使设定值和实发值之间的差值为 0。但积分系数选的太大的话会引起系统的超调，

甚至引起振荡。在目前我们的调节中通常不用。

微分项参数 K_d：从公式不难推断出，微分调节反映了实发值的变化趋势，从而产生一个有效的早期修正值，它可以有效地减小系统的超调，克服振荡，加快了系统的动态响应速度。

最终的输出调节脉宽即是这三项之和。

即：PID调节脉宽时间＝K_p×（设定值－实测值）＋K_i×（设定值与实发值之差的累计和）＋K_d×（本次设定值与实发值之差－上次设定值和实发值之差）。

（五）功率调节的闭锁及保护

功率调节算法本身可以计算出功率调节控制的脉宽，但并不能保证调节的安全，所以需要在调节算法程序的外围有相应的闭锁和保护程序，保证调节的安全。

其中闭锁和保护是两个不同的概念，程序的具体实现方法也是不同的。功率调节闭锁是指当某项电气量条件达到闭锁限定值时，功率调节程序就将相关的输出闭锁，禁止其输出；调节程序继续执行，一旦闭锁电气量条件恢复到正常值时，调节程序就自动解除其相关的输出闭锁，允许其输出。而调节保护是指边界条件达到保护限定值时，整个功率调节程序退出。

1. 调节闭锁

（1）定子电流越限闭锁。定子电流上限闭锁有功、无功增调节，防止机组定子过流引起机组定子温度过高。

（2）定子电压越限闭锁。定子电压上、下限闭锁有功、无功增、减调节。

（3）转子电流越限闭锁。转子电流上、下限闭锁无功增、减调节。

（4）转子电压越限闭锁。转子电压上、下限闭锁无功增、减调节。

2. 调节保护

（1）超时保护。超时保护是指在经过长时间（通常180s）调节后仍未进入设定值的范围，说明在某一环节出现问题，调节程序自动退出，需要人为干预处理。超时保护对有功、无功调节都有效。

（2）功率差过大保护。功率差过大保护是指在功率调节过程中出现功率变化过大时，调节程序自动退出。调节程序需满足平滑、安全的调节要求，因此正常的调节过程不应出现功率突变的现象，一旦在2个调节周期间功率突变（通常为额定功率的25%）则说明在某个环节出现问题，应将调节程序退出运行。功率差变化过大保护对有功、无功调节都有效。

（3）功率差过小保护。功率差过小保护是指3次连续调节后功率变化过小（通常为额定功率的2%），认为调节的某一环节出错，应将调节程序退出运行。功率差变化过小保护对有功、无功调节都有效。当功率调节闭锁动作时，功率差过小保护功能退出。

（4）调节方向保护。3次连续调节，功率调节方向与测量值方向变化相反，调节退出。

（5）频率保护。频率保护是指当频率高于一定限值时（通常上限为50.5Hz，下限为49.5Hz）有功调节程序自动退出。正常情况下机组并网后其频率应相对稳定，如果发生频率过高说明机组可能已脱离电网或电网自身有重大事故，这时需将调节程序退出。

（六）功率调节的注意事项

功率调节是建立在信号采集正确的基础上，因此测值的品质好坏判断很重要。监控系统对交流量的采集主要有两种方式，一种是通过变送器由模拟量采集，它的品质判断有两点：首先是模拟量通道状态判断，其次是测量值的合法性判断；第二种方式是通过通信由交流量采集装置采集，它的品质判断也有两点：一是通信通道本身是否正常，二是测量值的合法性判断。如果测值品质坏则调节功能退出。一般功率调节测量源优先采用模拟量通道的测值，当模拟量通道测值品质为坏时，且交流量采集装置测值品质好时，测量源应自动切换到交流量采集装置。

（七）通信方式功率调节

通信方式功率调节是指调节计算不由监控系统进行，监控系统直接通过通信方式将有功、无功设定值下发给调速系统和励磁系统，由调速系统和励磁系统进行闭环调节。

当使用通信方式进行功率调节时，需考虑和常规功率调节方式的闭锁和切换，尤其需注意两者切换时功率不能突变。

（八）模出方式功率调节

模出方式功率调节是指调节计算不由监控系统进行，监控系统直接通过模拟量输出方式将有功、无功设定值下发给调速系统和励磁系统，由调速系统和励磁系统进行闭环调节。

当使用模出方式进行功率调节时，需考虑和常规功率调节方式的闭锁和切换，尤其需注意两者切换时功率不能突变。

由于模出方式功率调节对于被控对象的作用是持续的，外界的干扰将对被控系统造成直接影响，因此模出设值的同时需要通过脉冲的方式告知被控系统该设值生效。

四、机组安全闭锁控制

机组顺序控制按照预先规定的顺序进行检查、判断、控制，其基于时间顺序或逻辑顺序进行闭环控制，一旦执行完毕后将不再进行闭环监控，这种方式可以满足机组工况转换功能的要求，但当机组工况转换结束后，便无法保证机组安全运行。因此需要在顺序控制流程之外设置机组安全闭锁控制，避免设备发生误动，保证设备状态发生异常后在条件允许的情况下自动将设备恢复到正确的状态，或设备状态发生异常后及时将机组转至安全状态。

机组安全闭锁控制遵循两个原则，安全性和可靠性原则。安全性原则是指保证该设备在任何条件下不发生妨害其他设备安全运行的情况而设计的原则，可靠性原则是指保证该设备在任何条件下具备安全运行、故障停止、报警等功能而设计的原则。

机组安全闭锁控制包括机械制动、进水阀、尾水闸门、高压油顶起装置、轴承油泵、技术供水、主变压器冷却器等安全闭锁控制。本节主要介绍机械制动、进水阀和技术供水安全闭锁控制实现方法。

（一）机械制动安全闭锁控制

1. 目的

（1）防止机组高转速情况下投入机械制动。

（2）防止转速信号误动导致高转速投入机械制动。

（3）防止控制系统上电时误投机械制动。

2. 安全闭锁

（1）每个制动器至少配置一个双接点位置开关，指示制动器的投入和退出两个状态，所有制动器的退出接点串联（所有制动器退出）判断机械制动退出，所有制动器的投入接点并联（任何一个制动器投入）判断机械制动投入。

（2）机组启动第一步退出蠕动检测装置，机组停机最后一步投入蠕动检测装置，防止蠕动装置误动投入机械制动。

（3）增加机械制动异常动作机械事故启动源，判断条件：机组转速信号大于或等于25％额定转速 & 测速装置正常 & 制动投入或制动未退出。

（4）控制回路中采用机组出口断路器分闸位置、导叶全关位置以及机组转速小于20％额定转速等硬接点信号进行闭锁，具体闭锁条件如下：

1）高转速（机组转速大于20％额定转速）闭锁机械制动投入；

2）机械制动退出令闭锁投入令；

3）机组转速信号故障闭锁机械制动投入；

4）机组出口开关合闸位置闭锁机械制动投入；

5）导叶非关闭位置闭锁机械制动投入；

6）机械制动系统故障闭锁机械制动投入。

（二）进水阀安全闭锁控制

1. 目的

（1）防止锁锭未退出开启进水阀。

（2）防止检修密封、工作密封未完全退出开启进水阀。

（3）防止进水阀上下游侧未平压开启进水阀。

（4）防止进水阀开启时投入检修密封、工作密封。

（5）防止尾水闸门不在全开时开启进水阀。

（6）防止发生进水阀全开位置（单一元件）误动导致机组跳机。

2. 安全闭锁

（1）开启进水阀操作顺序为退进水阀接力器锁锭并确认已退出、开进水阀工作旁通阀、确认进水阀前后已平压、退出进水阀工作密封、开启进水阀、关进水阀工作旁通阀。

（2）开启进水阀必须具备以下条件：

1）机组事故停机元件未动作；

2）导叶全关位置；

3）尾水闸门全开位置。

（3）发生以下情况应作用于机组事故停机：

1）机组发电、抽水工况时进水阀异常关闭；

2）进水阀压力油罐事故低油压；

3）进水阀压力油罐事故低油位；

4）进水阀控制系统失电。

（三）技术供水安全闭锁控制

1. 目的

（1）防止机组运行过程中技术供水泵停止导致的技术供水中断。

（2）单台技术供水泵不宜连续长时间运行，主、备用技术供水泵应合理轮换。

（3）技术供水泵停止过程中应有防止技术供水管路水锤现象发生的措施。

2. 安全闭锁

（1）将技术供水泵出口流量或技术供水泵前后差压作为技术供水泵启动成功的判断条件。

（2）电动阀门、技术供水泵电动机的动力回路配置合理的过流保护装置，避免因过流造成电动机损坏，同时进行主备技术供水泵切换。

（3）技术供水滤水器有定期自动排污、差压过高排污控制逻辑，避免滤水器发生堵塞。

（4）机组处于运行状态时，正在运行的技术供水泵异常关闭或流量异常，应停止该技术供水泵，自动切换备用技术供水泵运行。

（5）当机组处于并网运行状态所有技术供水泵停止运行，应依次自动启动技术供水泵，如果所有技术供水泵启动失败，应启动机组机械事故停机。

第三节 开关设备控制

抽水蓄能电站开关设备控制主要是设备操作闭锁控制，即断路器、隔离开关、接地开关操作控制。按照开关设备设计要求，开关设备操作闭锁分机械闭锁、电气闭锁和现地控制单元逻辑闭锁三部分，机械闭锁一般是隔离开关和接地开关间的闭锁，是利用电气一次设备的辅助触点实施闭锁；电气闭锁是利用继电器硬布线方式进行电气回路操作闭锁；而现地控制单元逻辑闭锁是采用软件进行操作闭锁。这里主要介绍开关站现地控制单元的逻辑闭锁控制。

开关设备配备了单个设备现地操作箱，电气回路控制屏和现地控制单元，每个设备都设置了"现地/远方"选择开关，按照底层优先的设计原则，当单个设备现地操作箱选择"现地"控制方式时，电气回路控制屏和现地控制单元将无法对该设备进行操作。以此类推，现地控制单元只能在现地操作箱和电气回路控制屏选择在"远方"控制方式时，才能操作。

开关设备操作安全闭锁设计与电气主接线方式有关，不同的电气接线方式操作安全闭锁条件不同。图4-17是抽水蓄能电站电气主接线示意图，本节将根据该电气主接线图阐述抽水蓄能电站断路器、隔离开关操作安全闭锁逻辑。

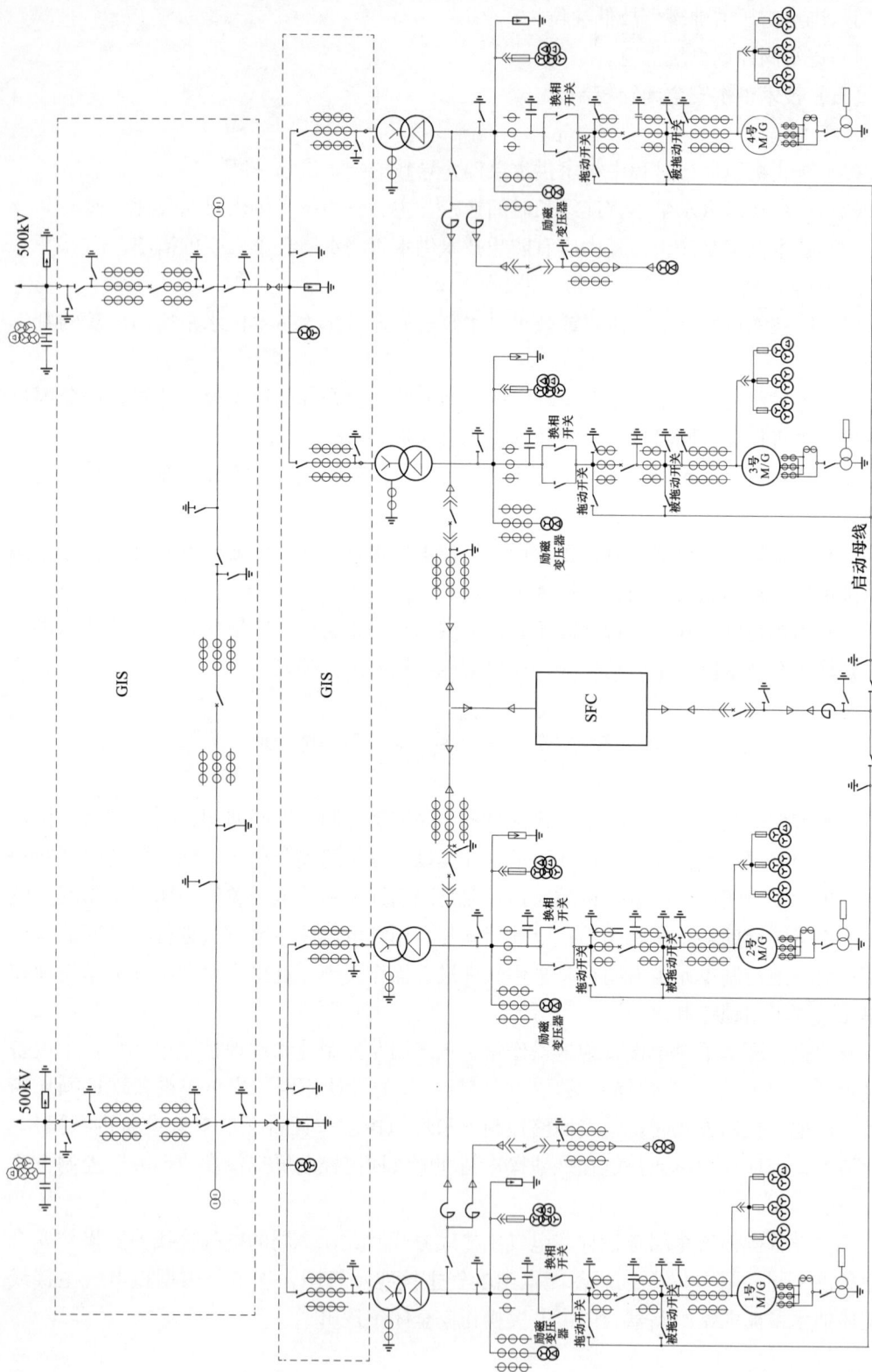

图 4-17 抽水蓄能电站电气主接线示意图

一、开关设备操作安全闭锁条件

1. 断路器操作安全闭锁条件

根据主接线图，抽水蓄能电站与电网系统之间的同期点采用断路器，因此开关站断路器需配置自动准同期装置，所不同的是其采用检测同期条件满足后自动合闸，而不具备调节功能。

开关站断路器同期合闸操作有三种方式：断路器检同期合闸、断路器单侧无压检同期合闸、断路器两侧无压检同期合闸。自动准同期装置可以按断路器分别配置，也可以采用选择开关共用自动准同期装置现地控制单元。

（1）断路器合闸操作安全闭锁条件如下：

1）断路器远方控制；

2）断路器在分闸位置；

3）断路器两侧隔离开关在合闸位置；

4）断路器联锁解除；

5）断路器弹簧已储能；

6）断路器信号电源正常；

7）断路器储能电动机控制回路电源正常；

8）断路器单元 SF_6 气压正常，且无 SF_6 低气压闭锁信号；

9）断路器电动机正常；

10）断路器电动机电源正常；

11）断路器单元无保护动作信号；

12）断路器操作箱无事故总报警信号；

13）断路器两侧 TV 已投入且无断线报警信号；

14）开关站现地控制单元正常；

15）断路器自动准同期装置正常且在自动准同期方式。

（2）断路器分闸操作安全闭锁条件如下：

1）断路器远方控制；

2）断路器不在分闸位置；

3）断路器单元无 SF_6 低气压闭锁信号；

4）开关站现地控制单元正常。

2. 隔离开关操作安全闭锁条件

隔离开关操作主要有两种方式：合闸和分闸，相应的操作安全闭锁条件如下：

（1）隔离开关合闸操作安全闭锁条件如下：

1）隔离开关远方控制；

2）隔离开关在分闸位置；

3）隔离开关信号电源正常；

4）隔离开关控制电源正常；

5）隔离开关联锁解除；

6）隔离开关两侧接地开关在分闸位置；

7）隔离开关单元断路器在分闸位置；

8）开关站现地控制单元正常。

（2）隔离开关分闸操作安全闭锁条件如下：

1）隔离开关远方控制；

2）隔离开关不在分闸位置；

3）隔离开关信号电源正常；

4）隔离开关控制电源正常；

5）隔离开关联锁解除；

6）隔离开关两侧接地开关在分闸位置；

7）隔离开关单元断路器在分闸位置；

8）开关站现地控制单元正常。

二、开关设备操作控制流程

1. 断路器操作控制流程

（1）断路器同期合闸控制流程，如图 4-18 所示。首先判断断路器合闸安全闭锁条件是否满足，然后投入断路器两侧 TV，启动同期装置同期合闸。

（2）断路器无压合闸控制流程，如图 4-19 所示。首先判断断路器合闸安全闭锁条件是否满足，然后投入断路器两侧 TV，启动同期装置无压合闸。

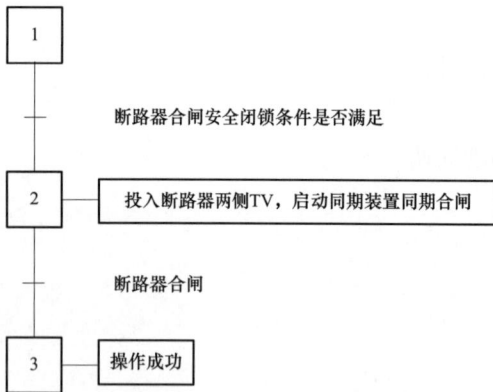

图 4-18　断路器同期合闸控制流程图　　　　图 4-19　断路器无压合闸控制流程图

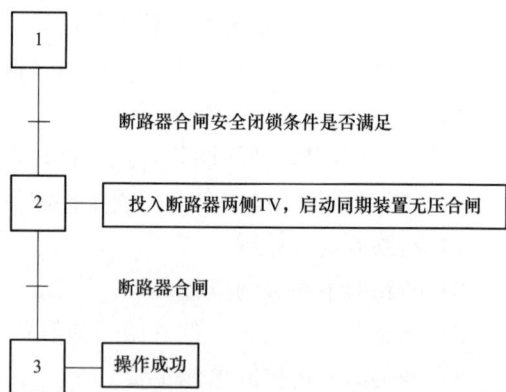

（3）断路器分闸控制流程，如图 4-20 所示。首先判断断路器分闸操作安全闭锁条件是否满足，然后执行断路器分闸操作。

2. 隔离开关操作控制流程

（1）隔离开关合闸控制流程，如图 4-21 所示。首先判断隔离开关合闸操作安全闭锁条件是否满足，然后执行隔离开关合闸操作。

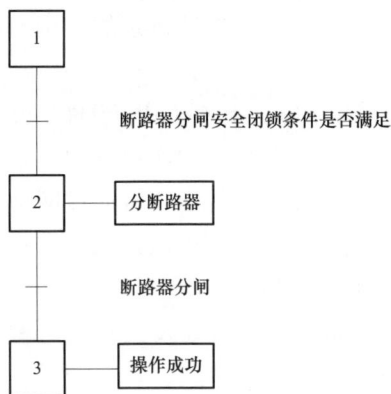

图 4-20 断路器分闸控制流程图

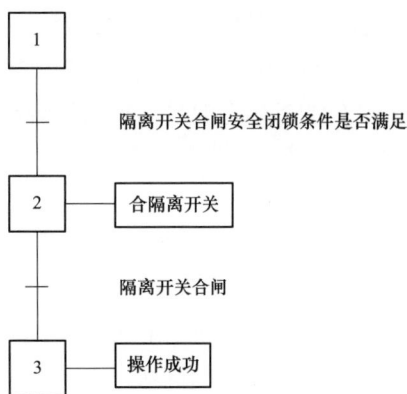

图 4-21 隔离开关合闸控制流程图

（2）隔离开关分闸控制流程，如图 4-22 所示。首先判断隔离开关分闸操作安全闭锁条件是否满足，然后执行隔离开关分闸操作。

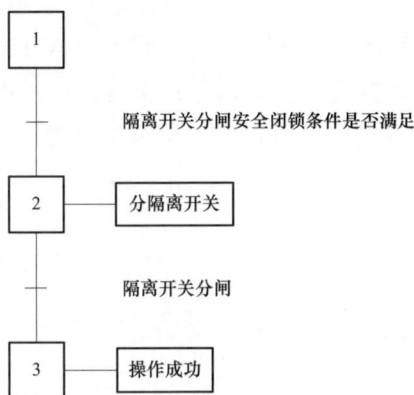

图 4-22 隔离开关分闸控制流程图

🜂 第四节　厂用电备用电源自动投入控制

厂用电系统是抽水蓄能电站重要的电源，直接向机组辅助设备、厂房公用辅助设备、厂房照明以及通风等系统提供电能，其可靠性与电厂的安全运行息息相关。厂用电丢失会直接导致机组停运，为保证厂用电系统的可靠性和连续性，厂用电系统需具有备用电源自动投入功能。

厂用电系统备用电源自动投入功能主要有两种实现方式，一种是采用备用电源自动投入装置，另一种是采用基于 PLC 的备用电源自动投入系统。

备用电源自动投入装置核心部分采用高性能单片机，包括 CPU、继电器、交流电源、人机对话设备等构成，备用电源自动投入控制程序固化在装置中，具有抗干扰性强、稳定可靠、使用方便等优点，其液晶数显屏和控制面板上所带的按键使得操作简单方便，也可通过 RS485 通信接口实现远程监视。该种形式的备用电源自动投入装置定值整定及设备调试灵活方便、运行维护量小、动作可靠,但在接线复杂的厂用电系统情况下存在逻辑修改不方便、优化困难等缺点。

基于 PLC 的备用电源自动投入系统核心部分采用 PLC,包括 CPU 模件、开关量输入模件、模拟量输入模件、开关量输出模件等构成,通过软件编程实现备用电源自动投入控制逻辑,具有体积小、集成度高、使用方便、便于维护等优点,可通过网络通信接口接入计算机监控系统,实现远程监视和控制。该种形式的备用电源自动投入系统使用方便,编程灵活,易于实现复杂备用电源自动投入控制逻辑。

目前新建的抽水蓄能电站一般采用基于 PLC 的备用电源自动投入系统,本节主要介绍基于 PLC 的备用电源自动投入系统。

一、备自投系统控制策略

抽水蓄能电站厂用电系统由 10kV 和 400V 两个电压等级构成,10kV 厂用电一般由几段 10kV 母线组成,400V 厂用电由厂内各个配电盘组成,每个配电盘由两段母线供电。

下面以三段 10kV 母线为例进行介绍,Ⅰ、Ⅱ段 10kV 母线分别由 1、2 号厂用高压变压器供电,Ⅲ段 10kV 母线有两路进线,分别来自地区供电电源和厂用柴油发电机。当地区电源失电,可由柴油发电机发电,实现机组黑启动。10kV 母线通过负荷开关向各个 400V 配电盘供电,厂用电系统示意图如图 4-23 所示。

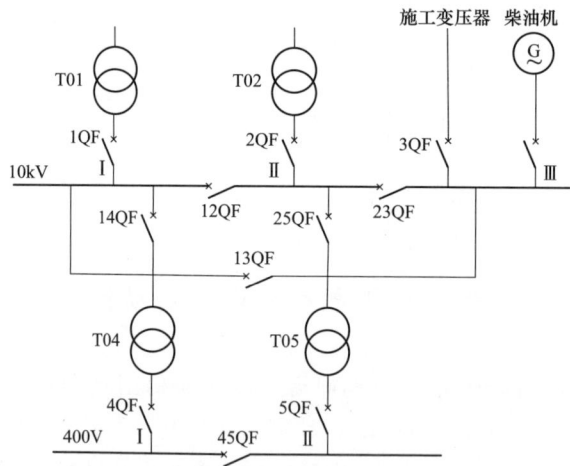

图 4-23 抽水蓄能电站厂用电系统示意图

根据厂用电系统结构和功能,备用电源自动投入系统控制策略:当 10kV 母线失电时,先执行 10kV 母线备用电源自动投入,如 10kV 母线备用电源自动投入执行成功则不执行 400V 配电盘备用电源自动投入,如若 10kV 母线备用电源自动投入执行失败则再执行 400V 配电盘备用电源自动投入。下面分别介绍 10kV 和 400V 厂用电备用电源自动投入控制流程。

二、10kV 备用电源自动投入系统控制流程

当 10kVⅠ段母线及Ⅰ段进线有压、Ⅱ段进线及Ⅱ段母线无压、10kV 备用电源自动投入功能投入、当前断路器状态不处于"Ⅰ带Ⅱ"的目标状态、无其他 10kV 备用电源自动投入流程在执行，则触发"Ⅰ带Ⅱ"备用电源自动投入控制流程。10kVⅠ段母线带Ⅱ段母线备用电源自动投入控制流程如图 4-24 所示。

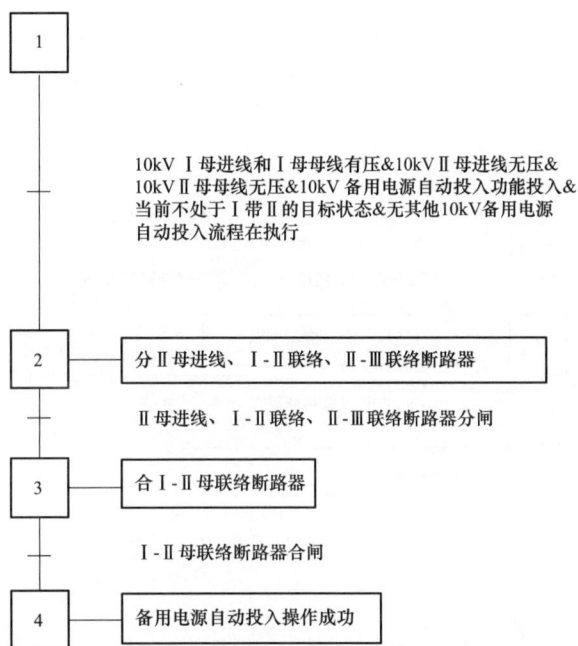

```
┌───┐
│ 1 │
└───┘
  │
  │   10kVⅠ母进线和Ⅰ母母线有压&10kVⅡ母进线无压&
  ├── 10kVⅡ母母线无压&10kV 备用电源自动投入功能投入&
  │   当前不处于Ⅰ带Ⅱ的目标状态&无其他10kV备用电源
  │   自动投入流程在执行
  │
┌───┐  ┌──────────────────────────────────────┐
│ 2 │──│ 分Ⅱ母进线、Ⅰ-Ⅱ联络、Ⅱ-Ⅲ联络断路器 │
└───┘  └──────────────────────────────────────┘
  │
  ├── Ⅱ母进线、Ⅰ-Ⅱ联络、Ⅱ-Ⅲ联络断路器分闸
  │
┌───┐  ┌──────────────────────┐
│ 3 │──│ 合Ⅰ-Ⅱ母联络断路器    │
└───┘  └──────────────────────┘
  │
  ├── Ⅰ-Ⅱ母联络断路器合闸
  │
┌───┐  ┌──────────────────────┐
│ 4 │──│ 备用电源自动投入操作成功 │
└───┘  └──────────────────────┘
```

图 4-24 10kVⅠ段母线带Ⅱ段母线备用电源自动投入控制流程图

10kVⅡ段母线带Ⅰ段母线备用电源自动投入控制流程同 10kVⅠ段母线带Ⅱ段母线备用电源自动投入控制流程。

当 10kVⅠ、Ⅱ段母线及Ⅰ、Ⅱ进线无压、Ⅲ段母线有压、10kV 备用电源自动投入功能投入、断路器状态不处于"Ⅲ带Ⅰ、Ⅱ"的目标状态、无其他 10kV 备用电源自动投入流程执行，则触发"Ⅲ带Ⅰ、Ⅱ"备用电源自动投入控制流程。10kVⅢ段母线带Ⅰ、Ⅱ段母线备用电源自动投入控制流程如图 4-25 所示。

三、400V 备用电源自动投入系统控制流程

400V 配电盘由两段母线组成，故备用电源自动投入逻辑较为简单。但需要注意的是，为避开 10kV 备用电源自动投入执行过程中的短暂失电，400V 备用电源自动投入启动条件需做适当延时处理，延时时间根据现场试验情况整定。

当 400VⅡ段母线无压、Ⅰ段母线有压、400V 备用电源自动投入功能投入、当前断路器状态不处于"Ⅰ带Ⅱ"的目标状态、该配电盘无其他备用电源自动投入流程在执行，则触发"Ⅰ带Ⅱ"备用电源自动投入控制流程。400VⅠ段母线带Ⅱ段母线备用电

源自动投入控制流程如图 4-26 所示。

400V Ⅱ段母线带Ⅰ段母线备用电源自动投入控制流程同 400V Ⅰ段母线带Ⅱ段母线备用电源自动投入控制流程。

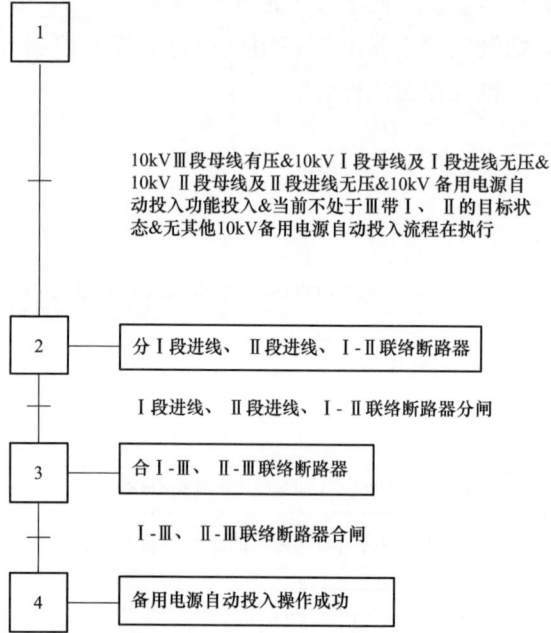

图 4-25　10kVⅢ段母线带Ⅰ、Ⅱ段母线备用电源自动投入控制流程图

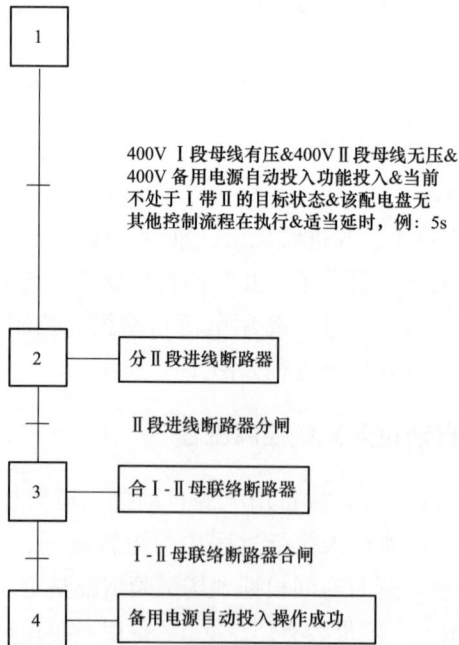

图 4-26　400VⅠ段母线带Ⅱ段母线备用电源自动投入控制流程图

第五章

计算机监控系统试验

计算机监控系统试验是对监控系统的功能和性能进行检测，以验证产品质量是否满足合同规定的功能及性能要求，是项目实施过程中的重要环节，保证产品质量过程控制的关键步骤。

计算机监控系统试验一般有型式试验、出厂试验、现场静态试验和现场动态试验，各类试验项目见表5-1。

表 5-1　　　　　　　　　　　　　　计算机监控系统试验项目

序号	试验项目	型式试验	出厂试验	现场静态试验	现场动态试验
1	产品外部、软硬件配置及技术文件检查	√	√	√	
2	现场开箱、安装、接线检查			√	
3	绝缘电阻测试	√	√	√	
4	介电强度试验	√	d		
5	功能与性能测试				
5.1	开关量输入数据采集与处理功能测试	√	√	√	√
5.2	模拟量输入数据采集与处理功能测试	√	√	√	√
5.3	温度量输入数据采集与处理功能测试	√	√	√	√
5.4	开关量输出数据采集与处理功能测试	√	√	√	√
5.5	模拟量输出数据采集与处理功能测试	√	√	√	√
5.6	其他数据处理功能测试	√	√	√	√
5.7	事件分辨率测试	√	√	d	
5.8	雪崩处理能力测试	√	√	d	
5.9	机组工况转换功能测试	√	√	√	√
5.10	事故停机功能测试	√	√	√	√
5.11	同期并网功能测试	√	√	√	√
5.12	控制功能测试	√	√	√	√
5.13	功率调节功能测试	√	√	√	√
5.14	自动发电控制（AGC）功能测试	√	√	√	√
5.15	自动电压控制（AVC）功能测试	√	√	√	√
5.16	电站联合控制功能测试	√	√	√	√
5.17	人机接口功能测试				
5.18	系统时钟同步功能测试	√	√	√	√
5.19	通信功能测试	√	√	√	√
5.20	系统自诊断及自恢复功能测试	√	√	√	√
5.21	系统实时性能指标检查及测试	√	√	√	√

序号	试验项目	型式试验	出厂试验	现场静态试验	现场动态试验
5.22	CPU负荷率、内存占有率等性能指标测试	√	√	√	√
5.23	其他功能测试	√	√	√	d
6	电源适应能力测试	√	√	√	
7	抗干扰试验	√			
8	环境试验	√			
9	连续通电检验	√	√	√	√
10	可用性（或可利用率）考核		√	√	√
11	试运行考核				√

注　d为可选项。

本章主要介绍了抽水蓄能电站计算机监控系统试验和验收的基本项目及测试方法，可作为抽水蓄能电站计算机监控系统试验与验收工作参考。

⊞ 第一节　型　式　试　验

型式试验是为了验证产品能否满足技术规范的全部要求所进行的试验。它是新产品鉴定中必不可少的一个环节。为了达到认证目的而进行的型式试验，是对一个或多个具有代表性的样品利用试验手段进行合格性评定。对于通用产品来说，型式试验的依据是产品标准。对于特种设备来说，型式试验是取得制造许可的前提，试验依据是型式试验规程或型式试验细则。试验所需样品的数量由认证机构确定，试验样品从制造厂的最终产品中随机抽取。试验在被认可的独立检验机构进行，对个别特殊的检验项目，如果检验机构缺少所需的检验设备，可在独立检验机构或认证机构的监督下使用制造厂的检验设备进行。

遇有下列情况之一时应进行型式试验：

（1）新产品定型（设计定型、生产定型）；

（2）正常产品的设计、结构、材料、工艺有较大的改变而影响产品质量及性能时（可只做相应部件）；

（3）本次出厂检验结果与上一次型式检验有较大差异时；

（4）国家质量监督机构提出进行型式检验要求时；

（5）超出产品型式试验有效期时；

（6）合同规定需对电站安装的产品进行型式试验时。

型式试验项目主要包括：

（1）所有出厂检验项目；

（2）现场使用试验；

（3）稳定性检验；

（4）电气性能的抗干扰试验；

（5）基本环境（温度、湿度、振动、冲击、跌落）适应能力试验；

（6）寿命试验。

试验中若有任何一项不符合技术条件时，必须消除其不合格原因，重新进行相关试验，直至符合技术条件。

设备选型时如有型式试验报告，可不做型式试验。

一、外观检查

设备面板无划痕，外壳插箱无明显碰伤及变形，按键指示灯等无损坏，铭牌标识字迹清晰，端子接线牢固可靠。

二、功能性能试验

功能性能试验的目的是检查监控系统设备功能和性能是否满足技术要求，主要包括监控系统的功能要求，如数据采集、数据处理、监视、记录、报警、控制和调节、人机接口、通信、系统自诊断、时钟同步、运行管理和操作指导等；此外还包括监控系统的性能要求，如精确性、实时性、安全性、可维护性、可扩充性等性能。监控系统功能和性能的检测标准应满足 DL/T 578《水电厂计算机监控系统基本技术条件》和 DL/T 295《抽水蓄能机组自动控制系统技术条件》的规定要求。

三、气候环境试验

气候环境试验包括高低温运行、高低温储存、变温试验以及湿热试验等，试验主要依据 GB/T 2423《电工电子产品环境试验》的相关内容。

1. 高低温运行试验

高低温运行试验用于确定监控系统设备在低温或高温环境能否正常工作，对于室内安装使用的监控系统设备，高温运行温度为 55℃，低温运行温度为 -10℃，高温和低温试验至少各持续 16h。升温或降温过程中温度的最大变化率不超过 1℃/min。

高温或低温试验过程中对设备功能进行测试，确保设备功能满足要求。

2. 高低温储存试验

高低温储存试验用于确定监控系统设备在储存时耐高温或者耐低温的能力，对于一般监控系统设备，高温储存温度为 70℃，低温储存温度为 -20℃，高温和低温试验至少各持续 16h。升温或降温过程中温度的最大变化率不超过 1℃/min。

在高温或低温储存试验结束，温度恢复正常后，对设备功能进行测试，确保设备功能满足要求。

3. 变温试验

变温试验用于确定设备运行时对温度快速变化的承受能力，对于一般监控系统设备，低温一般选择 -10℃，高温一般选择 55℃，在低温和高温区间内温度渐升或渐降，温度变化率为（1±0.2）℃/min，暴露在最高温度和最低温度的时间为 3h。

变温试验过程中对设备功能进行测试，确保设备功能满足要求。

4. 湿热试验

湿热试验用于检验设备长期暴露在高湿度大气中时的承受能力。湿热试验包括恒定湿热和交变湿热两种，型式试验只需选做其中一项即可。

恒定湿热：试验过程中温度、湿度保持固定不变，一般选取温度 30℃/40℃，湿度 (93±3)％RH，试验持续时间 10 天。

交变湿热：试验过程中温度、湿度不固定，低温 25℃ 时湿度 97％，高温 40℃ 时湿度 93％，24h 为一个循环，低温、高温各 12h，整个试验过程中一共 6 次循环。

湿热试验过程中对设备进行绝缘测试，在湿热环境下设备需满足绝缘性能要求。湿热试验完成设备恢复正常后，应对装置功能进行测试，确保设备性能满足要求。

四、电磁兼容试验

为了保证监控系统设备的正常运行，需要对其进行电磁兼容试验。

电磁兼容试验包括两大类：发射试验以及抗扰度试验，下面分别对其进行介绍。

1. 发射试验（EMI）

发射试验的目的是检验装置对外部的干扰是否能够满足要求。发射试验包括传导发射和辐射发射两类。其中传导发射试验也被称为电源端口骚扰电压测试，用于测试装置电源端口对外传播的电磁干扰，传导骚扰的频率一般在 0.15～30MHz；辐射发射试验用来测试设备通过空间电磁场的形式对外产生的辐射强度，辐射发射的频率一般在 30～1000MHz。

2. 抗扰度试验（EMC）

抗扰度试验包括辐射电磁场、静电放电、射频场感应的传导骚扰、快速瞬变、脉冲群、浪涌、工频、工频磁场、脉冲磁场、阻尼振荡磁场等内容。设备的不同部分需进行不同的试验。一般设备试验内容包括外壳端口试验、电源端口试验、通信端口试验、输入/输出端口试验以及功能地端口试验。针对装置的不同端口，试验的内容以及标准都有所区别。

（1）外壳端口试验。外壳端口试验主要是辐射电磁场、工频磁场、脉冲磁场、阻尼振荡磁场等电磁干扰类试验以及静电放电试验。

（2）电源端口试验。电源端口试验包括射频场感应的传导骚扰、快速瞬变、1MHz 脉冲群、100kHz 脉冲群、浪涌测试等。

（3）通信端口试验。通信端口试验包括射频场感应的传导骚扰、快速瞬变、1MHz 脉冲群、100kHz 脉冲群、浪涌测试等。

（4）输入/输出端口试验。输入/输出端口试验包括射频场感应的传导骚扰、快速瞬变、1MHz 脉冲群、100kHz 脉冲群、浪涌测试、工频等。

（5）功能地端口试验。功能地端口试验包括射频场感应的传导骚扰、快速瞬变等。

需要注意的是，同一种测试项目在针对不同的端口进行测试时测试方法以及标准可能都会所有差异。如浪涌测试在进行共模试验和差模试验时其耦合电阻、耦合电容都有差异，对于不同类型的端口，其测试标准也有差异，因此在实际进行测试时需要注意相应的试验方法和试验标准。

五、绝缘性能试验

绝缘性能试验分为绝缘电阻测量、介质强度检验以及冲击电压检验。下面分别对其进行介绍。

(1) 绝缘电阻测量。绝缘电阻测量的目的是为了检验设备绝缘的耐受能力。电阻测量应在以下部位进行：每个电路和外露导电部分之间（每个独立电路的端子需要连接在一起）、每个独立电路之间（每个独立电路的端子需要连接在一起）。

当具有相同绝缘电压的电流对外露导电部分测量时，这些电流也可以连在一起。测量方法：在需要测量的两部分之间加 $500 \times (1 \pm 10\%)$ V 的直流电压并在达到稳态 5s 以后确定绝缘电阻。绝缘电阻大于 $100 M\Omega$ 表示合格。

(2) 介质强度检验。介质强度检验的目的在于检验设备各个回路对过电压的能力、绝缘的长期耐受能力以及检验电气间隙和爬电距离等是否满足要求。

(3) 冲击电压检验。冲击电压检验的目的在于检验装置各个回路承受暂态过电压的能力，也可以用于检验电气间隙以及爬电距离等是否满足要求。

六、机械性能试验

监控系统设备在运输、安装以及使用过程中可能会遭受振动或者冲击，因此，需要对设备的机械性能进行测试，以保证设备在出现以上情况时能够正常工作。

1. 振动试验

振动试验是将设备以恒定加速度或者恒定振幅在一标准频率范围内一次沿三条相互垂直的轴线方向做正向振动扫频的试验。试验的频率范围为 $10 \sim 150 Hz$，扫频周期为 8min。

振动试验包括振动响应试验和振动耐久试验。其中振动响应试验需要在设备上电情况下进行，共进行 3 个循环，共 24min。振动耐久试验在设备不带电的情况下进行，三个互相垂直的方向各进行 20 个循环，共 480min。

振动响应试验过程中对设备性能进行测试，试验完成后对设备进行检查，没有出现紧固件松动或者机械机构破坏等现象则表示设备合格。振动耐久试验在试验过程中不对设备进行测试，试验完成后对设备进行检查，没有紧固件松动或机械结构损坏等现象，设备上电后能够正常工作，设备性能不受影响则表示装置合格。

2. 冲击试验

冲击试验是对设备在三个互相垂直的轴线上承受限定次数的单一冲击以确定其耐受冲击影响能力的一种试验。单次冲击试验持续时间为 11ms，每个方向上进行三次脉冲试验。

冲击试验包括冲击响应试验和冲击耐久试验。冲击响应试验需要在设备上电情况下进行，其等级 1、等级 2（最高等级）对应的加速度峰值为 $49 m/s^2$（10g）、$98 m/s^2$（10g）。冲击耐久试验在设备不带电情况下进行，其等级 1、等级 2（最高等级）对应的加速度峰值为 $147 m/s^2$（15g）、$294 m/s^2$（30g）。

冲击响应试验过程中对设备性能进行测试，试验完成后对设备进行检查，设备性能满足要求且未出现异常现象则表示设备合格。冲击耐久试验在试验过程中不对设备进行测试，试验完成后对设备进行检查，设备未出现异常现象且上电后能够正常工作，设备性能满足要求则表示装置合格。

3. 碰撞试验

碰撞试验是设备在三个互相垂直的轴线上承受限定次数的碰撞以确定其耐受在运输中可能碰到的碰撞影响能力的一种试验。单次碰撞试验持续时间为 16ms，每秒钟完成 1~3 次试验，每个方向上进行 1000 次脉冲试验。碰撞试验在设备不带电情况下进行，其等级 1、等级 2（最高等级）对应的加速度峰值为 98m/s^2（10g）、196m/s^2（20g）。试验完成后对设备进行检查，设备未出现异常现象且上电后能够正常工作，设备性能满足要求则表示装置合格。

⸭ 第二节　工　厂　试　验

计算机监控系统工厂试验是对整个系统生产过程的全面检验，是整个系统的基础，工厂试验主要要求如下：

（1）与产品配套的器件应按有关规定进行质量控制。

（2）产品在生产过程中必须进行全面的检查、试验，并应有详细、完整的记录。

（3）产品在出厂前必须通过制造单位质量检验部门负责进行检验，检验中若有任何一项不符合受检产品技术条件规定者，必须消除其不合格原因，检验合格后由质量检验部门签发合格证。

下面对计算机监控系统工厂试验内容进行具体介绍。

一、测点检查

监控系统常用测点类型有：数字量输入（包括状态开关量 DI、事件顺序记录量 SOE）、模拟量输入 AI、温度量输入 TI、开关量输出 DO、模拟量输出 AO、交流量输入及计算量等。

1. 数字量数据采集与处理功能测试

根据输入信号的不同，数字量输入数据可分为状态量、数码量、脉冲量和事件顺序记录量。

（1）状态变位测试。从数字量输入端子接入相应的数字量信号发生器，如图 5-1 所示。按具体测点要求，进行输入信号变位及防触点抖动的性能试验，通过监控系统的人机接口检查显示及有关记录，应与实际输入及受检产品技术条件规定一致。

（2）事件顺序记录量输入通道测试。为了检验事件顺序记录量输入通道分辨率，每一台现地控制单元还应增加下列测试。每项测试重复三次。

1）事件分辨率测试。将分辨率测试仪的两路或以上输出信号接至现地控制单元的事件顺序记录量输入端子，按受检产品技术条件规定的事件分辨率值设置分辨率测试仪

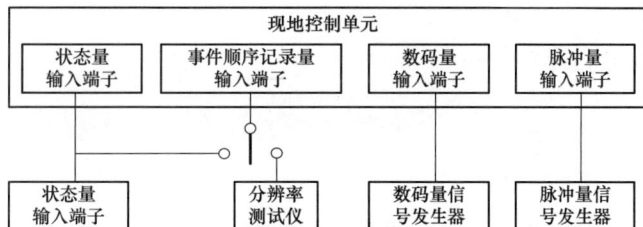

图 5-1 数字量输入通道测试接线示意图

的时间定值。启动分辨率测试仪，在人机接口设备上除了应有正确的图符变位、报警、事件记录外，所记录的事件顺序及时间间隔应满足受检产品技术条件要求。若该现地控制单元的事件分辨率输入通道由几个模件组成，则测试点应在不同模件中选取。

2）雪崩处理能力测试。在现地控制单元的事件顺序记录量中任意抽选 n 点，接入同一状态量输入信号，改变输入信号状态，检查所记录的事件名称应与所选测点名称一致且无遗漏，所记录的状态及事件发生时间应一致。

n 的取值应不少于现地单元事件顺序记录量总数的 25%。

2. 模拟量和温度量数据采集与处理功能测试

（1）从模拟量和温度量输入端子接入相应的模拟量信号发生器、标准电阻箱及精度至少比受检产品技术条件要求高一级的测试仪表，如图 5-2 所示。改变模拟量信号发生器输出，按式（5-1）计算模拟量数据采集的误差，应满足 DL/T 578《水电厂计算机监控系统基本技术条件》或受检产品技术条件规定。

$$E_i = \frac{S_o - S_i}{S} \times 100\% \qquad (5\text{-}1)$$

$$S = S_{max} - S_{min}$$

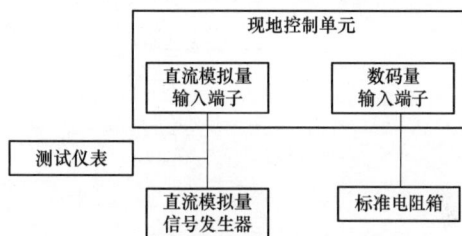

图 5-2 模拟量、温度量输入通道测试接线示意图

式中　S_o——该模拟量测点在人机接口设备上的显示或记录值；

　　S_i——由输入信号实测值乘以工程系数或比例系数后求得的理论工程值；

　　S——量程的理论工程值；

　S_{max}——测量范围上限对应的理论工程值；

　S_{min}——测量范围下限对应的理论工程值。

（2）数据采集误差测试可采用下述方式进行：

1）线性测试，即对被测模拟量输入通道至少应测试 S_i 为 S_{min}、$S_{min} + 0.25S$、$S_{min} + 0.50S$、$S_{min} + 0.75S$ 及 S_{max} 五个点。

2）满偏测试，即对被测模拟量输入通道仅测试 S_i 为 S_{min} 及 S_{max} 两个点。

3）模拟量和温度量输入通道共模抑制比、串模抑制比测试。

a. 共模抑制比测试。本项测试应只在型式试验时进行，仅适用于对地绝缘的输入通道。其共模电压值由 DL/T 578《水电厂计算机监控系统基本技术条件》或受检产品

119

技术条件规定。

共模抑制比计算公式为

$$CMRR = 20\lg\frac{U_c}{\Delta U} \tag{5-2}$$

式中　$CMRR$——共模抑制比，dB；

　　　　U_c——共模干扰的直流或交流峰值电压，V；

　　　　ΔU——施加共模干扰电压前后的示值变化所对应的输入电压变化，V。

共模干扰影响试验分交流干扰影响试验和直流干扰影响试验两种。两种共模干扰影响试验接线示意图如图 5-3、图 5-4 所示。

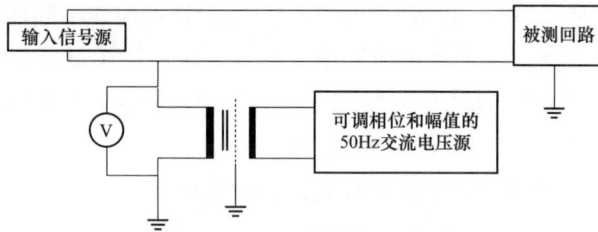

图 5-3　交流共模干扰影响试验接线示意图

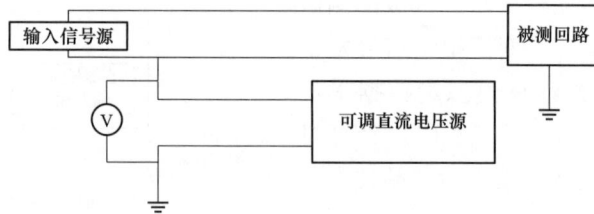

图 5-4　直流共模干扰影响试验接线示意图

测试时先在被试回路输入端加量程范围 50％的输入信号，然后逐渐加大共模干扰电压（直流或工频交流）至受检产品技术条件规定值，记录所加共模干扰电压 U_c 及被试回路的显示或记录值变化，并将该变化折算为等价的输入电压变化 ΔU，按式（5-2）计算共模抑制比。测试结果应满足 DL/T 578《水电厂计算机监控系统基本技术条件》或受检产品技术条件规定。

b. 串模抑制比测试。本项测试应只在型式试验时进行。其串模电压值由 DL/T 578《水电厂计算机监控系统基本技术条件》或受检产品技术条件规定。

串模抑制比计算公式为

$$SMRR = 20\lg\frac{U_s}{\Delta U} \tag{5-3}$$

式中　$SMRR$——串模抑制比，dB；

　　　　U_s——串模干扰交流峰值电压，V；

　　　　ΔU——施加串模干扰电压前后的示值变化所对应的输入电压变化，V。

串模抑制比测试线路如图 5-5 所示。测试时先在被试回路输入端加量程范围 50％的输入信号，然后逐渐加大工频交流串模干扰信号至串模干扰电压峰值与输入信号电压之和不超过被试回路量程范围，记录所加串模干扰电压 U_s 及被试回路的显示或记录值变化，并将该变化折算为等价的输入变化 ΔU，按式（5-3）计算串模抑制比。

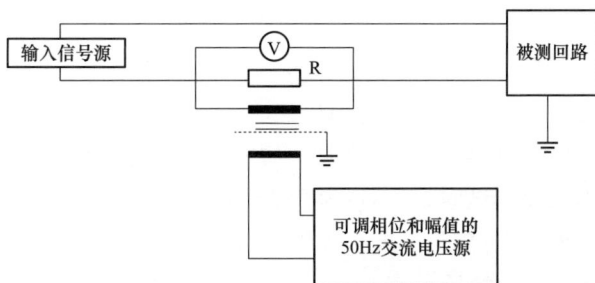

图 5-5　串模干扰影响试验示意图

3. 交流量输入通道数据采集误差测试

（1）从交流量输入端子接入相应的交流量信号发生器及精度至少比受检产品技术条件要求高一级的测试仪表，如图 5-6 所示。

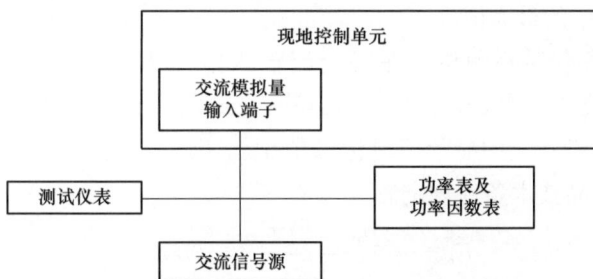

图 5-6　交流模拟量输入通道测试接线示意图

保持输入量频率为 50Hz，谐波分量为 0。依次施加 0、20、40、60、80、100V 交流电压和 0、1、2、3、4、5A 交流电流（若电流互感器为 0～1A 的，则依次施加 0、0.2、0.4、0.6、0.8、1A 交流电流）。输入信号乘以工程系数或比例系数后求得的理论工程值分别记为 U_i、I_i；该交流量在人机接口设备上的显示值或记录值记为 U_o、I_o，按式（5-4）及式（5-5）计算其基本误差 E_U 及 E_I，应满足受检产品技术条件规定。

$$E_U = \frac{U_o - U_i}{AF} \times 100\% \tag{5-4}$$

$$E_I = \frac{I_o - I_i}{AF} \times 100\% \tag{5-5}$$

式中　AF——输出基准值。

基本误差取 E_U 和 E_I 中的最大值。

（2）有功功率、无功功率基本误差测试。保持交流输入电压为 100V，频率为 50Hz，功率因数为参比条件。改变输入电流为 0、1、2、3、4、5A（若电流互感器为 0～1A 的，则依次施加 0、0.2、0.4、0.6、0.8、1A 交流电流）。输入信号实测值乘以工程系数或比例系数后求得的理论工程值分别记为 P_i、Q_i；该交流量在人机接口设备上的显示值或记录值记为 P_o、Q_o，按式（5-6）及式（5-7）计算其基本误差 E_P 及 E_Q，应满足受检产品技术条件规定。

$$E_P = \frac{P_o - P_i}{AF} \times 100\% \tag{5-6}$$

$$E_Q = \frac{Q_o - Q_i}{AF} \times 100\% \tag{5-7}$$

输入电流在从零到标称值内任一电流时，功率因数参比条件：

1）有功功率基本误差测试时，$\cos\varphi$ 为 0.5（滞后）～1～0.5（超前）；

2）无功功率基本误差测试时，$\sin\varphi$ 为 0.5（滞后）～1～0.5（超前）。

基本误差取 E_P 和 E_Q 中的最大值。

（3）频率基本误差测试。保持交流输入电压为 100V，依次改变信号频率为 45、47、49、50、51、53、55Hz。输入信号频率值记为 f_i；在人机接口设备上的显示值或记录值记为 f_o，按式（5-8）计算其基本误差 E_f，应满足受检产品技术条件规定。

$$E_f = \frac{f_o - f_i}{AF} \times 100\% \tag{5-8}$$

基本误差取 E_f 中的最大值。

（4）功率因数基本误差测试。保持交流输入电压为 100V，电流为 5A，频率为 50Hz。依次改变相位角 φ 为 0°、±30°、±45°、±60°、±90°。输入信号功率因数值记为 PF_i；在人机接口设备上的显示值或记录值记为 PF_o，按式（5-9）计算其基本误差 $E_{\cos\varphi}$，应满足受检产品技术条件规定。

$$E_{\cos\varphi} = \frac{PF_o - PF_i}{AF} \times 100\% \tag{5-9}$$

基本误差取 $E_{\cos\varphi}$ 中的最大值。

4. 开关量输出通道测试

在开关量输出通道的输出端子上接入监测输出状态的万用表或示波器等其他检测仪器。从监控系统人机接口或调试终端将开关量输出置为"0"或"1"。通过监控系统人机接口、模件级输出状态显示器件及接于输出端子上的外接检测仪器检查输出通道的动作结果，应与实际设置一致。

5. 模拟量输出通道测试

在模拟量输出通道的输出端子上接入精度至少比受检产品技术条件要求高一级的测试仪器。从监控系统人机接口或调试终端改变模拟量输出的设置值。根据外接仪器所测得的实测值计算模拟量输出的精度，应满足受检产品技术条件规定。

6. 计算量数据采集与处理功能测试

发电机、线路及电厂高压母线当前的工况、主辅设备的动作次数、运行时间、检修时间、电能量的累加及分时计量、温度保护的启动条件等都属于计算量。

根据受检产品技术条件所规定的测点数学模型，模拟其输入条件，检验其数据采集与处理的正确性，应符合受检产品技术条件规定。

7. 其他数据处理功能测试

其他数据处理功能如事故追忆等由受检产品技术条件规定的功能。根据受检产品技术条件规定，模拟其启动条件，检验其处理的正确性。

二、控制功能测试

用模拟装置或仿真程序模拟控制对象行为，通过各种人机接口设备发出控制命令或模拟启动条件启动控制流程，控制执行过程（包括成功与失败）中所产生的提示、报警、记录及相应处理等应满足受检产品技术条件规定，且最终的控制流程及设置的有关参数应与现场设备要求一致。工厂试验阶段应对全部控制流程及每一流程的全部分支进行测试。

三、同期功能测试

用继保测试仪等设备模拟系统侧、待并侧交流电压的各种情况，通过继保测试仪等设备模拟同期装置两侧电压的频率、电压和相位等情况，对全部同期工作过程进行测试，检测同期装置工作过程是否满足技术条件规定。

四、功率调节功能测试

用外部模拟装置或内部程序模拟被控对象行为，根据受检产品技术条件要求或受检计算机监控系统所具有的机组功率调节的限制功能、保护功能（例如最大、最小功率限制，最大定子电流限制，最大转子电流限制，调节超时保护，负荷差保护等）及限制功能和保护功能的动作条件，改变输入的模拟量信号值或数字量信号状态，检查功率调节的限制、保护动作的正确性。

五、负荷成组控制功能测试

用模拟装置或仿真程序模拟控制对象行为，根据 DL/T 1040《电网运行准则》和电站所在电网调度机构规定的要求，检查负荷成组控制功能的正确性。主要包括如下功能测试：

1. 人机接口功能测试

（1）全厂成组、单机成组控制功能的投退。

（2）成组控制工作方式（如功率调节开环/闭环、开停机控制功能投入/退出等）的切换。

（3）成组控制方式（如厂站/调度、负荷曲线/定值方式等）的切换，应注意检查各种控制方式切换时是否符合受检产品技术条件规定的约束条件。

（4）基本参数（如最大/最小功率、振动区、人工设定水头、调频范围等）的设置。

（5）控制目标参数（如全厂总有功功率给定值、负荷曲线等）的设置。

2. 各种控制方式下成组控制运算结果正确性测试

在各种控制方式下，应对机组最佳运行组合、开停机顺序、机组间负荷分配、小负荷分配、一次调频配合等的正确性进行测试。

3. 成组控制的各种约束条件测试

对成组控制给定功率的最大/最小功率限制、负荷变化梯度及避开机组的振动区等的正确性进行测试。

4. 成组控制的各种保护功能测试

电厂发生各种事故或故障（包括电力系统故障、电站机组故障、应用系统故障和输入/输出故障）时，对成组控制全部或部分自动退出等功能进行测试。

六、自动电压控制功能测试

用模拟装置或仿真程序模拟控制对象行为，根据 DL/T 1040《电网运行准则》和电站所在电网调度机构规定的要求，检查自动电压控制功能的正确性。主要包括如下功能测试：

1. 人机接口功能测试

（1）全厂自动电压控制、单机自动电压控制功能的投退。

（2）自动电压控制工作方式（如电压调节的开环/闭环）的切换。

（3）自动电压控制方式（如厂站/调度、电压曲线/定值方式等）的切换，应检查各种控制方式切换时是否符合受检产品技术条件规定的约束条件。

（4）基本参数（如各机组的最大/最小无功功率、电压死区等）的设置。

（5）控制目标参数（如全厂总无功功率给定值、电压曲线等）的设置。

2. 各种控制方式下自动电压控制运算结果正确性测试

在各种控制方式下，应对机组间负荷分配、变压器分接头控制等运算结果的正确性进行测试。

3. 自动电压控制的各种约束条件测试

对自动电压控制给定无功功率的最大/最小功率限制、负荷变化梯度、$P\text{-}Q$ 功率限制曲线、励磁保护限制、成组控制协调运行等的正确性进行测试。

4. 自动电压控制的各种保护功能测试

应对电厂发生各种事故或故障（包括电力系统故障、电站机组故障、应用系统故障和输入/输出故障）时，自动电压控制全部或部分自动退出等功能进行测试。

七、人机接口功能检查

根据受检产品技术条件要求，检查各项人机接口功能的正确性。主要包括如下功能检查：

（1）通过改变从生产过程接口输入的数据及状态，检查画面显示和打印的正确性。

（2）检查控制命令的正确性、唯一性、可靠性。

（3）检查参数、状态设置或修改的正确性、可靠性。

（4）检查报警、提示、光字报警、音响、语音、记录、授权的正确性。

（5）检查各种报表显示、打印的正确性。

（6）检查历史事件一览表、历史曲线和事故追忆查询的正确性。

（7）受检产品技术条件规定的其他人机接口功能的检查。

八、系统时钟同步测试

根据受检产品技术条件要求，检查系统时钟同步功能的正确性。主要包括如下功能检查：

（1）系统各人机接口设备上所显示的时钟（年、月、日、时、分、秒）应与标准时钟（卫星同步时钟）一致。

（2）修改某个节点的时钟，在 3min 内该节点时钟应能自动与时钟同步装置的时钟恢复同步。

（3）时钟同步装置故障时系统应能正常工作。

（4）主从时钟应一致，进行主从切换时系统时间不应突变。

九、外部通信功能测试

根据受检产品技术条件规定，对受检系统与各级调度及其他外部系统和设备（如生产管理系统、调速系统、励磁系统、继电保护系统、智能仪表等）的通信功能，根据通信规约用计算机模拟通信对侧设备或直接用实际设备进行测试，应满足通信功能要求。

对具有冗余配置的通道，人为退出工作通道，其备用通道应自动投入工作，不应在切换过程中出错或出现死机。

十、应用软件组态功能测试

根据受检产品技术条件规定，检查应用软件组态功能（如画面、测点定义、控制流程的修改及增删等）功能的正确性。

十一、系统自诊断及自恢复功能测试

根据受检产品技术条件要求，检查系统自诊断及自恢复功能的正确性。主要包括如下功能检查：

（1）系统加电或重新启动，检查系统是否能正常启动。

（2）模拟应用系统故障，检查系统是否能自恢复。

（3）模拟各种功能模件、外围设备、通信接口等故障，检查相应的报警和记录是否正确。

（4）对热备冗余配置的设备（如主机、网络、现地控制单元 CPU 等），模拟工作设备故障，检查备用设备是否自动升为工作设备、切换前后数据是否一致、各项任务是否连续执行，不应出现死机或误动。

十二、CPU 负荷率等性能测试

对 CPU 负荷率等性能有明确规定的系统，在计算机上通过命令或操作系统界面显示并记录 CPU 负荷率、内存占有率、磁盘使用率等参数，并通过统计，求出其最大值，各项指标应满足受检产品技术条件规定。

十三、其他功能测试

其他功能是指除上述外的功能，如生产运行管理及指导等功能，根据受检产品技术条件进行测试。

其他功能应满足受检产品技术条件规定。

十四、连续通电检验

根据受检产品技术条件的规定，在完成检验、验收项目的测试后，应进行不少于72h的连续通电检验。检验过程中应定时（如每隔12h）进行一次选项测试或检查，发现产品质量问题时即中止检验，待问题解决后重新开始检验。

✤ 第三节　出　厂　验　收　试　验

出厂验收试验是为了验证抽水蓄能电站计算机监控系统能否满足合同及其技术协议要求所进行的检验。

抽水蓄能电站计算机监控系统出厂前都应进行出厂验收试验。出厂验收试验由制造单位和用户共同负责进行。出厂验收结束后，双方签署出厂验收纪要，对出厂验收的结果做出评价。如产品还存在不满足受检产品技术条件的要求时，应在出厂验收纪要中提出处理意见及完成期限，由制造单位负责处理。

计算机监控系统出厂验收试验项目及方法同工厂试验项目及方法。

✤ 第四节　现　场　试　验　和　验　收

现场试验和验收是整个产品验收环节中最重要的一部分，是现场对每一个数据、每个控制和功能正确性进行试验和验证，为计算机监控系统实际投入运行做准备。

现场试验和验收如果是分阶段进行的，则每阶段试验和验收合格后，双方签署阶段性现场验收纪要；待现场试验和验收全部结束后，双方签署最终的现场验收文件。

通过现场投运试验，如产品还存在不满足受检产品技术条件的缺陷时，应在阶段性现场验收纪要中提出处理要求及完成期限，由制造单位负责处理。

下面将详细介绍抽水蓄能电站计算机监控系统现场试验项目和调试过程。

一、现场开箱检查

设备到达现场后，应进行开箱验货。现场开箱检查内容包括：

1. 产品外观检

盘柜布局合理，产品表面没有明显的凹痕、划伤、裂缝、变形和污染等。表面涂镀层应均匀，无起泡、龟裂、脱落和磨损。金属零部件无松动及其他机械损伤。内部元器件的安装及内部连线正确、牢固无松动，键盘、鼠标、开关、按钮和其他控制部件的操作灵活可靠，接线端子的布置及内部布线合理、美观、标志清晰。

2. 产品软硬件配置检查

检查产品的软硬件配置，其数量、型号、性能等符合受检产品技术条件规定。

3. 产品技术文件的检查

检查产品（包括外购配套设备）的有关技术文件，应完整、统一、有效。提供的文件在受检产品技术条件中规定，一般包括下列内容：

（1）系统结构图（含网络布线图、电源配置图）；

（2）机柜机械安装、配置图；

（3）机柜设备布置图、原理图、端子图；

（4）产品使用说明书、维护说明书；

（5）全部外购设备资料；

（6）设备清单；

（7）产品出厂检验合格证（包括外购产品）。

二、回路检查

根据电站计算机监控系统的图纸、资料和设计院的施工图纸仔细检查监控系统现地控制单元的内部接线和外部I/O信号接线。外部I/O接线应检查到采集设备的接口端子上，确认接线无误且牢固可靠；各类传感器、变送器、智能仪器仪表接线正确，外接电源电压等级和相序正确，接地点可靠接地。

三、设备上电试验

逐项、分步对各设备进行通电检查。检查电源、可编程逻辑控制器、输入/输出模件回路工作是否正常，确认系统和网络配置是否正确，核实各应用软件工作是否正常。

四、考机试验

将监控系统连续不间断地进行全面考机，根据系统的技术协议要求确定考机时间，一般为72h连续不间断。在这个过程中安排技术人员运行值守，注意各电源、可编程逻辑控制器、输入/输出模件、自动化元器件等设备工作情况，定期检查监控系统各项功能是否正常。

五、功能检查

核查监控系统的测点、画面、运行报表、历史记录、时钟同步、控制流程、语音报警、数据库定义、对外通信等内容，确认计算机监控系统的测点定义、控制流程及防误闭锁条件等应用程序是否满足设计和本电站的实际需求。

六、输入/输出接口试验

对每个现地控制单元均依据设计院提供的接线图按回路对输入、输出接口做相应的调试。

1. 开关量输入（DI）

根据具体测点要求，操作现场设备，进行开关量输入信号变位测试，通过监控系统人机接口检查显示及有关记录，应与实际现场设备状态一致。

2. 开关量输出（DO）

从监控系统人机接口或试验终端将开关量输出置为"0"或"1"，通过监控系统人机接口、继电器输出状态及实际现场设备检查动作结果，应与设置状态一致。

3. 模拟量输入（AI）

根据现场设备要求设置模拟量输入信号的高、低量程，通过人机接口直接读取模拟量实测值，并与现场设备模拟量测值比较，若测值在测量精度允许范围内，则认为合格，否则，应进一步对有问题的测点进行检查和处理。

4. 模拟量输出（AO）

从监控系统人机接口或试验终端改变模拟量输出的设置值，通过现场设备试验终端直接读取模拟量实测值，并与设置值比较，若测值在测量精度允许范围内，则认为合格，否则，应进一步对有问题的测点进行检查和处理。

5. 温度量输入（TI）

通过监控系统人机接口直接读取各温度量实测值，采用同组测值一致性对比的方式进行检查，若同组测值的离散值在测量精度允许范围内，则认为合格，否则，应进一步对有问题的测点进行检查和处理。

七、通信接口试验

根据外部设备通信要求，进行通信组态，建立通信连接，当通信正常后，根据通信点表逐点核对通信测点，检查监控系统与外部设备通信功能是否满足要求。

八、单点联动试验

从监控系统的人机接口单点发出控制指令，联动被控设备，检查被控设备的动作情况及反馈信号的正确性。单点联动试验可以结合开关量输出接口调试一起试验。

九、同期功能试验

根据试验人员提供的断路器实测动作时间设定同期装置导前时间、电压差、频率差等同期参数，做好安全措施，用继保测试仪等设备模拟系统侧、待并侧交流电压的各种情况，通过继保测试仪等设备模拟同期装置两侧电压的频率、电压和相位等情况，对全部同期工作过程进行测试，检测同期装置工作过程是否满足技术条件规定。

十、控制流程静态试验

控制流程的静态试验是对流程执行情况的模拟仿真，是对控制流程每一步骤的正确性和完整性功能试验，其目的是检查控制流程设计和编译的正确性，检查执行步骤、反馈信号、限时等整定值，检查流程设计是否满足工况要求以及各种控制受阻时的流程退出、报警、登录的正确性。

断开现场不允许操作设备的操作回路，接入模拟装置或仿真程序模拟现场不允许操作设备反馈信号，通过人机接口设备发出控制命令或模拟启动条件启动控制流程，根据控制流程执行情况人工改变模拟信号以满足控制流程要求，对控制流程每一步骤都做完整性功能试验。

以下主要介绍机组工况转换控制流程静态试验内容。

1. 机组发电控制流程静态试验

（1）试验条件：输入/输出回路检查工作已完成。

（2）试验步骤：

1）试验准备：

a. 关闭上库进出水口闸门，并断开其操作电源。

b. 关闭机组尾水闸门，并断开其操作电源。

c. 分开机组换相隔离开关，并断开其操作电源。

d. 分开机组拖动隔离开关和被拖动隔离开关，并断开其操作电源。

e. 断开其他不允许操作设备的控制回路。

f. 关闭机组进水阀，控制方式在"远方"。

g. 分开机组出口断路器，控制方式在"远方"。

h. 现场允许操作的设备则直接操作，不允许操作的设备先接入模拟信号，无法模拟的信号再通过现地控制单元强制模拟信号。

2）静态试验：将机组现地控制单元控制方式设置成单步执行模式，从监控系统人机接口发出机组发电控制命令，检查发电控制流程的正确性。

2. 机组静止变频器抽水静态试验

（1）试验条件：输入/输出回路检查工作已完成。

（2）试验步骤：

1）试验准备：

a. 关闭上库进出水口闸门，并断开其操作电源。

b. 关闭机组尾水闸门，并断开其操作电源。

c. 分开机组换相隔离开关，并断开其操作电源。

d. 断开其他不允许操作的设备的控制回路。

e. 关闭机组进水阀，控制方式在"远方"。

f. 分开机组出口断路器，控制方式在"远方"。

g. 分开机组被拖动隔离开关，控制方式在"远方"。

h. 分开机组拖动隔离开关，控制方式在"远方"。

i. 关闭机组调相压水系统各控制阀。

j. 分开启动母线隔离开关，控制方式在"远方"。

k. 现场允许操作的设备则直接操作，不允许操作的设备先接入模拟信号，无法模拟的信号再通过现地控制单元强制模拟信号。

2）静态试验：将机组现地控制单元控制方式设置成单步执行模式，从监控系统人机接口发出机组静止变频器抽水控制命令，检查静止变频器抽水控制流程的正确性。

3. 机组背靠背抽水静态试验

（1）试验条件：输入/输出回路检查工作已完成。

（2）试验步骤：

1）试验准备：

a. 关闭上库进出水口闸门，并断开其操作电源。

b. 关闭拖动机组尾水闸门，并断开其操作电源。

c. 分开拖动机组换相隔离开关，并断开其操作电源。

d. 关闭被拖动机组尾水闸门，并断开其操作电源。

e. 分开被拖动机组换相隔离开关，并断开其操作电源。

f. 断开其他不允许操作的设备的控制回路。

g. 关闭拖动机组进水阀，控制方式在"远方"。

h. 分开拖动机组出口断路器，控制方式在"远方"。

i. 分开拖动机组被拖动隔离开关，控制方式在"远方"。

j. 分开拖动机组拖动隔离开关，控制方式在"远方"。

k. 关闭拖动机组调相压水系统各控制阀。

l. 关闭被拖动机组进水阀，控制方式在"远方"。

m. 分开被拖动机组出口断路器，控制方式在"远方"。

n. 分开被拖动机组被拖动隔离开关，控制方式在"远方"。

o. 分开被拖动机组拖动隔离开关，控制方式在"远方"。

p. 关闭被拖动机组调相压水系统各控制阀。

q. 分开启动母线隔离开关，控制方式在"远方"。

r. 现场允许操作的设备则直接操作，不允许操作的设备先接入模拟信号，无法模拟的信号再通过现地控制单元强制模拟信号。

2）静态试验：将机组现地控制单元控制方式设置成单步执行模式，从监控系统人机接口发出机组背靠背抽水控制命令，检查背靠背抽水控制流程的正确性。

4. 机组抽水转发电静态试验

（1）试验条件：输入/输出回路检查工作已完成。

（2）试验步骤：

1）试验准备：

a. 关闭上库进出水口闸门，并断开其操作电源。

b. 关闭机组尾水闸门，并断开其操作电源。

c. 分开机组换相隔离开关，并断开其操作电源。

d. 分开机组拖动隔离开关，并断开其操作电源。

e. 分开机组被拖动隔离开关，并断开其操作电源。

f. 断开其他不允许操作的设备的控制回路。

g. 关闭机组进水阀，控制方式在"远方"。

h. 分开机组出口断路器，控制方式在"远方"。

i. 现场允许操作的设备则直接操作，不允许操作的设备先接入模拟信号，无法模拟的信号再通过现地控制单元强制模拟信号。

2）静态试验：将机组现地控制单元控制方式设置成单步执行模式，从监控系统人机接口发出机组抽水转发电控制命令，检查抽水转发电控制流程的正确性。

5. 机组事故停机静态试验

（1）试验条件：输入/输出回路检查工作已完成。

（2）试验步骤：

1）试验准备：

a. 关闭上库进出水口闸门，并断开其操作电源。

b. 关闭机组尾水闸门，并断开其操作电源。

c. 分开机组换相隔离开关，并断开其操作电源。

d. 分开机组拖动隔离开关，并断开其操作电源。

e. 分开机组被拖动隔离开关，并断开其操作电源。

f. 断开其他不允许操作的设备的控制回路。

g. 关闭机组进水阀，控制方式在"远方"。

h. 分开机组出口断路器，控制方式在"远方"。

i. 现场允许操作的设备则直接操作，不允许操作的设备先接入模拟信号，无法模拟的信号再通过现地控制单元强制模拟信号。

2）机械事故停机控制流程静态试验。从监控系统人机接口发令和模拟现场各种机械事故，检查机械事故停机控制流程的正确性。

3）电气事故停机控制流程静态试验。从监控系统人机接口发令和模拟现场各种电气事故，检查电气事故停机控制流程的正确性。

4）紧急事故停机控制流程静态试验。从监控系统人机接口发令和模拟现场各种紧急事故，检查紧急事故停机控制流程的正确性。

十一、控制流程动态试验

控制流程的动态试验是结合机组整组启动调试进行的，通过流程与子系统及设备之间的控制操作，检查控制流程设计是否满足机组启停和工况转换的要求，检查控制流程执行步骤、设备反馈信号、限时等整定值的正确性，以及控制受阻时的流程退出、报警的正确性。

动态调试的另一个重要内容是设置和验证流程每一步骤时间，并通过流程步骤的优化使得流程执行时间满足合同或电网调度的要求。步骤时间的设置使流程在执行每一步时都会触发计时器计时，一旦流程受阻，将自动报警、记录受阻的步骤，而机组自动控制方式下，流程受阻则自动退出原先执行的流程，转入停机流程。

以下主要介绍机组工况转换控制流程动态试验内容。

1. 机组发电控制流程动态试验

（1）试验条件。

1）机组及附属设备具备启动条件。

2）系统倒送电至主变压器低压侧。

3）上、下库水位满足机组启动条件。

（2）试验步骤。

1）试验准备：

a. 检查确认机组换相隔离开关在分闸位置，控制方式在"远方"。

b. 检查确认机组出口断路器分闸位置，控制方式在"远方"。

c. 检查确认机组换相隔离开关侧接地开关、机组拖动隔离开关侧接地开关、机组被拖动隔离开关侧接地开关在分闸位置。

d. 检查确认机组电制动开关在分闸位置，控制方式在"远方"。

e. 检查确认机组拖动隔离开关、机组被拖动隔离开关在分闸位置，控制方式在"远方"。

f. 检查确认发电机保护、变压器保护全部投入。

g. 检查确认主变压器冷却器在远方控制方式。

h. 检查确认机组及附属设备具备启动条件。

2）动态试验：将机组现地控制单元控制方式设置成单步执行模式，从监控系统人机接口发出机组发电控制命令，检查发电控制流程的正确性。

待单步执行正常后，再将机组现地控制单元控制方式设置成自动执行模式，从监控系统人机接口发出机组发电控制命令，检查发电控制流程的正确性。

2. 机组静止变频器抽水动态试验

（1）试验条件：

1）机组及附属设备具备启动条件；

2）静止变频器具备启动条件；

3）启动母线隔离开关具备启动条件；

4）系统倒送电至主变压器低压侧；

5）上、下库水位满足机组启动条件。

（2）试验步骤：

1）试验准备：

a. 检查确认静止变频器抽水启动机组换相隔离开关在分闸位置，控制方式在"远方"。

b. 检查确认静止变频器抽水启动机组出口断路器在分闸位置，控制方式在"远方"。

c. 检查确认静止变频器抽水启动机组换相隔离开关侧接地开关、拖动隔离开关侧接地开关、被拖动隔离开关侧接地开关在分闸位置。

d. 检查确认静止变频器抽水启动机组电制动开关在分闸位置，控制方式在"远方"。

e. 检查确认静止变频器抽水启动机组拖动隔离开关、被拖动隔离开关在分闸位置，控制方式在"远方"。

f. 检查确认静止变频器输入开关在分闸位置，控制方式"远方"。

g. 检查确认静止变频器输出开关在分闸位置，控制方式"远方"。

h. 检查确认发电机保护、变压器保护全部投入。

i. 检查确认主变压器冷却器在远方控制方式。

j. 检查确认启动母线隔离开关在分闸位置，控制方式"远方"；启动母线接地开关在分闸位置。

2）动态试验：

将机组现地控制单元控制方式设置成单步执行模式，从监控系统人机接口发出机组静止变频器抽水控制命令，检查静止变频器抽水控制流程的正确性。

待单步执行正常后，再将机组现地控制单元控制方式设置成自动执行模式，从监控系统人机接口发出机组静止变频器抽水控制命令，检查静止变频器抽水控制流程的正确性。

3. 机组背靠背抽水动态试验

（1）试验条件：

1）背靠背拖动机组及附属设备具备启动条件；

2）背靠背被拖动机组及附属设备具备启动条件；

3）启动母线隔离开关具备启动条件；

4）系统倒送电至主变压器低压侧；

5）上、下库水位满足机组启动条件。

（2）试验步骤：

1）试验准备：

a. 检查确认拖动机组换相隔离开关在分闸位置，控制方式在"远方"。

b. 检查确认拖动机组出口断路器在分闸位置，控制方式在"远方"。

c. 检查确认拖动机组换相隔离开关侧接地开关、拖动隔离开关侧接地开关、被拖动隔离开关侧接地开关在分闸位置。

d. 检查确认拖动机组电制动开关在分闸位置，控制方式在"远方"。

e. 检查确认拖动机组拖动隔离开关、被拖动隔离开关在分闸位置，控制方式在"远方"。

f. 检查确认被拖动机组换相隔离开关在分闸位置，控制方式在"远方"。

g. 检查确认被拖动机组出口断路器在分闸位置，控制方式在"远方"。

h. 检查确认被拖动机组换相隔离开关侧接地开关、拖动隔离开关侧接地开关、被拖动隔离开关侧接地开关在分闸位置。

i. 检查确认被拖动机组电制动开关在断开位置，控制方式在"远方"。

j. 检查确认被拖动机组拖动隔离开关、被拖动隔离开关在分闸位置，控制方式在"远方"。

k. 检查确认静止变频器输入开关在分闸位置，控制方式"远方"。

l. 检查确认静止变频器输出开关在分闸位置，控制方式"远方"。

m. 检查确认发电机保护、变压器保护全部投入。

n. 检查确认主变压器冷却器在远方控制方式。

o. 检查确认启动母线隔离开关在分闸位置，控制方式在远方；启动母线接地开关在分闸位置。

2）动态试验：将机组现地控制单元控制方式设置成单步执行模式，从监控系统人机接口发出机组背靠背抽水控制命令，检查背靠背抽水控制流程的正确性。

待单步执行正常后，再将机组现地控制单元控制方式设置成自动执行模式，从监控系统人机接口发出机组背靠背抽水控制命令，检查背靠背抽水控制流程的正确性。

4. 机组抽水转发电动态试验

（1）试验条件：

1）机组及附属设备具备启动条件；

2）系统倒送电至主变压器低压侧；

3）上、下库水位满足机组启动条件。

（2）试验步骤：

1）试验准备：

a. 检查确认机组换相隔离开关在分闸位置，控制方式在"远方"。

b. 检查确认机组出口断路器在分闸位置，控制方式在"远方"。

c. 检查确认机组换相隔离开关侧接地开关、机组拖动隔离开关侧接地开关、机组被拖动隔离开关侧接地开关在分闸位置。

d. 检查确认机组电制动开关在分闸位置，控制方式在"远方"。

e. 检查确认机组拖动隔离开关、机组被拖动隔离开关在分闸位置，控制方式在"远方"。

f. 检查确认发电机保护、变压器保护全部投入。

g. 检查确认主变压器冷却器在远方控制方式。

2）动态试验：将机组现地控制单元控制方式设置成单步执行模式，从监控系统人机接口发出机组抽水转发电控制命令，检查抽水转发电控制流程的正确性。

待单步执行正常后，再将机组现地控制单元控制方式设置成自动执行模式，从监控系统人机接口发出机组抽水转发电控制命令，检查抽水转发电控制流程的正确性。

5. 机组事故停机动态试验

（1）试验条件：

1）机组及附属设备具备启动条件；

2）系统倒送电至主变压器低压侧；

3）上、下库水位满足机组启动条件。

（2）试验步骤：

1）试验准备：

a. 检查确认机组换相隔离开关在分闸位置，控制方式在"远方"。

b. 检查确认机组出口断路器在分闸位置，控制方式在"远方"。

c. 检查确认机组换相隔离开关侧接地开关、机组拖动隔离开关/被拖动隔离开关侧接地开关在分闸位置。

d. 检查确认机组电制动开关在分闸位置，控制方式在"远方"。

e. 检查确认机组拖动隔离开关、机组被拖动隔离开关在分闸位置，控制方式在"远方"。

f. 检查确认发电机保护、变压器保护全部投入。

g. 检查确认主变压器冷却器在远方控制方式。

2）机械事故停机控制流程动态试验。从监控系统人机接口发令和实际触发现场各种机械事故，检查机械事故停机控制流程的正确性。

3）电气事故停机控制流程静态试验。从监控系统人机接口发令和实际触发现场各种电气事故，检查电气事故停机控制流程的正确性。

4）紧急事故停机控制流程静态试验。从监控系统人机接口发令和实际触发现场各种紧急事故，检查紧急事故停机控制流程的正确性。

6. 同期并网试验

（1）试验条件：

1）确认检查 TV 一次回路相序并正确无误。

2）同期装置的参数已根据现场提供的参数设置：

a. 允许频率差和允许电压差：对于线路型同期开关，此参数一般可以用默认值；对于机组型同期开关，为了避免机组并网时出现进相，一般将允许频差低限、允许电压差低限设置为 0 或正值。

b. 导前时间：一般在现场测量每个同期断路器的合闸时间，导前时间一般还需加上同期装置内部继电器动作时间，因此实际导前时间为同期断路器合闸时间＋同期装置内部继电器动作时间（10～15ms），最终导前时间应根据合闸效果进行调整，以使合闸效果最佳。

c. 根据实际情况设定相角、电压补偿系数。

d. 对于机组型同期开关，需根据频率、电压调节效果调整频率、电压调节系数。

3）同期 TV 极性、相位检查：

a. 对线路侧断路器：在系统倒送电时进行此项工作，此时线路有压，母线无压，现场人员手动合上断路器进行并网，并网后断路器两侧电压应是同一个电压源，电压幅值、频率、相角应该相同，此时可以开始 TV 极性、相位检查。

b. 对机组出口断路器：在机组手动开到空载后，通过假同期试验进行此项工作，此时机组换相隔离开关分闸，将断路器两侧电压同时接入录波装置进行录波，启动同期装置同期合闸，检查合闸瞬间断路器两侧的电压录波波形，校核 TV 极性和相位。

（2）试验步骤：

1）假同期并网试验：

a. 由现场组织做好安全措施：断开机组换向隔离开关，并切至现地手动控制方式；退出机组控制流程中同期并网后的有功功率和无功功率调节功能。

b. 将机组现地控制单元控制方式设置成单步执行模式，从监控系统人机接口发令，强制换相隔离开关合位信号，将机组开至同期并网前状态。

c. 选择同期对象，并分别在手准和自准模式下启动同期装置进行同期并网。

d. 监视同期装置动作情况，并对合闸过程进行录波；检查录波波形，分析导前时间、频差、压差等参数设置是否合适。如参数设置不合适，重新设置同期参数，并重新做假同期并网试验。

e. 同期并网成功后，从监控系统人机接口发停机命令，执行停机控制流程。

f. 待机组停机后，拆除试验接线，并由现场人员恢复安全措施。

2）同期并网试验：假同期并网试验完成并正确无误后方可进行同期并网试验。同期并网试验时取消假同期并网试验中的安全措施，其余步骤同假同期并网试验。

7. 功率调节试验

（1）试验条件：

1）根据实际情况设定功率调节相关的各种控制保护闭锁参数。

2）检查确认有关功率调节的电气量采样正确。

3）由于现场实际情况限制，可能无法进行所有控制保护闭锁试验验证，在条件允许的情况下，尽可能对各种控制保护闭锁进行验证。

（2）试验步骤：

1）监控发令启动机组发电流程，机组并网运行至发电工况。

2）手动将机组有功功率带至振动区以上。

3）投入功率闭环调节，功率给定值突变±10％或其整数倍，直至运行中可能出现的最大突变值，改变功率调节参数，使功率调节品质满足现场运行要求。

4）根据水头变化情况，在不同水头重复本项试验，以确定各种水头下对应的最佳功率调节参数。

5）在条件允许的情况下，尽可能对功率调节所有控制保护闭锁进行试验验证。

十二、负荷成组控制功能测试

1. 厂站控制方式下成组控制功能测试

（1）将成组控制设置成“厂站”“开环”工作方式，检查不同控制方式切换的正确性，在不同控制方式下检查成组控制约束条件、保护闭锁、负荷分配运算和开停机操作等功能的正确性。

（2）上述测试结果正确后，将成组控制工作方式设置成“厂站”“闭环”，检查不同控制方式切换的正确性，在不同控制方式下检查成组控制约束条件、保护闭锁、负荷分配、功率调节、开停机操作执行的效果。

2. 调度控制方式下成组控制功能测试

（1）对远动通信信息的正确性进行测试。

（2）将成组控制设置成“调度”“开环”工作方式，对成组控制的各项功能（如从调度侧修改负荷曲线、全厂总有功功率给定值等）的正确性进行测试。

（3）上述测试结果正确后，将成组控制工作方式设置成“调度”“闭环”，对成组控制各项功能的执行正确性和性能指标进行测试。

3. 参数修改

现场试验过程中若发现受检产品技术条件所规定的成组控制功能或参数不能满足运行要求时，应按实际运行要求予以修改，并试验验证修改的正确性。

十三、自动电压控制功能测试

1. 厂站控制方式下自动电压控制功能测试

（1）将自动电压控制设置成"厂站""开环"工作方式，应在不同控制方式下检查自动电压控制的负荷分配运算等功能的正确性。

（2）上述测试结果正确后，将自动电压控制工作方式设置成"厂站""闭环"，在不同控制方式下检查自动电压控制的负荷分配、功率调节执行的效果。

2. 调度控制方式下自动电压控制功能测试

（1）对远动通信信息的正确性进行测试。

（2）将自动电压控制设置成"调度""开环"工作方式，对自动电压控制的各项功能（如修改电压曲线、全厂总无功功率给定等）的正确性进行测试。

（3）上述测试结果正确后，将自动电压控制工作方式设置成"调度""闭环"，对自动电压控制各项功能的执行正确性和性能指标进行测试。

3. 参数修改

现场试验过程中若发现受检产品技术条件所规定的自动电压控制功能或参数不能满足运行要求时，应按实际运行要求予以修改，并试验验证修改的正确性。

十四、15 天连续试运行试验

机组所有试验结束后，系统恢复到最终现场运行状态，进入 15 天连续试运行考核，15 天连续运行考核中应定期检查厂站控制层设备和现地控制层设备的登录、操作、显示、报警、统计等功能是否正常。

十五、现场性能试验

现场性能试验是指抽水蓄能电站计算机监控系统在电站安装、试验和试运行后，由专业检测机构对设备性能进行全面检查，以验证设备性能是否满足技术要求。

1. 系统自诊断及自恢复性能试验

系统自诊断及自恢复性能试验主要包括如下功能检查：

（1）系统加电或重新启动，检查系统是否能正常启动，检查开关量和模拟量输出是否闭锁。

（2）模拟应用系统故障，检查系统是否自恢复。

（3）模拟各种功能模件、外围设备、通信接口等故障，检查相应的报警和记录是否正确。

（4）对冗余配置的设备（如主机、网络、现地控制单元等），模拟工作设备故障，检查备用设备是否自动升为工作设备、切换后数据是否一致、各项任务是否连续执行，不得出现死机和误动作。

2. 实时性能试验

实时性能试验主要包括如下功能检查：

（1）模拟量输入信号突变到监控系统平台数据显示改变的时间测试。

（2）开关量输入变位到监控系统平台数据显示改变或发出报警信息、音响的时间测试。

（3）控制命令执行时间测试。

（4）控制命令发出到画面响应时间测试。

（5）控制命令发出到单元层开始执行控制输出时间测试。

（6）调用新画面响应时间测试。

（7）在已显示画面上实时数据刷新时间测试。

（8）模拟量越复限事件产生到画面上报警信息显示时间测试。

（9）事件顺序记录事件产生到画面上报警信息显示时间测试。

（10）双机切换时间测试：人为退出正在运行的主机，备机应自动投入工作，测出其切换时间，在切换过程中不得出错或出现死机。

实时性能指标应符合 DL/T 578《水电厂计算机监控系统基本技术条件》技术条件规定。

3. CPU 负荷率等性能试验

对 CPU 负荷率等性能指标有明确规定的系统，应在系统上通过命令或操作系统界面显示并记录 CPU 负荷率、内存占有率、磁盘使用率等指标，并通过统计，求出其最大值。上述各项指标应满足 DL/T 578《水电厂计算机监控系统基本技术条件》的规定。

4. 系统可利用率试验

计算机监控系统在电站安装、试验和试运行后，将对设备进行全面检查，若已符合合同技术要求，则应签发初步验收证书，同时开始持续 180 天的系统可利用率试验，系统可利用率不小于 99.97%。在试验过程中，如果发现产品质量问题时应立即中止系统可利用率试验，待问题解决后重新开始另一个 180 天的可利用率试验。

第六章

计算机监控系统运行操作及维护

　　计算机监控系统作为抽水蓄能电站的"大脑和中枢神经"，其运行操作及维护尤为重要。做好抽水蓄能电站计算机监控系统的运行及维护工作是保障电站安全稳定运行的基础。

　　本章主要介绍计算机监控系统运行管理、运行监视与操作、运行异常处理、日常巡检及维护管理、设备巡检和设备维护。

⚏ 第一节　计算机监控系统运行操作

　　运行值班人员要熟悉抽水蓄能电站生产过程和发电设备运行专业知识，通过专业培训上岗，需掌握电站计算机监控系统的正确使用和运行方法，遇到操作命令冲突或事故时，按照现地优先于厂站、厂站优先于调度的原则进行处理。控制权切换由现地控制单元柜中的"远方/现地/切除"切换把手实现，当切换把手置于"远方"时，由电站控制层控制；当切换把手置于"现地"时，由现地控制单元柜中的触摸屏控制；当切换把手置于"切除"时，禁止所有控制操作；事故停机操作不受"远方/现地"闭锁。

一、运行管理

　　运行操作执行工作监护制度，遵守电站计算机监控系统运行规程。运行值班人员通过计算机监控系统监视电站设备的运行情况，确保设备不超过规定参数运行，并及时确认监控系统报警信息，重要报警应到现场确认并报告值班负责人与维护人员。监控系统运行中的功能投入与退出，需按照现场运行规程执行并做好记录。当监控流程在执行过程中，运行操作人员需调出控制流程画面、事件报警窗口，监视控制流程执行情况，在正常监视调用画面或操作后及时关闭相应对话窗口。当监控系统出现异常情况时，运行值班人员按照现场运行规程操作步骤处理，并立即向主管调度汇报，同时及时通知维护人员查找原因。

二、运行监视与操作

（一）账户登录与退出
　　监控系统为电站各级别用户分别设置了不同的用户账户和权限。
　　运行值班人员在交接班过程中，需交代监控系统的运行状态及实施的临时性处理措施，包括信号闭锁、报警屏蔽等；交班后退出监控系统登录账户，接班人员再用专用登录授权，方可在监控系统进行操作。

运行值班人员接班后，待上一班运行值班人员退出监控系统登录账户后，输入专用登录账户，登录监控系统，然后检查监控系统的系统拓扑画面（硬件自诊断画面），电站联合控制画面，各机组控制、温度与振动摆度画面，一次主系统与厂用电画面，各系统液位与压力画面，以及信息栏，事件与故障一览表等功能正常，方可在进行运行监视与操作。

（二）运行监视与设备操作

1. 运行监视

运行值班人员在操作员工作站上对全站被控设备进行监视，如果发现异常及时汇报，填写设备缺陷记录，并及时联系维护人员消缺。

运行监视的项目包括：

（1）设备状态变化、故障、事故时闪光、音箱、语音等信号；

（2）设备状态及运行参数；

（3）控制与调节信息；

（4）需要获取的信号、状态、参数、信息等；

（5）同现场设备或表计核对信号、状态、参数、信息的正确性。

2. 设备操作

运行值班人员在操作员工作站或现地控制单元通过设置或改变运行方式、负荷给定值及运行参数限值等操作，完成对设备的控制与调节。

运行值班人员在进行机组工况转换，断路器、隔离开关的分合，机组功率调整命令或设置、修改给定值、限值等操作之前，需检查以下设备及功能处于正常状态：

（1）操作员工作站工作正常；

（2）主服务器工作正常；

（3）相关现地控制单元工作正常；

（4）操作员工作站、主服务器与相关现地控制单元通信正常。

操作时，首先调用有关被控对象的画面，选择被控对象，确认选择无误后，点击确认按钮，执行有关控制与调节操作。如发现执行或提示信息有误时，不得继续输入命令，需立即中断或撤销命令。

机组工况转换操作时，需监视控制流程执行情况，发现异常情况时，通过监控系统发命令或用紧急停机措施将机组转换到停机工况。

若自动顺序倒闸命令分合断路器或隔离开关达三个及以上操作项时，需执行工作监护制并全过程监视执行情况。

3. 成组控制操作

按照电力调度机构要求投入成组控制，如果成组控制故障退出，需报告调度部门并及时恢复，并记录投入、退出原因和时间。

成组控制投入运行时，运行值班人员需做好监视工作，保证功率、频率、电压在允许范围内，发现异常时及时进行调整并汇报上级调度部门。

成组控制退出运行时，运行值班人员根据调度指令调整机组功率。当已达到规定的设备最大、最小容量，而无法保证功率、频率在正常范围时，及时向调度部门汇报。

（三）历史数据查询

历史数据查询功能用于查询设备状态、设备操作信息及电气量、模拟量、温度量等曲线波形测值。

状态信息查询：可以根据状态类型或设备属性进行查询，也可以采用关键词快速查询。运行值班人员首先选择需要查询的状态信息，然后设置查询时间，再进行状态信息查询。

曲线查询：曲线查询支持多条曲线同时查询。运行值班人员首先选择需要查询的曲线测点，然后设置查询时间，再进行曲线查询。

三、运行异常处理

运行值班人员发现测点数据值异常突变、频繁跳变等情况，立即退出该测点，并采取必要措施，防止设备误动或监控系统资源占用；发现与机组功率测量有关的电气模拟量测点数据异常时，立即退出相应的功率调节控制功能，并联系维护人员检查。

测点故障、通信中断、掉电、程序失控、离线等引起设备远方监视和控制失效时，需采取现场监视方式或将设备转换到安全工况。

当机组发生严重危及人身、设备安全的重大事故时，运行值班人员需立即启动监控系统紧急停机流程或关闭进水口闸门等应急措施。

发生设备故障时，运行值班人员通过查询事件顺序记录、历史曲线及相关监视画面，进行综合分析判断，依据现场规程进行处理。监控系统的语音、闪光报警、弹出的事故处理指导画面，需予以记录，经值班负责人同意后才能复归或关闭。

对于操作员工作站的掉电、程序失控、离线故障，运行值班人员可以依据现场规程进行重新上电，恢复运行。如无法恢复，应联系维护人员处理。监控系统主机、通信机、现地控制单元的掉电、程序失控、离线、通信中断等故障，需联系维护人员处理。

四、日常巡检

运行值班人员需定期对监控系统设备进行巡回检查，查看监控系统画面、信息栏、一览表、光字报警、电源系统、网络设备、上位机设备和现地控制单元是否正常，如果发现缺陷应及时汇报，填写设备缺陷记录，并及时联系消缺。

（1）监控系统画面巡回检查主要包括以下内容：

1）监控系统拓扑图及网络信息画面；

2）主接线及运行监视设备画面；

3）厂用电系统运行画面；

4）非电量监测画面；

5）机组单元接线画面；

6）机组各部温度画面；

7）机组油、水、气系统运行画面；

8）机组振动与摆度监测画面；

9）事件报警一览表；

10）故障报警一览表；

11）信息栏窗口；

12）光字报警界面。

（2）监控系统上位机设备及电源系统的巡回检查主要包括以下内容：

1）计算机房空调设备运行情况和机房温度、湿度是否在规定的范围内；

2）计算机柜内各设备工作状态；

3）计算机柜内无设备异常报警；

4）实时数据服务器工作状态；

5）历史数据服务器工作状态；

6）调度通信服务器工作状态；

7）操作员工作站工作状态；

8）厂内通信服务器工作状态；

9）语音报警工作站运行状态；

10）工程师工作站工作状态；

11）打印机工作状态；

12）网络设备工作状态；

13）不间断电源设备环境温度、工作状态及故障报警信息。

（3）现地控制单元巡回检查主要包括以下内容：

1）检查现地控制单元设备机柜等外观；

2）检查现地控制单元盘柜内各电源开关状态；

3）检查现地控制单元机柜内温度、湿度是否在规定的范围内；

4）检查现地控制单元 PLC 各模件工作状态指示是否正常；

5）检查现地控制单元网络设备运行是否正常；

6）检查现地控制单元人机接口数据是否正常刷新，数据是否正常；

7）检查现地控制单元自动化装置及仪表工作状态指示是否正常；

8）检查现地控制单元通信管理设备通信状态指示是否正常；

9）检查现地控制单元时钟扩展装置工作指示灯是否正常。

꧁ 第二节　计算机监控系统维护

维护人员要熟悉抽水蓄能电站生产过程和相关专业知识，熟练掌握电站监控系统设计、控制流程和程序。

在现场进行检修维护工作前，需根据电站监控系统检修维护规程，制定检修维护实施方案，开取工作票，制定在检修维护工作全过程中确保系统安全运行的技术措施。并具备与实际状况一致的图纸资料、上次检验的记录、标准化作业指导书、合格的仪器仪表、备品备件、工具和连接导线等。

一、维护管理

监控系统维护工作采用授权方式管理，权限分为系统管理员和维护人员。系统管理员负责监控系统的账户、密码、权限管理和网络、数据库、系统安全防护的管理，监控系统中的其他维护工作可由维护人员完成。

系统管理员将所有账户及其口令的书面备份密封后交上级部门保存，以备紧急情况时使用。

系统维护人员持技术管理部门审定下发的技术方案或定值单，并开具工作票后，方可进行监控系统的程序修改、参数设置、限值整定等工作。工作完成后及时做好记录和作业交代，并将参数设置和限值整定的回执单在技术管理部门和中控室各存档一份。

监控系统软件修改后需进行代码安全性检查，并经过模拟测试和现场试验，合格后方可投入正式运行。实施软件修改前，对当前运行的应用软件进行备份并做好记录。修改实施完成后，做好最新应用软件的备份，及时更新软件版本管理台账、软件功能手册及相关运行手册。若软件改进涉及多台设备且不能一次完成时，宜采用软件改进跟踪表，及时跟踪记录改进的实施情况。

更换硬件设备时，使用经通电检测合格的备件，提前采取防设备误动、防静电措施，并做好相关记录，更新相关台账。

当与对外通信或调度高级应用软件相关的硬、软件需要更新时，需与对方联系，获得对方的许可后方可进行。

当发生设备故障、事故时，维护人员需及时导出事故前后的相关数据、事件记录和曲线作为电子信息归档。

二、设备巡检

维护人员每周至少进行一次设备巡检。巡检的主要内容包括：

(1) 检查计算机房空调设备运行情况，计算机房和计算机设备盘柜内的温度和湿度；

(2) 检查监控系统各设备工作状态；

(3) 检查监控系统网络运行状态；

(4) 检查监控系统主时钟及各设备时钟（包括厂站控制层各服务器、现地控制层各触摸屏、现地控制层各 CPU 模件和 SOE 模件）的同步情况；

(5) 检查监控系统内部通信以及系统与外部通信情况；

(6) 检查成组控制软件工作情况；

(7) 检查画面调用、报表生成与打印、报警及事件打印、屏幕拷贝等功能；

(8) 检查实时数据刷新、事件记录、报警等功能；

(9) 检查历史数据库数据存储、任务执行及存储空间使用情况；

(10) 检查监控系统中数据定值设值情况与实际运行设备信息是否一致；

（11）检查计算机设备 CPU 负荷率、内存使用情况、应用程序进程或服务的状态；

（12）检查大屏幕显示状态；

（13）检查监控系统不间断电源的输入电压、输出电压、输出电流和频率。

三、设备维护

（一）厂站控制层设备维护

1. 设备维护

维护人员需定期做好应用软件的备份工作，软件改动后应立即进行备份，在软件无改动的情况下，每年进行备份，且异地存放备份介质，并保存最近三个版本的软件备份。被监控设备检修时检查上位机与现地控制层设备控制命令能否正常执行，上位机与现地控制层设备数据采集、报警等信息是否正常。

每年对厂站控制层计算机主机及网络设备进行一次除尘，对主从配置的主机系统做切换运行。

每月对服务器的显示器、键盘、鼠标进行清洁。

每月备份画面、数据库、文件系统，若备份工作由计算机自动完成，则检查自动备份完成情况。

每周对厂站控制层计算机系统进行病毒扫查，每月人工升级防病毒系统代码库，并采用专用的设备和储存介质，离线进行升级。

根据蓄电池的维护技术要求，每 1~2 年对蓄电池进行一次充放电维护。

2. 风险点及安全措施

（1）严格按照监控系统维护手册中的相关命令进行维护操作，并在维护操作时做到一人执行、一人监护，防止误操作。

（2）禁止使用非监控系统专用移动存储介质（移动硬盘、光盘、U 盘）。

（3）对厂站控制层设备断电清扫时，注意不要同时将主、从机均断电，需要在监控系统能正常工作的情况下对设备进行清扫工作。

（4）数据库同步后重启主机监控系统软件有顺序要求，避免主、从两台主机同时重新启动监控系统软件或者主、从切换后立即重启监控系统软件，详细步骤如下：

1）先同步备用主机数据库，确认同步正确后，再重启备用主机监控系统软件；

2）备用主机监控系统软件启动完后，检查各应用进程是否正常，尤其需要检查上下位机驱动程序以及成组控制程序，待正常后等待 5min，再进行主、从机切换，备用主机转为主用主机后，检查数据采集、控制调节等功能是否正常；

3）同步主用主机数据库，确认同步正确后，重新启动主用主机监控系统软件；

4）主用主机监控系统软件启动完后，检查各应用进程是否正常，尤其需要检查上下位机驱动程序以及成组控制程序。

（二）现地控制层设备维护

1. 设备维护

维护人员每年对现地控制层设备进行一次停电除尘；定期备份现地控制单元软件程

序，无软件修改的情况下，每年进行备份；有软件修改的情况下，修改前后各备份一次，且异地存放备份介质。

现地控制单元随被监控设备的检修进行相应的检查和维护，主要内容包括：

(1) 现地控制单元设备停电除尘；

(2) 现地控制单元工作电源检测并试验；

(3) 校验模拟量输入模件通道；

(4) 校验模拟量输出模件通道；

(5) 校验温度量输入模件通道；

(6) 校验开关量输入模件通道；

(7) 校验开关量输出模件通道；

(8) 校验事件顺序记录模件通道；

(9) 检查、测试各类通信模件配置；

(10) 校验冗余配置主从切换功能（含冗余 CPU 模件、网络等）；

(11) 检测网络连接线缆、现场总线的连通性和衰减特性；

(12) 检测光纤通道的连通性和衰减特性；

(13) 检查、处理现地控制单元与远程 I/O 柜的连接和通信；

(14) 检查、处理现地控制单元与厂站控制层设备的通信；

(15) 检查、处理现地控制单元与其他设备的通信；

(16) 检查 I/O 接口连线，筋骨端子排螺钉；

(17) 检查 I/O 接口连线绝缘；

(18) 检查同期装置参数，并进行校验；

(19) 检查并校验功率变送器、交采表和电能表；

(20) 检查并校验中间继电器和数字输出继电器；

(21) 检查控制程序定值和流程，并模拟试验；

(22) 监视与控制功能模拟试验；

(23) 测试时钟同步功能。

2. 风险点及安全措施

(1) 严格按照监控系统维护手册中的相关命令进行维护操作。

(2) 使用工器具时做好绝缘措施，防止工作时误短接端子。

(3) 现场工作按图纸进行，严禁凭记忆工作，发现图纸与实际接线不符时，需查线核对，如有问题，应查明原因，并按正确接线修改更正，记录修改理由和日期。

(4) 装置校验过程中，如果发现异响或异味等不正常现象，要立即断开装置电源。

(5) 涉及 TV、TA 回路的维护工作，注意做好二次侧 TV、TA 隔离，防止二次侧向一次侧反向供电。拆开的 TV、TA 接线及端子信号线头，须用绝缘胶带包裹，回接 TV、TA 线路时认真核对检查，严禁 TV 短路、TA 开路。

(6) 现地现地控制单元接入监控网络时必须看清网络接口，严防接错设备，操作时注意不要误动其他网络接线。

（7）修改 PLC 程序之前需做完整备份，修改后程序出现问题，需要第一时间以备份程序导入 PLC 以恢复原有功能。

（8）尽量在断电情况下对故障模件进行更换；若无条件进行断电时，更换前做好防护措施，如按下调试键、控制把手切至"锁机"等。更换模件时必须保证按标准方式将模件插入模件槽，以免损坏整块模件槽，并通知运行值守人员注意监视机组及系统运行状态，如设备状态异常，则及时进行人工干预。

（三）常见监控系统故障处理

当计算机监控系统发生故障时，需采取有效措施遏制故障的发展，消除对人身和设备造成的危害，恢复设备的安全稳定运行，并联系维护人员进行检查。在故障处理完毕后，维护人员如实记录故障发生的经过和现场处理情况，对故障发生的原因进行分析，并针对故障发生原因制定相应的防范措施。

1. 开关量数据异常处理

（1）在厂站控制层闭锁该数据点或退出与该数据点相关的控制与调节功能。

（2）拆除数据异常测点外部接线，从相应输入端子接入相应的数字量信号发生器，检查数据异常是内部问题，还是外部问题。

（3）如是内部问题，检查内部接线及对应现地控制单元的数据采集模件；如是外部问题，检查外部接线及相应设备接点。

2. 模拟量数据异常处理

（1）在厂站控制层闭锁该数据点或退出与该数据点相关的控制与调节功能。

（2）拆除数据异常测点外部接线，从相应输入端子接入相应的信号发生器，检查数据异常是内部问题，还是外部问题。

（3）如是内部问题，检查内部接线及对应现地控制单元的数据采集模件；如是外部问题，检查外部接线及相应变送器等硬件设备。

（4）检查数据库中相关模拟量组态参数（如工程值范围、死区值等）是否正确。

3. 温度量测值异常处理

（1）在厂站控制层闭锁该数据点或退出与该数据点相关的控制与调节功能。

（2）拆除数据异常测点外部接线，从相应输入端子接入相应的标准信号源，检查温度量测值异常是内部问题，还是外部问题。

（3）如是内部问题，检查内部接线及对应现地控制单元的温度量采集模件；如是外部问题，检查外部接线及相应温度传感器等硬件设备。

（4）检查现地控制单元数据库中相关温度量的组态参数（如工程值范围、死区值等）是否正确。

4. 交流采样量测值异常处理

（1）退出与该测点相关的控制与调节功能。

（2）检查相关交流采样表通信是否正常。

（3）检查相关交流采样表是否正常。

（4）检查相关交流采样表 TV、TA 接线是否正确。

（5）检查数据库中相关交采量组态参数（如工程值范围、算法、比例等）是否正确。

5. 电能量测值异常处理

（1）退出与该测点相关的控制与调节功能。

（2）检查相关电能表通信是否正常。

（3）检查相关电能表是否正常。

（4）检查相关电能表 TV、TA 接线是否正确。

（5）检查数据库中相关电能量组态参数（如 TV、TA 变比等）是否正确。

6. 厂站控制层设备与现地控制单元通信中断处理

（1）退出与该现地控制单元相关的控制与调节功能。

（2）检查厂站控制层与对应现地控制单元通信进程。

（3）检查现地控制单元工作状态。

（4）检查现地控制单元网络接口模件以及相关网络设备。

（5）检查通信连接介质。

（6）上述措施均无效时，做好相关安全措施后在厂站侧重启通信进程，在现地控制单元侧重启 CPU 或通信模件。

7. 部分遥信、遥测数据异常处理

（1）运行值班人员立即通知调度值班人员，并联系维护人员进行处理。

（2）退出与异常数据点相关的控制与调节功能。

（3）检查对应现地控制单元数据采集通道情况。

（4）检查相关数据通信进程以及通信数据配置表。

（5）上述措施无效时，做好相关安全措施后，在现地控制单元侧重启 CPU 或通信模件。

8. 厂站控制层与调度数据通信中断处理

（1）运行值班人员立即通知调度值班人员，并联系维护人员进行处理。

（2）在厂站侧退出成组远控功能。

（3）检查数据通信链路，包括调度通信服务器、路由器、交换机、纵向加密认证装置、通信线路等工作状况。

（4）检查调度通信服务器通信进程、通信协议的工作状态和日志。

（5）上述措施无效时，做好相关安全措施后，重启调度通信进程。

9. 画面数据不刷新处理

（1）检查当前工作站网络通信是否正常。

（2）检查当前工作站监控系统软件是否是在线状态。

（3）检查当前工作站监控系统各进程是否正常运行。

（4）检查当前工作站系统配置是否选择数据库和画面功能。

（5）上述措施无效时，做好安全措施后，更新当前工作站数据库，重启当前工作站监控系统软件。

10. 画面信息栏窗口不刷新处理

（1）检查当前工作站网络通信是否正常。

（2）检查当前工作站监控系统软件是否是在线状态。

（3）检查当前工作站各进程是否正常运行。

（4）检查信息栏窗口设置是否正确，是否进行了屏蔽。

（5）检查当前工作站系统配置是否选择数据库和信息栏功能。

（6）上述措施无效时，做好安全措施后，更新当前工作站数据库，重启当前工作站监控系统软件。

11. 操作员工作站无法下发控制命令处理

（1）检查操作员工作站 CPU 资源占用情况。

（2）检查操作员工作站网络通信是否正常。

（3）检查当前工作站监控系统软件是否是在线状态。

（4）检查操作员工作站各进程是否正常运行。

（5）检查操作员工作站系统配置是否具有操作功能。

（6）检查操作员权限设置是否正确。

（7）上述措施无效时，做好安全措施后重启操作员工作站监控系统软件。

12. 控制操作命令无响应处理

（1）检查操作员工作站 CPU 资源占用情况。

（2）检查监控系统网络通信是否正常。

（3）检查当前工作站监控系统软件是否是在线状态。

（4）检查操作员工作站各进程是否正常运行。

（5）检查操作员工作站系统配置是否具有操作功能。

（6）在线查看现地控制单元是否收到相关控制操作命令。

（7）检查相关操作对象是否定义了不正确的约束条件。

（8）检查相关控制流程是否出错。

13. 系统控制命令发出后现场设备拒动处理

（1）检查开关量输出模件是否故障。

（2）检查开关量输出继电器是否故障，接点电阻值是否偏大。

（3）检查开关量输出工作电源是否未投入或故障。

（4）检查柜内接线是否松动，控制回路电缆或连接是否故障。

（5）检查被控设备本身是否故障（含控制、电气、机械）。

14. 系统控制调节命令发出后现场设备动作不正常处理

（1）检查现场被控设备是否故障。

（2）检查控制输出脉冲宽度是否正常，被控设备是否正确接收。

（3）检查调节参数设置是否合适。

15. 控制流程退出停机处理

（1）检查相应判据条件是否错误。

（2）检查判据条件所对应的设备状态是否不满足控制流程要求。

（3）检查流程超时判断时间是否偏短。

16. 机组有功功率调节异常处理

（1）退出该机组负荷成组控制，退出该机组的单机功率调节功能。

（2）检查调节程序保护功能（如负荷差保护、调节最大时间保护、定值电流和转子电流保护等）是否动作。

（3）检查现地控制单元有功控制调节输出通道（包括I/O通道和通信通道）是否工作正常。

（4）检查调速器是否正确接收调节脉冲或给定值，工作是否正常。

（5）检查现地控制单元与调速器的有功功率测值是否存在测量偏差。

17. 机组无功功率调节异常处理

（1）退出该机组自动电压控制，退出该机组的单机功率调节功能。

（2）检查调节程序保护功能（如负荷差保护、调节最大时间保护、定值电流和转子电流保护等）是否动作。

（3）检查现地控制单元无功功率控制调节输出通道（包括I/O通道和通信通道）是否工作正常。

（4）检查励磁调节器是否正确接收调节脉冲或给定值，工作是否正常。

（5）检查现地控制单元与励磁调节器的无功功率测值是否存在测量偏差。

18. 机组自动退出自动发电控制处理

（1）检查调速器是否故障。

（2）检查机组有功功率调节是否失败或超调。

（3）检查机组有功功率测值是否异常。

（4）检查是否因测点错误而出现机组状态不正确的现象。

（5）检查机组现地控制单元是否故障。

（6）检查机组现地控制单元与厂站控制层设备之间的通信是否中断。

19. 机组自动退出自动电压控制处理

（1）检查励磁调节器是否故障。

（2）检查机组无功功率调节是否失败或超调。

（3）检查机组无功功率测值是否异常。

（4）检查是否因测点错误而出现机组状态不正确的现象。

（5）检查机组现地控制单元是否故障。

（6）检查机组现地控制单元与厂站控制层设备之间的通信是否中断。

20. 报表无法正常自动生成处理

（1）检查报表功能工作是否正常。

（2）检查报表生成定义是否正确。

（3）检查历史数据库的数据采集功能是否正常。

21. 不能打印报表、报警列表、事件列表处理

（1）检查打印机是否卡纸、缺纸，打印介质是否需更换。

（2）检查打印机自检是否正常。

（3）检查打印队列是否阻塞。

22. 现地控制单元 I/O 模件故障处理

（1）将现地控制单元控制方式切换到切除方式，再将现地控制单元停电，并做好安全措施。

（2）领用备品备件中的 I/O 模件，更换故障 I/O 模件。

（3）更换完成后，给现地控制单元上电，观察新 I/O 模件运行是否正常。

（4）进行对点工作，检查新 I/O 模件通道是否正常。

23. 现地控制单元 CPU 模件故障处理

（1）将现地控制单元控制方式切换到切除方式，再将现地控制单元停电，并做好安全措施。

（2）领用备品备件中的 CPU 模件，更换故障 CPU 模件。

（3）更换完成后，给现地控制单元上电，下载最新备份的 PLC 程序到新 CPU 模件。

（4）复位重启新 CPU 模件，观察新 CPU 模件运行是否正常。

24. 交采装置故障处理

（1）拆开交采装置的 TV、TA 接线及端子信号线，用绝缘胶带包裹，严禁 TV 短路、TA 开路。

（2）领用备品备件中的交采装置，更换故障交采装置，并设置好交采装置相应参数。

（3）采用继电保护测试仪模拟 TV 电压和 TA 电流信号，接入交采装置。

（4）调节继电保护测试仪输出信号的幅值和频率，对交采装置进行测试，检测交采装置运行是否正常，并核对交采装置通信是否正常。

（5）恢复交采装置的 TV、TA 接线及端子信号线，严禁 TV 短路、TA 开路。

25. 同期装置故障处理

（1）拉开换相隔离开关、拖动隔离开关和被拖动隔离开关，并将控制方式切换到手动控制方式，做好安全隔离措施。

（2）拆开同期装置的 TV 接线及端子信号线，用绝缘胶带包裹，严禁 TV 短路。

（3）领用备品备件中的同期装置，更换故障同期装置，并设置好同期参数。

（4）采用继电保护测试仪产生两路 100V 工频信号，接入同期装置，模拟机组侧 TV 电压和系统侧 TV 电压。

（5）启动同期装置，调节继电保护测试仪输出信号的幅值和频率，对全部同期工作过程进行测试，检测同期装置工作过程是否满足要求，并核对同期 TV 的极性是否正确。

（6）恢复同期装置的 TV 接线及端子信号线，严禁 TV 短路。

26. 操作员工作站死机处理

（1）退出故障操作员工作站，断开其与计算机监控系统的网络连接。

（2）领用备品备件中的操作员工作站设备，将该计算机配置成操作员工作站，主要

配置修改内容包括主机名、网络地址、应用系统软件进程。

（3）重启新配置操作员工作站设备，检查该计算机数据采集、控制调节等功能是否正常。

（4）将新配置操作员工作站设备停机，在停机状态下连接监控系统网络后开机启动。

（5）检查新配置操作员工作站数据采集、控制调节等功能是否正常。

27. 主服务器死机处理

（1）退出故障主服务器，断开其与计算机监控系统的网络连接。

（2）领用备品备件中的主服务器设备，将该服务器配置成主服务器，主要配置修改内容包括主机名、网络地址、应用系统软件进程。

（3）重启新配置主服务器，检查该服务器数据采集、AGC 和 AVC 程序、控制调节等功能是否正常。

（4）将新配置主服务器停机，在停机状态下连接监控系统网络后开机启动，启动完成后做备用服务器运行。

（5）检查新配置主服务器数据采集、AGC 和 AVC 程序、控制调节等功能是否正常，正常后进行主、从机切换，使新配置主服务器做主用服务器运行。

（6）新配置主服务器为主用服务器运行时，检查数据采集、AGC 和 AVC 程序、控制调节等功能是否正常。

第七章

计算机监控系统新技术展望

21 世纪以来，随着科学技术发展，系统优化、决策支持系统和专家系统等相关理论已达到满足实际工程应用需求的水平，传感器技术、测控技术、计算机技术、通信技术等相关技术也取得长足的进步，计算机监控系统将向网络化、智能化、一体化方向发展。本章针对智能抽水蓄能电站监控系统和变速抽水蓄能机组监控系统进行介绍。

▦ 第一节 智能抽水蓄能电站

随着我国可再生能源发电的迅速发展和智能电网战略的实施，我国正在建设以特高压电网为骨干网架、各级电网协调发展的坚强智能电网。建设坚强智能电网，保障电网安全，全面接纳风电、太阳能等可再生能源，为建设资源节约型和环境友好型社会提供能源保障，是国家电网公司一项长期而艰巨的任务。国家电网公司《"十二五"科技发展规划战略——新技术应用专题研究报告》指出："以厂网协调控制策略的统一与优化提高电网运行控制的自动化水平，实现机网协调的最优化，全面提升驾驭大电网、资源优化配置、纵深风险防御、灵活高效调控和公平友好市场调配的能力，确保电网智能、安全、优质、经济运行"；国家电网公司《国家电网智能化规划》指出："在'十二五'期间完成常规电源网源协调关键技术研究和应用示范，促进网厂协调与智能电网同步发展"。坚强智能电网的发展带来电网结构和电网运行方式的巨大变化，抽水蓄能电站作为"电网级"的储能调节工具，是坚强智能电网的有机组成部分。

21 世纪以来，科学技术迅猛发展，系统优化、决策支持系统和专家系统等相关理论已达到满足实际工程应用需求的水平；传感器技术、测控技术、计算机技术、通信技术等相关技术也取得长足的进步；此外，DL/T 860《变电站通信网络和系统》等系列标准的颁布以及在智能电网的应用也为智能抽水蓄能电站建设和改造奠定了基础。而且，智能抽水蓄能电站建设在抽水蓄能发展史上具有里程碑意义，将极大地推动抽水蓄能自动化技术的发展与进步，引领世界抽水蓄能监控技术的发展方向。因此，应该积极开展智能抽水蓄能电站关键技术研究，综合应用最新的理论和技术研究成果，提升抽水蓄能电站的网源协调能力及智能决策能力，保障水电厂安全、可靠、经济、高效运行。

智能抽水蓄能电站由先进、可靠、节能、环保、集成的设备组合而成，以高速网络通信平台为信息传输基础，自动完成信息采集、测量、控制、保护、计量和监测等基本功能，并可根据需要支持电网实时自动控制、智能调节、在线分析决策、协调互动等高级应用功能的抽水蓄能电站。

由于国内抽水蓄能行业大规模发展时间不长，因此在抽水蓄能发展上还存在一些薄弱环节。一是缺乏电站级信息一体化平台的整体规划设计，电站大多数应用均以信息孤岛方式运行，生产管理与实时信息系统应用尚未实现集成。二是电站状态监测、辅助决策等智能分析决策能力和水平不高，在应对智能电网调度应用等方面缺乏深入研究。三是对抽水蓄能建设发展经验总结的系统性和深度不够，需要进一步开展科技创新和管理创新，探索建立面向未来、技术先进、引领发展的技术标准体系。

智能电网发展已列入国家《"十二五"发展规划（纲要）》，并发布实施了一批智能电网技术标准。目前，中国智能电网技术标准框架研究的主要进展集中于以下几个方面：坚强智能电网研究报告、第一批试点工程的执行方案、第二批试点工程的执行方案、关键设备/系统的发展规划、智能电网研究框架的关键技术。标准框架包括电力系统研究指南、规划设计、关键设备研发、生产建设、运行控制等。抽水蓄能电站作为智能电网的发电环节，做好智能抽水蓄能电站的试点建设和推广工作，是响应智能电网建设的必然要求。

在抽水蓄能电站高速发展的形势下，依托近年来抽水蓄能机组二次自动化设备国产化已取得的重大研究成果，借鉴智能电网的技术，提出智能抽水蓄能电站的基本要求：智能抽水蓄能电站是建立在集成的、高速双向通信网络的基础上，通过先进的传感和测量技术、先进的设备、先进的控制方法以及先进的辅助决策系统技术的应用，实现抽水蓄能电站的可靠、安全、经济、高效、环境友好的目标。

智能抽水蓄能电站以坚强智能电网为服务对象，以网源协调发展的"无人值班"（少人值守）模式为基础，以通信平台为支撑，具有信息化、自动化、互动化的特征，实现"电力流、信息流、业务流"的高度一体化融合，建立适应智能化调度应用的一体化平台、建立符合智能电网要求的监控系统设计、调试和试验的技术规范体系、建立抽水蓄能电站控制设备的试验和运行维护规范、提高智能分析和决策水平，为电网安全稳定运行提供有力服务和坚强支撑。

1. 智能抽水蓄能电站内涵

（1）坚强可靠：通过先进技术的应用，提高设备质量，提升设备运行水平，延长使用寿命；同时，随着相关技术的发展，智能控制成为可能，可以大幅提高辅助决策能力，逐步实现相关系统自愈功能，提高安全稳定运行水平。

（2）经济高效：通过优化调度，确定机组科学合理运行方式，提高发电效益；实现状态检修，提高设备可用率、降低检修成本；通过整合业务流程、简化管理程序，提高管理效率、降低管理成本。

（3）集成开放：智能抽水蓄能电站通过不断的流程优化，信息整合，实现企业管理、生产管理、自动化与电力市场业务的集成，形成全面的辅助决策支持体系，提供高品质的附加增值服务。

（4）友好互动：即抽水蓄能电站与电网之间，和谐互动，协同配合，相互促进。

2. 智能抽水蓄能电站特征

（1）全厂信息数字化：基于 DL/T 860 标准的体系架构，形成标准的现场总线，实现测控信息数字化。

（2）通信平台网络化：基于开放标准协议，以光纤以太网部署全厂网络环境，实现数据的可靠高速传输。

（3）信息集成标准化：遵循标准先行的原则，制定统一的建模规范与命名规范，实现全厂模型资源的统一管理。

（4）业务应用一体化：基于标准的服务总线和消息总线，构建统一的业务平台，实现对智能抽水蓄能电站各类业务的支持。

（5）辅助决策智能化：具有辅助决策支持的数据分析能力，提高可靠性、降低成本、提高收益和效率。

3. 智能抽水蓄能电站体系架构

智能抽水蓄能电站采用纵向分层、横向分区的体系结构，如图 7-1 所示。其中现地级自动化系统主要完成现地级设备运行控制，采用 DL/T 860 电力标准协议实现基于统一总线的数字化信息采集，从而保证运行数据在智能抽水蓄能电站平台内的全局共享。对于重要数据监控点设置冗余设备，确保运行过程的可控性，提高系统的可靠性。

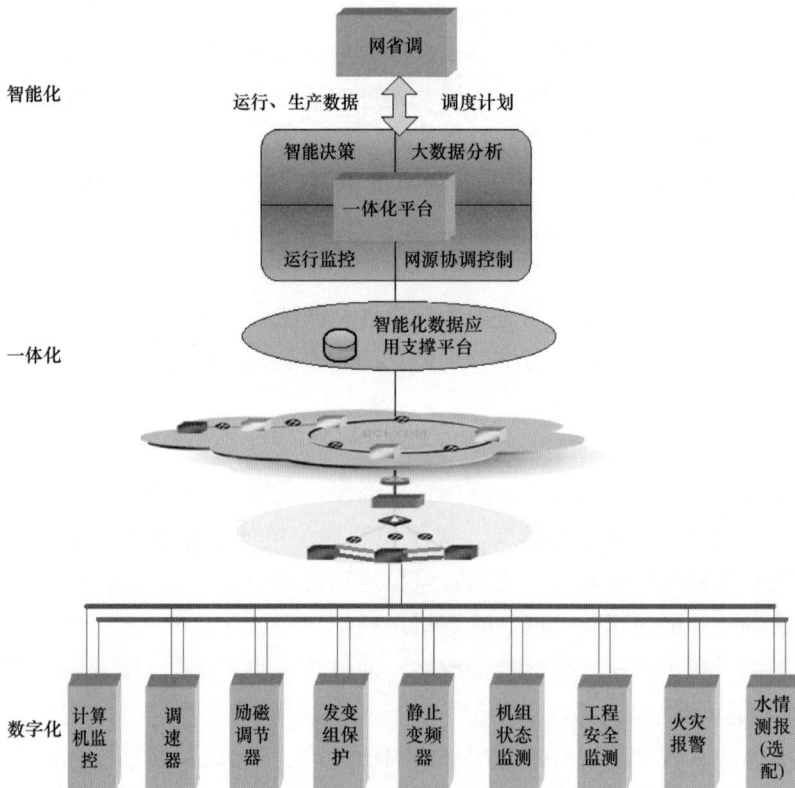

图 7-1　智能抽水蓄能电站系统总体结构示意图

现地各系统通过标准的接口接入电站网络，通过防火墙与网络安全隔离装置实现工作区的资源隔离，保证各区的应用安全。系统网络分为控制网与管理网，控制网与管理网之间由网络安全隔离装置隔离。控制网主要承载计算机监控系统的信息，管理网主要承载工程管理类信息。通过网络环境的建设，保证现地、控制中心间的无缝安全连接。

在Ⅰ、Ⅱ区和管理信息大区分别建设相应的数据中心，采用标准的数据建模规范对抽水蓄能电站各类资源进行建模，同时在现地提供数据源备份，以保证在网络出现问题时可方便地切换到现地。此外，利用同步机制实现Ⅰ、Ⅱ区与管理信息大区之间的数据信息同步。

智能抽水蓄能电站一体化平台，采用分布式面向服务的组件架构，提供统一的服务容器管理，部署多个应用管理分析组件，为各种应用提供服务支持，通过网络配置，用户可在控制中心或现地等不同工作环境使用一体化平台的各种应用功能。此外，一体化平台通过标准接口实现与第三方系统的交互。

总体系统结构是以一体化平台为核心，可靠的高速光纤传输网络为主干架构，现地自动化系统为基础，一体化平台为载体的面向服务的智能分布式结构。在此基础之上，管理和发布调度控制、信息管理、实时监控、状态检修等运行环节的智能化应用。

4. 智能抽水蓄能电站系统层次划分

抽水蓄能电站运行管理涉及的现地自动化系统众多，需合理规划各种软硬件设备及相关数据信息。根据系统的框架设计，自下而上划分为多个结构层，分别为现地级自动化系统、数据传输层、数据中心平台、应用服务层、信息发布、智能决策层，各层之间通过高速数据总线实现贯通。具体结构如图 7-2 所示。

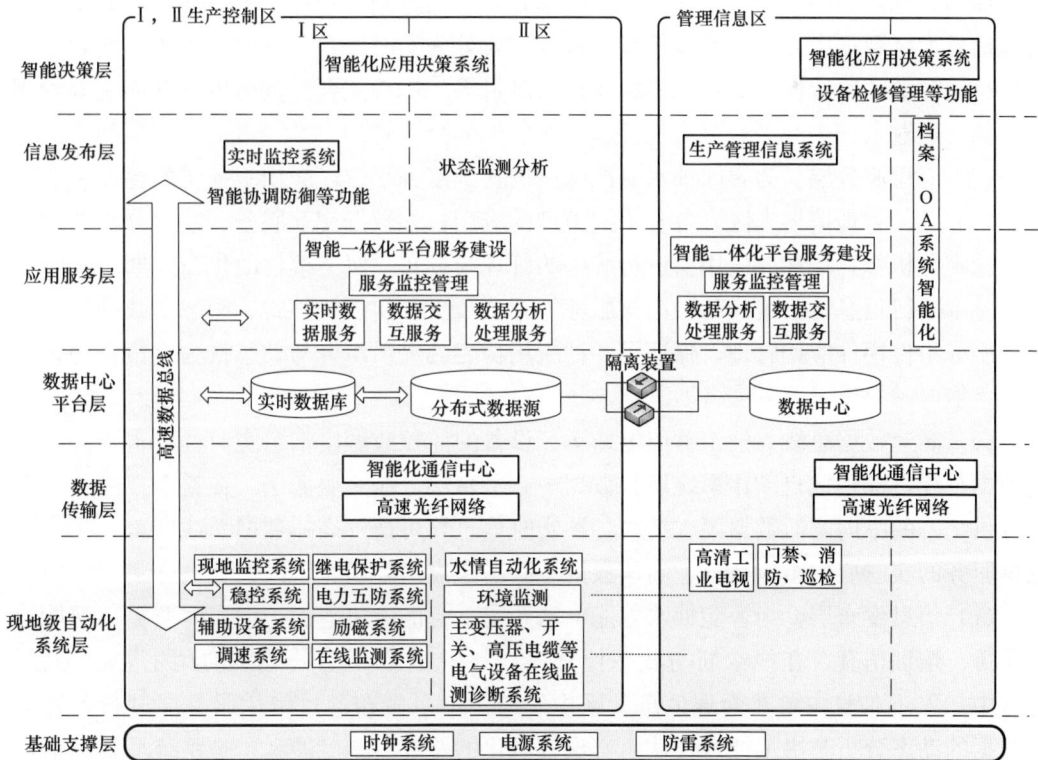

图 7-2　智能抽水蓄能电站系统层次结构图

（1）基础支撑层。该层为抽水蓄能电站现地各类设备提供运行电源、防雷、时钟同步等基础应用，是整个智能抽水蓄能电站平台建设的基础。系统各类设备通过电源与防雷系统实现基础安全运行，同时各类运行设备通过时钟系统统一校正时间标签，从而为保证智能抽水蓄能电站稳定可靠运行提供基础支撑。

（2）现地级自动化系统层。为抽水蓄能电站现地各类设备的自动化控制系统，主要在Ⅰ区、Ⅱ区以及管理信息大区应用，由各类设备、传感器、控制模件、控制柜、上位机等组成，主要完成各类现地级系统的监控功能。包含了机组在线监测系统、机组调速系统、继电保护系统、现地监控系统、励磁系统、时钟系统、直流电源系统、工程安全监测系统、高清视频监视系统等各种现地级应用自动化系统。其智能化体现在采用各类标准协议的智能化设备的互动，如在发电电动机采用电子互感器、智能开关、合并单元等。

（3）数据传输层。为基础物理设备层，横跨Ⅰ区、Ⅱ区和管理信息大区，主要负责各种智能抽水蓄能电站信息的传输，各种现地级数据通过该层物理设备（光纤网络）向上传递并在整个抽水蓄能电站信息平台中共享与交互。同时一体化平台的基础网络数据应用也依赖于此应用层，是系统信息化与智能化的基础。

（4）数据中心平台层。主要负责智能抽水蓄能电站监测、调度等数据的存储、调用等，可屏蔽平台运行底层的物理数据库的差异，提供各种通用的数据访问服务，为平台数据分析与发布提供数据源支持。数据中心的建设根据应用需求可采取集中存储与分布式存储的方式，利用冗余机制保证突发应急处理，通过隔离装置从Ⅰ、Ⅱ区数据平台向管理信息大区数据中心平台同步信息。系统主要分为实时库与关系库两大类，前者主要负责存储各类实时数据，如各类机组运行监测量等，后者主要负责历史数据的统筹管理与存储，通过数据中心平台可实现各种监测数据的统一管理。

（5）应用服务层。为智能抽水蓄能电站的基础服务平台，应用服务层的建设主要在Ⅰ区、Ⅱ区、管理信息大区。各种不同类型的应用，如数据交互服务、数据分析处理服务、稳定分析等，均在此应用层进行统一的管理与发布。每个模件的生命周期，异常处理等基本运行信息均由统一的微内核服务管理器负责，实现插件式、动态加载的分布式面向服务组件模件应用管理，保证了各种应用功能的灵活组合与动态行为决策，为智能抽水蓄能电站提供了服务支持。

（6）高速数据总线。抽水蓄能电站运行设备的监控或调度信息实时性要求较高，高速数据总线贯穿现地自动化系统层、数据中心平台层、应用服务层，在整个智能化平台中提供统一的纵向实时数据源支持，各种实时信息均可通过高速数据总线获得，是系统数据服务的实时应用组成部分。高速数据总线的建设主要是在Ⅰ区、Ⅱ进行。

（7）信息发布层。为智能抽水蓄能电站系统平台的人机界面，如实时监控、智能协调防御、培训仿真、在线诊断与状态检修等，其中非 Web 客户端类应用主要在Ⅰ区、Ⅱ区中，Web 信息主要在管理信息大区中发布。信息发布通过应用服务层进行各种类型数据的动态分析与决策评判，从而实现智能化的监控与调度展示，是系统最终的信息界面，各种类型的应用服务均可在此层进行结果展示与信息互动。

（8）智能决策层。该层为整个系统的智能化信息处理层，处理业务不局限于根据类型区分的各类信息系统资源。该层功能以抽水蓄能电站智能化运维为目标，综合实时监控数据、分析模型、经济运行调度方案、设备在线诊断信息等各种类型的资源，为智能抽水蓄能电站的日常运维提供智能化的决策支持。作为智能化的动态代理，是系统提高智能化运维的载体。

5.智能抽水蓄能电站系统应用功能

系统应用功能结构根据总体设计分为现地站级自动化系统、一体化管控平台、基于平台的电厂业务应用三个层次，如图 7-3 所示。各站级自动化系统负责底层硬件设备的监视与控制，通过统一的现地数据总线，以标准协议进行通信，是智能抽水蓄能电站的基本应用单元。各种标准化信息与数据汇总至一体化管控平台，一体化管控平台具备数据统一存储、访问接口，提供一体化的应用服务、组件发布、信息对外交互等基础功能，是整个智能抽水蓄能电站的核心。在此基础之上，在控制中心开发统一的智能抽水蓄能电站应用功能，以满足抽水蓄能电站生产运行的各种需求，如实时监控、经济安全运行、信息管理等。在控制中心实现各种电厂功能的发布与组合，同时由于统一平台具备全视景的数据提取能力，因此可在基础功能的应用之上根据专家知识库建立各种智能化的分析评估专家系统。利用先进的分析技术与专业模型，提供安全、调度、设备检修等各种分析与决策辅助功能，从而有效提升抽水蓄能电站的运行效益。

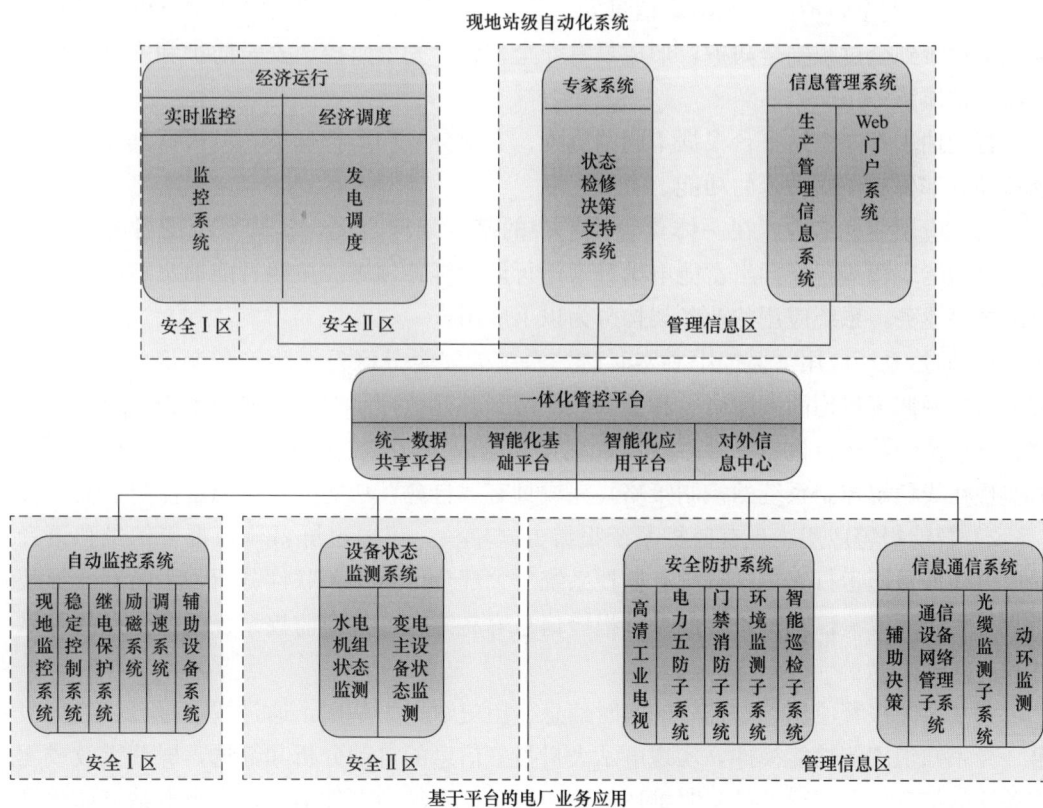

图 7-3 智能抽水蓄能电站总体功能结构示意图

157

（1）一体化管控平台。系统通过面向服务的基础平台向各类应用提供支持和服务，主要功能包括数据库管理与访问、数据交换机制、应用服务和系统管理等基本功能。平台需要全面支撑智能抽水蓄能电站实时监控、调度管理、状态监测等核心应用，并具有标准、开放、可靠、安全的技术特征。

一体化管控平台的功能主要包括以下方面：

1）系统管理：提供进程管理、网络管理、安全管理、应用管理、冗余机制、任务分担和异步管理等基础技术手段，为系统运行提供各种可靠性、安全性保障及相关监护手段。

2）信息交换：构建实时数据总线和服务总线，提供跨计算机、跨机构的数据传输手段，保障各类数据在整个电厂范围的交换和共享。

3）数据库的管理和访问：建立科学的实时数据库和商用数据库的层次结构和管理机制，提供通用的数据访问接口，实现电厂各类数据库存储信息的关联和共享。

4）统一模型管理：统筹考虑电厂模型的统一管理和充分共享，按照设备统一命名、存储分布实施、属性有效关联、信息充分共享、维护科学分工的原则，实现电厂模型的统一管理和充分共享。

5）公共服务：包括状态分析服务、监控调度服务、公共模型服务、公用历史数据服务、报警服务、数据分析统计服务等多种应用所需的基本服务功能。

6）纵深安全防护：按照国家信息安全等级保护要求，防护策略从重点以边界防护为基础过渡到全过程安全防护，形成具有安全预警、安全监控、安全防护和安全管理的纵深防护体系。

智能抽水蓄能电站平台根据不同的应用、安全分区和运行环境，可根据其需要有选择地动态部署和使用平台的功能。

（2）应用业务结构。在一体化管控平台的基础架构之上，实现系统的各种应用功能，其功能应覆盖智能抽水蓄能电站日常运行调度等各领域。按照智能抽水蓄能电站运行的核心业务，系统应用的业务架构分为以下应用：

1）监控系统应用。监控中心实时监控系统的安全分区位于生产控制区的Ⅰ区，接收上级电网调度机构的调度命令和要求，作用到各现地控制单元，实现遥控、遥调、遥测、遥信及经济运行执行。同时控制系统作为电力系统安全稳定防线的一个重要部分，需实现在线稳定控制系统的控制策略，完成具有"自愈"功能的安全稳定控制系统。

2）智能报警应用。现有监控系统报警方式单一，仅通过屏幕刷新报警信号和语音播放方式推送至运行人员。且现有监控系统对大部分信息无关联性分析，不能有效屏蔽正常不重要的无关信息，重要的事件报警信息容易淹没，整个监控系统报警信息的可靠性和有效性不高。

建立智能报警应用，以信号的实时信息、历史数据为基础，通过智能报警、趋势报警、专家知识库等功能模件，实现电站大量报警信息的自动分析和筛选，屏蔽无效或无需关注的信息，向运行人员实时推送需要运行人员关注的事件信息，提高电站自动化管理水平及预防性维护决策能力，保障设备安全稳定运行。

基于大数据挖掘技术,针对数据本身特性进行高维度关联性分析,通过快速挖掘复杂、高维度的机组运行数据中的特征模式,利用状态参量相关性分析方法,挖掘机组运行数据内在的规律,判断出设备故障模式,提出设备预警信息,实现具有数据自适应性的设备故障预警,保证设备的安全有效运行。

3)经济运行应用。经济运行涉及发电调度、经济调度与控制等各方面内容,主要利用各类预测、调度、控制智能模型与算法,提高机组发电效率并进一步加强与电网的友好互动。

4)生产管理应用。生产管理应用以设备管理为核心,包括从设备投运到设备退役的全过程闭环管理。生产管理业务主要包括设备管理(包括设备评价管理)、运行管理、修试管理、大修技改管理等。应用通过基础平台获取或存储各种设备相关信息,进行各种分析与处理,同时通过高清视频监视监控实现实时监视、报警等应用,各种信息汇总处理后,通过企业门户 Web 进行信息发布。

5)安全防护管理。针对电厂运行中的各种日常操作流程进行安全防范管理,涉及电力五防、无线巡检、门禁、消防、视频监视等多个环节,其目标是保证电厂的日常生产运行的安全,应用通过安全管理的一体化设计实现各防护监控间的互动,如故障与视频的联动等,实现局部异常,统一防范的应用框架。

6)状态监测与状态检修。基于设备的实际工况,根据其在正常运行下各种特性参数的变化,通过分析比较来确定设备是否需要检修;同时根据设备的运行状态对设备进行评估,通过对设备的评估,掌握设备的完好率情况,及时消除设备缺陷,提高设备的完好率和健康水平,保证设备的安全运行。通过对设备状态的监控预警,使设备主人和管理人员及时掌握设备的运行状态,对存在问题的设备进行维护,保证电厂的设备安全运行。

7)多系统联动。多系统联动是基于各系统标准通信接口的系统信息、策略的交互,其交互策略由具体应用业务确定,系统联动包括视频监视系统、门禁系统、消防系统、巡检系统、防误系统等各类不同应用的系统,联动策略作为统一控制与管理的模件负责管理各系统与平台间的联动模式,根据具体工程定制相应的功能。

6. 智能抽水蓄能电站系统建设原则

(1)安全可靠:首先必须遵守的安全、可靠的原则。应采用成熟可靠的技术和产品,确保系统能安全、稳定、可靠地运行。

(2)开放性:广泛采用国际、国家或行业标准和规范,如 DL/T 860,提高系统的开放性。尽量选用拥有自主知识产权,符合标准的标准化产品,以方便后续维护、备品备件及升级改造。

(3)先进性:追求技术先进和一定的超前性,但不盲目追求先进而损害安全可靠性。要考虑已建抽水蓄能电站的改造需求和新建在建抽水蓄能电站的建设要求,充分考虑技术的先进性与生产的安全性的平衡。

(4)经济性:在确保智能化目标的前提下,对已有设备尽量通过局部升级改造实现智能化运行,避免投资浪费。

7. 智能抽水蓄能电站优点

（1）更高的安全性和可靠性。智能抽水蓄能电站按照电力行业及企业相关安全规定对二次系统进行整体规划和设计，确保了安全保障技术体系的系统性和全面性，能够最大限度地保障网络信息安全以及设备操作安全，确保电力生产过程安全可靠稳定运行。通过二次系统整体在出厂前的集成测试和验证，避免在抽水蓄能电厂调试过程中出错带来的潜在安全隐患，保障系统现场调试期间的安全性。在偶发设备故障时，能够更好地对故障原因进行分析和定位，避免不同厂商产品集成带来的故障定位难题，有效提高故障处置速度，为电力生产提供强有力的技术服务保障。

（2）更低的运行维护成本。智能抽水蓄能电站可采用统一的通信协议（推荐DL/T 860），采用一体化管控平台支撑不同业务应用，并且实现了机组监控系统与辅机监控系统的一体化。调速系统、励磁系统等设备均自带状态在线监测及故障自诊断能力，能够在实时运行过程中对自身运行状态进行动态监视，在发生故障时对故障原因进行自动定位，指导运维人员正确处置故障。因此，可以减少系统投运后的运行人员和维护人员，有效降低后期运维工作量和费用。

（3）缩短投运时间，提升运行效率。智能抽水蓄能电站可以有效减少客户在多个二次设备或系统厂商之间的协调工作量，在二次系统出厂前就完成各类所有二次设备及系统的整体集成和联合调试，减少系统在现场的联调工作量和时间，缩短项目现场投运周期。系统集成度高，各类设备具有良好的互换性和互操作性，能够自动配合完成设备操作和故障隔离等操作。利用一体化管控平台实现了全景监控和业务协同互动，有效提升用户业务操作效率，降低运行人员工作强度。

（4）减少电缆，增强抗干扰能力。抽水蓄能电站监控系统涉及水电站生产运行中各种类型传感器、装置与其他子系统，包括调速、励磁、SFC、辅控、保护、在线监测等多个子系统。常规电站建设中，各子系统、现地传感器、控制终端等均有大量的输入/输出信号传送至监控系统。大量的信号电缆增加了电站建设投资，同时抽水蓄能电站恶劣的电磁干扰现场环境对信号电缆的干扰也是影响监控系统设备正常运行的重要故障源之一。除干扰外，传统的数据采集根据类型的不同自成系统，传输链路、网络、协议标准均有差异，难以形成统一的数字化信息传输。采用DL/T 860标准建设灵活、可扩展、符合国际标准的统一数据采集标准，将各个子系统的关联数据在监控系统统一平台上接入共享，实现采集和测量数据的同源化，避免各个系统均有采集回路、各个采集回路误差各不相同而导致"同源不同值"的问题。制定接入标准后，监控系统与各系统间无需采用大量不同的通信规约，避免了规约调试复杂、接口方式众多、维护难度大的问题，同时节约大量二次电缆，解决电站抗干扰问题，提高设备及系统的可靠性和实时性。

（5）实现统一建模。统一建模是抽水蓄能电站的核心内容。由于DL/T 860标准中关于设备数据模型的实现有很大的灵活性，同一点数据可以用不同的数据定义和方式上送，所以不同厂家的设备模型实现会有较大差异。实现统一建模不仅可以解决不同厂家设备的不兼容问题，而且利于工程调试和工程维护，同时也是实现不同厂家设备装置互换的前提条件。因此需要根据抽水蓄能电站监视和生产实际运行情况，针对监控系统所需要监视和控制的各子系统如调速、励磁、辅控、保护等设备建立一种或几种标准化数据模型，规范数据访问接口，提供监控系统与各子系统间数据的统一规范管理。除各子系统外，还需要针对大量传统的传感器、控制器、采集器、智能组件等与监控系统日常运行密切相关的各类数据源或装置等建立标准数据模型，实现稳定可靠和通用唯一的数据交互过程。智能抽水蓄能电站实现了现地测控设备的体系化和一体化，实现了各现地测控设备之间的友好互动。构建了能够支撑抽水蓄能电站各类业务需求的一体化管控平台，解决传统系统架构面临的信息孤岛和业务协同难题。在传统分析决策技术的基础上，采用了大数据、人工智能、专家知识库等新兴技术，进一步提升了抽水蓄能电站分析决策能力，能够更好地支撑抽水蓄能电站智能化建设，系统可随云大物移智等新兴技术发展而长期演化升级，其智能化水平可获得持续提升。

⊪ 第二节 变速抽水蓄能机组

当前，我国抽水蓄能机组全部是定速抽水蓄能机组，定速抽水蓄能机组抽水工况只能采取"开机-满负荷-停机"控制方式，无法满足电网连续、快速、准确进行频率调节和调整有功功率的要求。而变速抽水蓄能机组具有一定程度的异步运行能力，通过相位、幅值控制可获得快速有功功率和无功功率响应，有利于电力系统稳定运行。

变速抽水蓄能机组主要由水泵水轮机、发电电动机、交流励磁系统、调速器和监控系统协调控制装置组成，如图 7-4 所示。当变速机组的转子绕组通以某一频率 f_2 的对称交流电时，在发电电动机气隙空间就会产生一个相对转子旋转的磁场，其转速为 $N_2 = 60f_2/p$，式中 p 为发电电动机极对数。由于对应于电网频率 50Hz 的定子外界磁场频率 N_1（$N_1 = 60f_1/p$）保持不变，则发电电动机的实际转速 $N_m = N_1 - N_2$，因此，改变转子频率可达到变速的目的。

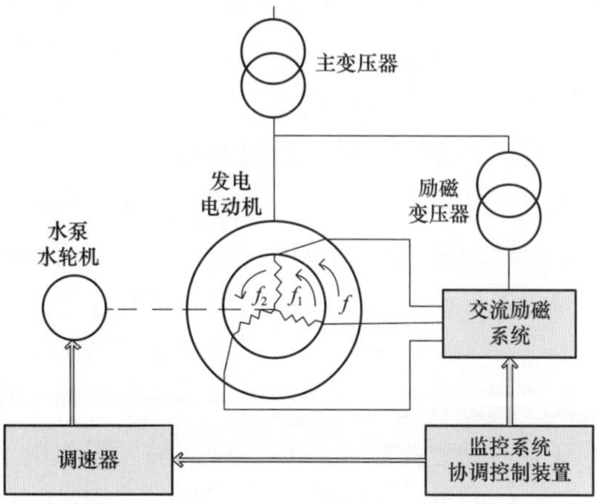

图 7-4 变速抽水蓄能机组系统结构图

由于变速抽水蓄能机组励磁控制自由度的增加，使其具有超越传统同步发电机的运行性能：

（1）具有较好的转速适应能力，实现变速运行。变速机组具有变速运行能力，可在一定范围内调节抽水功率，并可根据机组水头或流量的变化而变速稳定运行，保证其运行在最优转速附近，处于最佳运行工况，提高机组的运行效率。

（2）具有独立的有功、无功调节能力。变速机组励磁磁场的大小及相对转子的位置决定于励磁电压的幅值及相位，采用适当的控制策略后，可以快速完成发电状态的电磁调节过程，实现发电机输出的有功、无功独立调节，而且无功功率的调节是一个纯粹的电磁调节过程，过渡过程时间短，可以快速响应无功设定的变化，并且此过程与转子位置无关，也不会影响转子的运动条件，即与机电过程无关。理论和实验分析指出，在定、转子电流允许的极限内，上述独立调节过程是平稳的，变速机组可按电网的要求运行于不同的有功、无功组合状态。

（3）具有深度进相运行能力。变速机组由于增加了励磁控制的自由度，励磁磁场相对转子的位置成为可控，有效克服了传统同步发电机进相运行受静态稳定极限值限制的缺点，只受发电机定子电流允许值的限制，从而使其具有比传统同步发电机更大的进相运行范围，有效补偿输电电网的无功功率，为解决超高压电力系统过剩无功引起的工频过电压问题找到了最经济、最有效的途径。

（4）具有良好的稳定运行能力。变速机组的静态稳定性是由所选择的控制方法及控制规律决定的。通过改变转子励磁电流的相位，即可改变变速机组在定子侧感应的电动势与电网电压相量的相对位置，也就改变了发电电动机的功角。例如，当发电电动机吸收无功功率时，往往由于功角变大，使得发电电动机的稳定度降低，如果通过调节变速机组的励磁电流的相位，减少机组的功角，使得机组的运行稳定性显著提高，从而可更多吸收无功功率。理论上证明，变速机组在任一转差运行点上都能满足功角特性，并且均有同样的静态稳定能力。因此，变速机组独立的有功、无功调节能力，将显著提高电力系统的静态和暂态稳定性；同时，在动态调节过程中，由于电网频率与发电电动机转速解耦，即系统的频率与发电电动机运动的转速成为可控的柔性联接，有利于定、转子磁场再同步，从而进一步提高了发电电动机的稳定性与电网运行的可靠性。

因此，变速机组能较好地实现负荷的优化调节，改善机组的运行工况，提高机组运行效率，从而减少机组的磨蚀和振动，延长机组寿命。

1. 变速抽水蓄能机组国内外研究现状

由于变速机组具有传统同步发电机无可比拟的优越性和广阔的应用前景，因此其理论研究和实践设计已成为国内外研究和关注的焦点。近几十年来，许多国家如苏联、日本和美国等都对变速机组进行了广泛的研究，并逐步在工业领域中得到了应用。

苏联在异步化发电机的理论研究和工业应用方面做了大量工作，建立了异步化发电机的基本理论，提出了双通道励磁控制思想，并对这种发电机的设计、运行特性及并网运行性能进行了研究。苏联已有两台 50MW 异步化水轮发电机在依奥夫斯克水电站投入正式运行，两台发电机实现了同频异步并列运行，且成功地实现了输出无功和大量吸收无功的两种运行工况。

日本从 20 世纪 80 年代开始研究变速机组技术，并在飞轮蓄能与抽水蓄能电站的应用方面取得了成功。日立-关西电力公司于1987年投运了世界上第一台22MW的变速发电电动机，并在1993年投运了400MW的可变速抽水蓄能电站；东芝-东京电力公司于1990年投运了80MW的变速发电机组，并研制成功了300MW的变速机组；高见电站、冲绳发电站等也相继采用了变速机组技术。经过日本试验机组的运行研究表明：通过水轮机的变速运行可以提高水轮机的运行效率，增加水泵运行工况下的自动调频能力，并通过有功功率、无功功率的快速调节可以提高电力系统的稳定性。

欧洲、美洲一些国家也就变速机组及其系统进行了大量的理论和实验研究工作，发表了大量的文章，包括变速机组运行的基本原理、数学模型、稳态分析、瞬态分析，以及各种实现其有功、无功独立调节的励磁控制模型，同时对其在风力发电、船用发电、水电站变水头发电等方面的应用也作了大量的理论分析。

我国对变速机组技术的研究起步较晚，目前有清华大学、浙江大学、华中科技大学、沈阳工业大学、重庆大学及一些研究所等单位对此课题进行了一定的研究，主要包含变速机组的性能分析、励磁控制策略的研究、转子变频装置及其谐波的研究等内容，但是到目前为止，研究工作大都还仅限于实验室或理论研究阶段，因而我国对变速机组的研究及应用已越来越受到许多研究学者的重视。

从应用的角度看，对变速机组的研究还有不少问题需要解决，如在发电机设计理论方面，研究不同励磁频率下的转子损耗，不同变频装置形式下的损耗变化等；在励磁控制方面，应对励磁回路参数匹配、降低励磁容量与损耗、合理选择变频装置形式进行研究，更完善的控制理论和方法、具有快速动态响应能力的励磁控制系统进行研究；在系统研究方面，包括变速机组励磁控制和原动机调速系统的协调控制，电力系统采用变速机组的技术经济分析以及变速机组并网后同传统同步发电机的协调运行等问题。

2. 变速抽水蓄能机组计算机监控系统

与定速抽水蓄能机组相比，变速抽水蓄能机组由于采用了交流励磁方式，带来了机组启动方式、控制调节等方面的变化，对计算机监控系统提出了新的要求。

（1）变速抽水蓄能机组工况转换控制。由于交流励磁系统具备抽水工况启动功能，由此带来了运行工况与转换控制流程、事故停机控制等方面的差异，需仔细研究抽水工况启动过程、运行工况转换过程及事故停机过程，开展变速抽水蓄能机组工况转换控制的适应性研究。

（2）变速抽水蓄能机组功率调节控制。变速抽水蓄能机组功率调节控制与常规抽水蓄能机组有很大的不同，变速抽水蓄能机组功率可以通过调速器控制及交流励磁控制两种途径来实现调节，交流励磁对有功功率的控制，会引起调速器对变速机组功率的调节，而调速器对有功功率的控制又会影响励磁系统对变速机组功率的调节，存在调速器与励磁系统控制有功功率的协调问题；而且，不同工况下变速机组的运行方式及控制要求不同，调速器与励磁系统控制之间的协调控制要求也不尽相同。因此，需要开展变速机组调速器与励磁系统之间的协调控制研究。

变速机组充分利用机组转速可调的有利条件，可以达到负荷优化调节的目的。其负荷优化是指机组在不同有功负荷下，均运行于最优单位转速附近，保持最佳的水力效率。因此，变速机组控制系统只需根据给定的水头和有功负荷，由机组综合优化特性算出对应的机组优化转速和开度，然后，通过调节水泵水轮机导叶开度和发电电动机的励磁电流频率来实现。为了使变速机组具有快速负荷响应特性，调速器控制水泵水轮机导叶开度实现负荷和转速的粗调，而变速机组交流励磁系统实现负荷和转速的细调，这样，通过变速机组控制系统协调控制和联合调节，可使系统运行于优化负荷工况。变速抽水蓄能机组协调控制系统结构如图 7-5 所示。

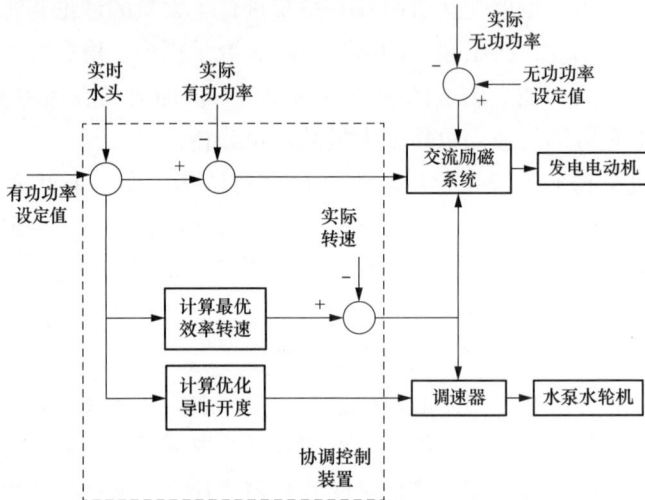

图 7-5　变速抽水蓄能机组协调控制系统结构图

变速抽水蓄能机组运行特性曲线是研究变速机组监控系统协调控制方法的基础，图 7-6、图 7-7 是日本大河内变速抽水蓄能机组发电、抽水工况下运行特性曲线。根据运行特性曲线也可看出，机组转速、导叶开度由静水头和系统功率共同决定，运行特性曲线中转速曲线与导叶开度曲线的交点即为变速机组最优运行工作点。

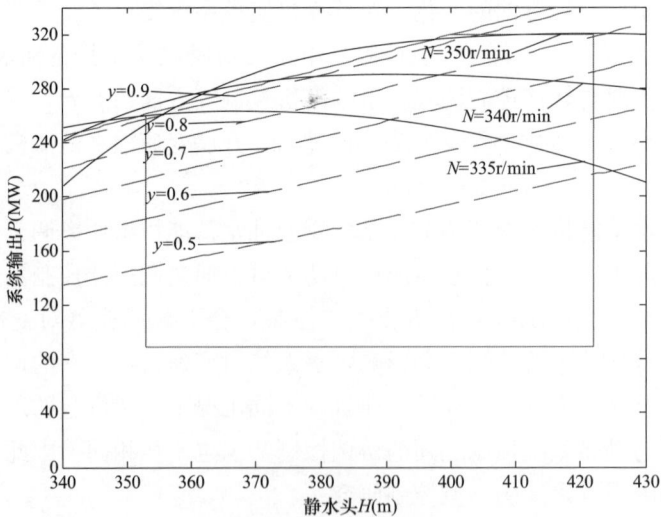

图 7-6　发电工况下机组运行特性曲线

注：y 为导叶开度；N 为机组转速，r/min。

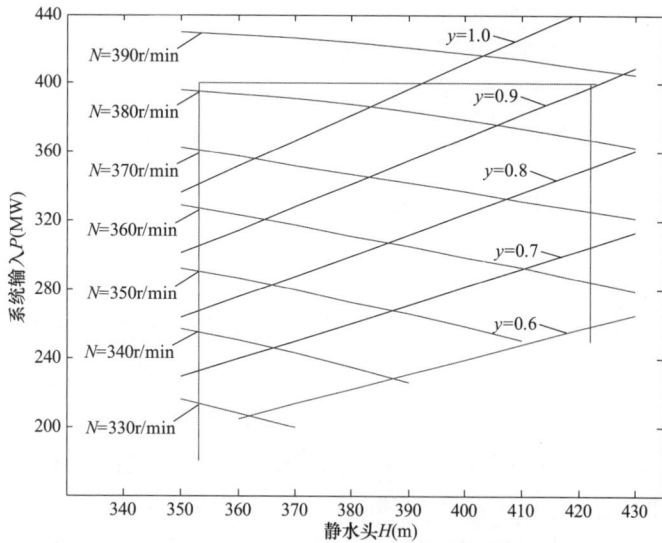

图 7-7　抽水工况下机组运行特性曲线

注：y 为导叶开度；N 为机组转速，r/min。

变速抽水蓄能机组协调控制过程如下：

首先，监控系统根据变速机组有功设定值和实时工作水头，利用机组运行特性曲线计算出对应的机组优化转速和导叶开度。

其次，励磁系统根据当前测量的有功实发值、无功实发值和转速实际值以及有功设定值、无功设定值和最优转速，即可计算出下一运行状态时转子励磁电压相量在动态同步轴系 d、q 轴上的分量；调速器根据当前测量的导叶开度实际值和转速实际值以及最优转速和导叶开度，即可计算出下一运行状态时的导叶开度。

然后，励磁系统将 d、q 轴上的转子励磁电压分量转换为实际轴系下转子三相励磁电压，并作为转子侧变频器的控制信号，从而实现变速机组有功、无功和转速的调节。

3. 变速抽水蓄能机组展望

变速抽水蓄能机组技术是最具代表性的国际前沿技术，是抽水蓄能领域重大技术变革和电网柔性技术的重要体现。变速抽水蓄能机组在发电和抽水状态下都可灵活调节电网的有功功率，有效增加旋转备用容量，提升电网对风电、太阳能等间歇性新能源的消纳水平；同时，将变速抽水蓄能机组作为储能产业发展的重要方向，可实现机组小型化，以满足分布式电源对储能装置的需求。目前欧洲、日本等发达国家垄断了抽水蓄能变速机组的关键技术，我国变速抽水蓄能技术还处于空白状态，随着国家对抽水蓄能机组的大量需要，对可变速机组的应用需求更加迫切，当前，应紧跟行业科技发展前沿，积极开展可变速机组的科研工作，争取早日掌握变速抽水蓄能机组核心技术，实现工程应用，技术赶超世界先进水平，推动我国高端装备制造业创新技术水平再上新台阶。

第八章

工 程 应 用 案 例

我国早期建设的抽水蓄能电站，其计算机监控系统一般随机组设备一起从国外进口，其中：广州抽水蓄能一期、河北张河湾、湖北白莲河、河南宝泉等抽水蓄能电站采用法国 ALSTOM 的 ALSPA P320 计算机监控系统；浙江天荒坪、北京十三陵抽水蓄能电站采用加拿大 Bailey 的 INFI-90 计算机监控系统；浙江桐柏、安徽琅琊山、湖南黑麋峰、福建仙游等抽水蓄能电站采用奥地利 VA TECH 公司生产的 NeTVune 计算机监控系统；山西西龙池抽水蓄能电站采用日本 MITSUBISH 的 MELHOPE 计算机监控系统。

从 2004 年开始，南瑞集团有限公司开始大型抽水蓄能电站监控系统和设备的自主化研究工作，先后在辽宁蒲石河、安徽响水涧、浙江仙居、江西洪屏、江苏溧阳、广东深圳、海南琼中等抽水蓄能电站投运了自主研制的 SSJ-3000 计算机监控系统。2016 年 8 月，北京中水科水电科技开发有限公司在广东清远抽水蓄能电站投运了自主生产的 H9000 计算机监控系统。

根据我国抽水蓄能电站计算机监控系统应用情况，各厂家系统选择 1～2 个抽水蓄能电站进行简述，下面分别对浙江天荒坪、浙江桐柏、山西西龙池、河北张河湾、安徽响水涧、辽宁蒲石河、广东清远、海南琼中等抽水蓄能电站计算机监控系统进行介绍。

第一节 天荒坪抽水蓄能电站

天荒坪抽水蓄能电站位于浙江省安吉县，安装 6 台单机容量 300MW 的可逆式水泵水轮机组，电站总装机容量为 1800MW。1998 年 9 月第一台机组投产，2000 年 12 月底全部竣工投产。电站监控系统采用加拿大 ABB Bailey 的 INFI-90 产品。

监控系统采用分层分布结构，电站控制级采用功能分散的多微机系统，主要设备包括操作人员工作站、电站计算机、模拟屏 LCU、控制链路、操作链路和事故顺序记录设备（SOE）、工程师站、报表打印站和厂长监视站。现地控制级主要由机组现地控制单元 LCU1～LCU6、地下厂房公用现地控制单元 LCU8、500kV 开关设备现地控制单元 LCU9、地面公用现地控制单元 LCU10、上库公用现地控制单元 LCU11 构成。此外，系统还包括一个操作人员培训站和一个热备用 LCU。计算机监控系统的实时控制信号采用冗余 INIF-90 令牌环形网络传输，各站通过相应的网络通信处理器与 INFI-90 网连接。天荒坪电站计算机监控系统结构如图 8-1 所示。

电站控制系统结构分调度级、电站控制级和现地控制单元级。调度级为华东总调的电能管理（EMS）系统，调度对电站控制到站级。

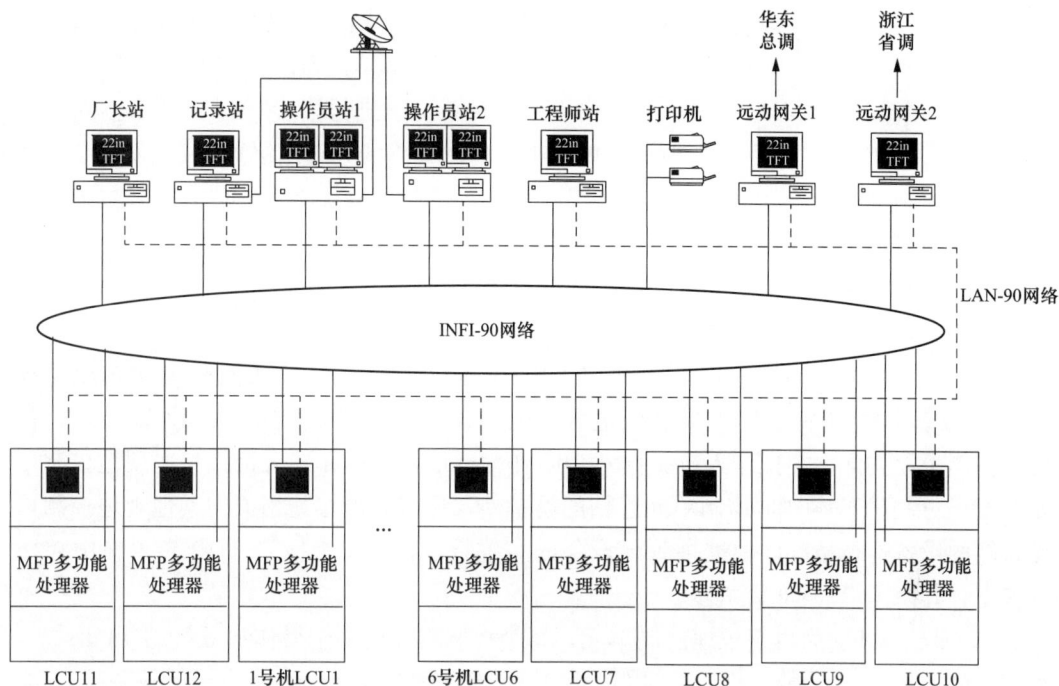

图 8-1 天荒坪电站计算机监控系统结构图

注：22in＝558.8mm。

1．电站控制级

电站控制级由以下各部分组成：

（1）操作人员工作站（OWSA、OWSB）：冗余配置，每个操作人员工作站由一带双屏幕的操作员工作站组成，是全电站监控的主要人机接口。中控室控制台按两席值班员设计。

（2）报表打印站（OWSC）：由一台操作人员工作站组成，但只配置单屏幕。

（3）电站计算机：冗余配置，每个电站计算机由冗余多功能可编程逻辑控制器构成。另有一台优化控制 PC 机用于优化运行计算。电站计算机主要用于完成电站的成组控制、优化运行和电网频率及上下库水位异常的紧急处理功能。

（4）控制链路：由冗余多功能处理器（MFP）构成，经冗余调制解调器与华东总调按远动规约进行通信联络。

（5）操作链路：冗余配置，每个由一台操作员工作站构成，经冗余调制解调器与华东总调按 X.25 网络通信规约进行联络。

（6）模拟屏及模拟屏 LCU：现模拟屏设有机组及 18、500kV 的母线及线路等主设备模拟接线（＋MBNN 屏）、水系统模拟图（＋MCNN 屏）和厂用设备模拟接线（＋MDNN 屏），其信息主要取自模拟屏 LCU，但部分重要的测量、状态和报警信号仍取自现场。当监控系统电站级或通信网络故障时，运行人员仍能通过模拟屏维持机组继续运行或通过硬布线进行 500kV 断路器操作、机组紧急停机、上库进水口闸门和尾水事故闸门的关闭等安全操作。模拟屏 LCU 由冗余 MFP、I/O 接口构成。

(7) 事故顺序记录设备（SOE）：为满足系统内事故顺序记录分辨率 2ms 的要求，特设置单独的 SOE 工作站，该设备由 WESTRONIC 公司的 WESDAC 分布式事件顺序记录器与冗余配置的 MFP 构成，直接由卫星时钟系统来进行同步对时。SOE 输入接口分布于除 LCU11 外的每一个现地控制单元中，通过独立的光纤网络连接。

电站控制级还设置冗余的卫星时钟接收装置，确保电站监控系统时钟信号与华东总调同步。

电站控制级采用集中的 UPS 电源供电。

2. 现地控制级

现地控制级由 LCU1～LCU6 和 LCU8～LCU11 共 10 个现地控制单元构成。各 LCU 均设有 UPS 电源，UPS 的直流电源由电站直流系统供电。除上库 LCU11 外，各现地控制单元均配一个操作人员工作站 OIS 作为现地控制单元的人机接口。现地控制单元的 OIS 除可监控本现地控制单元管辖的设备外，还可监视与其相关的其他现地控制单元管辖的设备运行情况。根据被管辖设备的布置特点，LCU9 和 LCU10 布置在中控楼继保室，其余 LCU 均布置现场。

LCU1～LCU6 为机组现地控制单元，每个控制单元由一个操作员监视站（OIS）、3 组冗余的 MFP（多功能处理器），以及通过从总线下挂冗余 I/O 接口模件和相应的现地控制屏构成。

LCU8 和 LCU10 分别为地下和地面公用设备现地控制单元，分别由一个操作员监视站（OIS）、2 组冗余的 MFP，以及从总线下挂 I/O 接口模件（与 SFC 的 I/O 接口冗余）和相应的现地控制屏构成。LCU8 和 LCU10 还分别设有独立的自动成组报警单元 AGU8 及 AGU10，以满足 LCU8 和 LCU10 故障时，公用系统设备仍能维持原有运行状态。此外，LCU10 中还设有与 LCU11 通信的光纤和微波通信设备。

500kV 开关设备现地控制单元 LCU9 由一个操作员监视站（OIS）、3 组冗余的 MFP，以及通过从总线下挂冗余 I/O 接口模件和相应的现地控制屏构成。

LCU11 由 2 组 MFP、从总线下挂 I/O 接口模件和相应的现地控制屏（＋RLNN）构成，在 LCU11 中设有与 LCU10 通信的光纤和微波通信设备。

3. 通信网络

计算机监控系统的实时控制信号采用冗余 INFI-90 环形总线网络传输。各站通过相应的网络通信处理器与 INFI-90 网连接，NFI-90 网采用接力棒式存储转发通信协议和例外报告、信息打包技术。为提供信息传输的可靠性，在传输距离较远、环境相对恶劣的场所，如布置在现场的 LCU1～LCU6 和 LCU8 之间，现场 LCU 与中控楼监控设备之间的网络介质均采用光纤，其他网络介质为同轴电缆。

上库与中控楼之间的通信方式为上库 LCU11 通过冗余光纤链路和冗余微波链路经 LCU10 进入 INFI-90 总线网络，上库闸门及电站安全设备之间还保留硬布线闭锁逻辑。

INFI-90 网络各节点的二端设有网络旁路通信单元，保证个别节点损坏时不影响网络通信。监控系统还设有 LAN-90 网络用于各工作站之间传输批量信息，LAN-90 网络采用同轴电缆。

第二节 桐柏抽水蓄能电站

桐柏抽水蓄能电站位于浙江省天台县，电站总装机容量 1200MW，安装有 4 台 300MW 立轴单级混流可逆式水泵水轮机。电站监控系统按"无人值班"（少人值守）方式设计，采用"计算机为主，简化常规控制设备为辅"设计。电站计算机监控系统为奥地利 VA TECH 公司生产的 NeTVune 产品。

计算机监控系统具备以下特点：①球阀控制、调速器油系统控制、冷却水控制采用 AMC1703 模件，与机组 LCU 采用 IEC 60870-5-101 光纤现场总线通信；②全厂通信采用冗余双环以太网，LCU 冗余的 CPU、冗余的调速器电调通信、冗余励磁通信均分别连接到不同环网上，任何一个环网的双重故障均不会影响系统正常工作；③通信技术的应用大大节约了控制电缆的数量，同时也方便了现场安装调试，大大加快了工期。根据测算，控制电缆较其他同类型电站至少节约了 1/3；④计算机监控系统冗余的主机服务器采用 UNIX 操作系统，其他工作站均采用 WINDOWS 操作系统，这种混合平台模式即保证了数据存储的安全性和可靠性，又兼顾了操作的便利性和友好性，同时还大大降低了整体系统的维护量；⑤与华东网调和浙江省调的通信采用了与现地控制单元 LCU 完全一致的、无风扇、无硬盘、双电源、双 CPU 的 AK1703 智能自动化装置，大大提高通信的可靠性和安全性；⑥现地控制单元 LCU 的触摸屏采用网卡直接接入现地控制单元工业以太网交换机，通信速率高（10/100Mbit/s），画面无延时。

电站计算机监控系统采用分层分布结构，分为调度控制级、远控中心控制级、电站控制级和现地单元控制级 4 层，控制权限由低到高。各控制级之间通过 100Mbit/s 冗余双光纤交换式工业环形以太网络进行通信，并采用了 TCP/IP 协议。桐柏电站计算机监控系统结构如图 8-2 所示。

1. 调度控制级

由远方通信现地控制单元 LCU9 来实现与华东总调和浙江省调的信息交换，在华东总调可以进行 500kV 开关设备控制、500kV 主变压器有载分接头调节、控制电站总有功功率及备用容量、控制 500kV 母线电压及偏差值等功能。LCU9 由 2 台 AK1703 控制器组成，2 台均能独立工作并互为热备用，每台均有一主一备两个通道与每个调度中心进行通信，并具有通道状态监视和主、备通道自动切换功能。与华东电网有限公司调通中心和浙江省电力调通中心的远动通信协议采用 IEC 60870-5-101 规约和 IEC 60870-5-104 规约，两规约互为备用。

2. 远控中心控制级

远控中心位于杭州办公大楼内，通过路由器及光纤与电站现地控制网络相连，实现远方控制功能。远方控制中心的设备主要有：冗余配置的 2 台操作员工作站，每台工作站带双 558.8mm（22in）液晶屏；1 台工程师工作站；1 台历史数据库工作站；1 台 2m×1.5m 大屏幕投影仪，分辨率为 2048×1536；2 台以太网交换机；2 台路由器；1 台时钟同步设备；1 台 UPS 电源；2 台打印机。

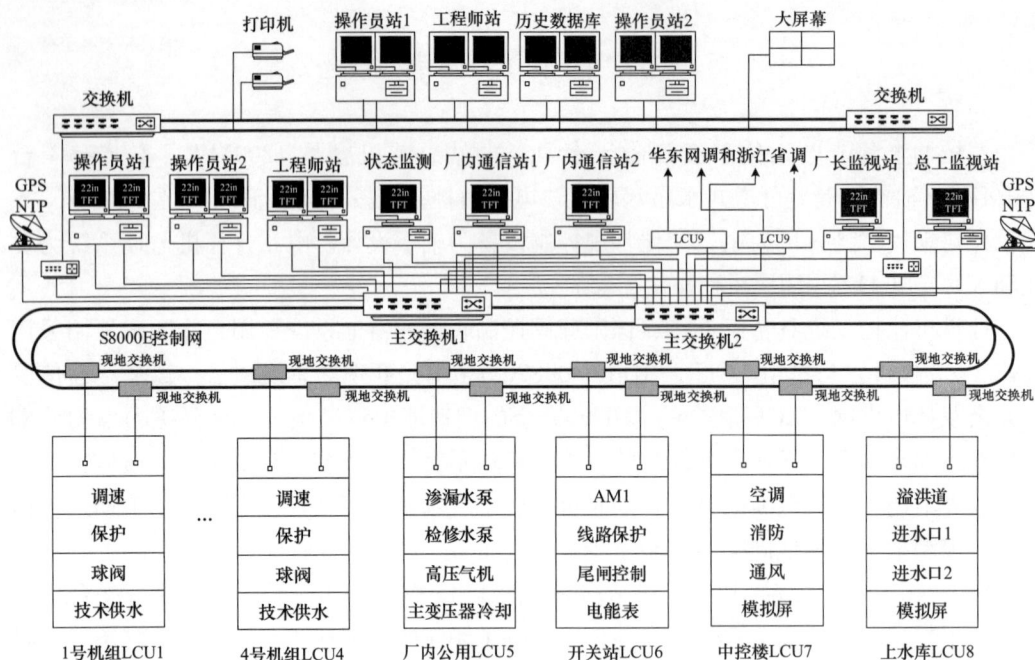

图 8-2 桐柏电站计算机监控系统结构图

注：22in＝558.8mm。

3. 电站控制级

电站控制级主要由以下设备组成：

（1）2台冗余的数据服务器：服务器采用 SUN Blade 2500 工作站，作为整个电站实时和历史数据服务器。

（2）2台冗余的操作员工作站：每台工作站均带双 558.8mm（22in）液晶屏，作为运行人员的控制监视界面。

（3）1台工程师工作站：带有双 558.8mm（22in）液晶屏，可在线进行数据库生成、编制及修改应用逻辑程序、软件测试、修改报表和画面等系统设计和维护工作。另外也可以作为操作员工作站对电站设备进行监视和控制。

（4）2台厂长总工监视工作站：用于监视全厂生产过程，但不能参与控制。

（5）2台冗余的网关工作站Ⅰ：通过路由器与华东电力系统二级数据通信网通信，通信协议为 IEC 60870-6TASE2，传输速率为 100Mbit/s；

（6）网关工作站Ⅱ：用于与电站信息管理系统的通信。

（7）主模拟屏：由电站电气主接线、高压厂用电和输水系统三部分采用马赛克模拟屏构成。模拟屏显示信息和控制命令由现地控制单元 LCU7 通过环形网络与其他 LCU 通信，模拟量采用数字式仪表显示。在模拟屏上可以进行上下库闸门的紧急关闭、地下厂房1～4号机组紧急停机、启动1～4号发电机-变压器组的消防设施、启动 SFC 输入/输出变压器的消防设施、柴油发电机紧急停机等紧急控制操作。

（8）2台冗余的卫星时钟接收装置和网络时钟服务器：确保监控系统时钟信号与卫星时钟同步。

（9）语音报警工作站：实现语音报警、电话自动报警功能。

（10）2台冗余的UPS电源：UPS容量为8.5kVA，电池容量为112Ah，可以供给电站控制级所有设备运行1h。

（11）2台以太网主交换机：采用HirschmannMice switch。

4. 现地单元控制级

现地单元控制级由8个LCU组成，采用VA TECH公司生产的SAT1703过程控制系统，包括4台机组LCU1～LCU4、地下厂房公用设备LCU5、开关站LCU6、地面公用设备LCU7、上库LCU8。

（1）机组现地控制单元LCU1～LCU4。监视和控制水泵水轮机、发电电动机、主变压器、进水阀及机组附属辅助设备等。机组LCU具有SAT230触摸屏人机接口，当电站控制级设备离线时能独立运行，完成监视、控制、调节和报警等功能。

机组LCU组成：

发电机层LCU柜，由一个带冗余CPU的AK1703机架组成，通过两只Hirschmann RS2工业交换机与上位机通信，同时调速器、励磁、发电机-变压器组电气保护也通过该交换机与上位机及机组LCU通信。所有通信采用基于TCP/IP协议的IEC 60870-5-104规约及双绞线连接，通信速度为100Mbit/s。主变压器冷却系统控制器通过光纤和Modbus协议与LCU通信，通信速度为19200bit/s。

发电机远程I/O柜和水轮机远程I/O柜，分别安装在中间层和水轮机层，均由一个不带CPU的AK1703机架组成，采集机组模拟量、状态量和报警信息。发电机远程I/O柜还安装一个不带CPU的AM1703机架，直接采集并处理机组和母线侧电压量、电流量、频率、有功功率及无功功率等。所有机架通过Ax总线与发电机层LCU柜的冗余CPU通信，采用光纤连接，通信速率为16Mbit/s。

机组附属设备控制由3个AMC1703控制器来实现，分别为调速器油系统控制器、进水阀及其油系统控制器、机组冷却水控制器。所有控制器通过IEC 870-5-101现场总线与发电层LCU柜的CPU通信，并采用光纤连接。AMC与AK之间通信速度为38400bit/s。各控制器均能实现功能自治，当与LCU通信中断时能够自主控制各自所辖设备。

（2）地下厂房公共设备现地控制单元LCU5。监视和控制地下厂房内的所有公用设备：500kV地下GIS设备、检修水泵、渗漏水泵、高压气机、中低压气机、主变压器空载冷却水泵、SFC系统、机组消防水泵、主变压器及SFC输入/输出变压器消防水泵、直流系统、厂用10kV系统、厂用400V系统及机组状态监测系统等。

高压气系统配置了一个AK1703、中低压气系统和水系统配置了5个AMC1703，所有子系统均通过IEC 870-5-101现场总线与LCU5通信，采用光纤连接，通信速率为38400bit/s。

SFC系统、直流系统、厂用400V系统通过Modbus协议与LCU5通信，采用光纤连接，通信速率为19200bit/s。

厂用10kV系统通过IEC 870-5-103协议与LCU5通信，采用光纤连接，速度为

19200bit/s。

（3）开关站及下库设备现地控制单元 LCU6。监视和控制地面 500kV 开关设备、500kV 电缆 DTS 系统、500kV 短母线及线路继电保护、柴油发电机系统、下库 1～4 号机的尾水闸门系统、下库导流泄放洞闸门系统、下库水力测量系统等。

配置了 2 个 AM1703 机架，采集和控制 500kV 开关设备，作为远程 I/O 通过内部光纤总线与 LCU6 通信，通信速率为 4Mbit/s。

500kV 短母线及线路继电保护通过 IEC 870-5-103 协议与 LCU6 通信，采用光纤连接，速度为 19200bit/s。

下库尾水闸门和导流泄放洞闸门分别配置了 1 个 AMC1703 机架，通过 IEC 870-5-101 现场总线与 LCU6 通信，采用光纤连接，通信速率为 38400bit/s。

（4）中控楼现地控制单元 LCU7。监视和控制中控楼模拟屏、通信系统、火灾报警消防系统、图像监视系统、通风空调系统及 35kV 坝顶变电站相关设备等。

（5）中控楼现地控制单元 LCU8。监视和控制上水库 48V 直流系统、上水库溢洪道闸门设备、上水库进出水口闸门设备、上库水力测量系统等。LCU8 直接采用光纤与双环形网络上的主交换机连接。

5. 通信网络

监控系统配置 100Mbit/s 双光纤交换式环形以太网络，所有工作站、服务器、LCU 均配置 2 块网卡，分别通过工业交换机与环形网络连接，彻底防止了光纤中断或网卡损坏引起的通信中断现象。各 LCU 内部除少数近距离的设备通信采用双绞线外，其他全部采用光纤连接，大大提高了通信可靠性和抗干扰能力。通信速度：交换机之间及其与 LCU 之间都是 100Mbit/s，高速网络提高了数据吞吐量，极大地提高了监控系统的数据响应速度。环形网络内部故障和环间连接故障，系统将在 0.5s 之内完成冗余切换，系统通信不受任何影响。

第三节　西龙池抽水蓄能电站

山西西龙池抽水蓄能电站位于五台县神西乡。电站总装机容量为 1200MW，安装 4 台单机容量 300MW 的可逆式水泵水轮机组，电站额定水头 624m。2008 年 12 月首台机组并网发电，2009 年 10 月底全部建成投产。电站监控系统采用日本三菱 MELHOPE 产品。

三菱 MELHOPE 监控系统上位机配置有 2 台主机服务器 Server、3 台操作员站 OPS、2 台工程师工作站 EDS、1 台厂内通信工作站、2 台远动通信工作站、2 台打印机及 1 套 GPS 对时系统。上位机各节点操作系统均采用微软 WINDOWS XP。三菱下位机 LCU 配置三菱 BS 系列 PLC，PLC 的 CPU 均为冗余配置，负责完成 I/O 采集、数据处理和流程的执行等功能。三菱 PLC 还配置有 MODBUS 串口卡和 CC-LINK 接口卡。串口卡负责完成与调速器和励磁等的通信功能。CC-LINK 接口卡则完成 PLC 的 I/O 采集功能。西龙池电站计算机监控系统结构如图 8-3 所示。

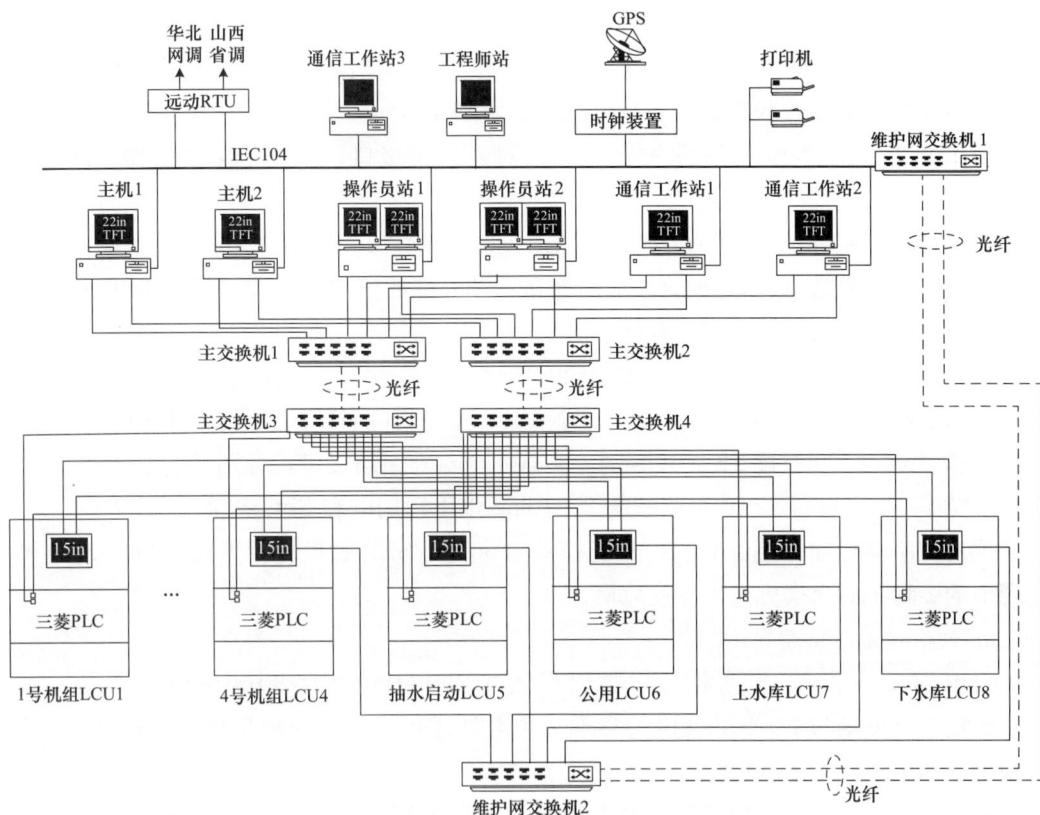

图 8-3 西龙池电站计算机监控系统结构图

注：22in＝558.8mm；15in＝381mm。

1. 网络结构

三菱 MELHOPE 监控系统网络采用三层星型网络：Information Network、Plant Network、Field Network。Information Network 为监控维护网，单网结构，用于监控系统维护节点的组网。Plant Network 为监控控制网，双网结构，是监控系统的实时控制网络，监控系统主要节点如主机、操作员站和现地控制单元控制器等均接入控制网。Field Network 为现场总线网络，三菱 BS 系列 PLC 就通过三菱专有现场总线 CC-Link 与 I/O 模件进行连接。

Information Network 和 Plant Network 网络交换机均采用 hp procurve 2524 交换机。

2. 远动通信

三菱 MELHOPE 配置 2 台远动通信机，利用内部 OPC 转 IEC104 软件，将数据传输到上海惠安 RTU 远动设备 WESDAC D20ME，惠安 RTU 远动设备通过 IEC104 协议与华北网调和山西省调实现远动通信功能。

3. 对时系统

监控系统 GPS 原方案采用 Symmetricom 产品，单主机配置。GPS 主机放置在中控楼，与监控系统采用 NTP 对时。

4. 机组现地控制单元 LCU1～LCU4（1～4 号机组）

每台机组 LCU 配置有 4 块屏柜，全部放置在发电机层。三菱 PLC 通过 PIO HUB

连接 12 块 PIO 模板。

机组 LCU 还配置了一台三菱 Q 系列 PLC 控制器，作为紧急 PLC，用作主 PLC 的后备停机保护，其 I/O 模件配置：3 块 DI、2 块 DO。

机组 LCU 通过 MOSBUS 网关实现 3 个对外通信接口，分别是主变压器、调速和励磁。

机组现地控制屏柜配置一台 PS-200B 工控机和 5017T-SER 触摸屏，具备顺控、调节、过程输入/输出、数据处理、相应画面显示和外部通信功能。工控机与 PLC 均通过现地的 2 台 HP 交换机接入监控双网。

5. 抽水启动现地控制单元 5LCU（SFC）

抽水启动 LCU 配置有 3 块屏柜。三菱 PLC 通过 PIO HUB 连接 8 块 PIO 模板。

抽水启动 LCU5 通过 MOSBUS 网关实现 4 个对外通信接口，分别是主变压器 220V 直流系统 1、主变压器 220V 直流系统 2、10kV 地下厂用电和 SFC 系统。

现地控制屏柜配置一台 PS-200B 工控机和 5017T-SER 触摸屏。工控机与 PLC 均通过现地的 2 台 HP 交换机接入监控双网。

6. 公用现地控制单元 LCU6

公用 LCU 配置有 3 块屏柜。三菱 PLC 通过 PIO HUB 连接 8 块 PIO 模板。

公用 LCU6 通过 MOSBUS 网关实现 2 个对外通信接口，分别是地下厂房 220V 直流系统 1 和地下厂房 220V 直流系统 2。

现地控制屏柜配置一台 PS-200B 工控机和 5017T-SER 触摸屏。工控机与 PLC 均通过现地的 2 台 HP 交换机接入监控双网。

7. 开关站现地控制单元 LCU6

开关站 LCU 配置有 4 块屏柜。三菱 PLC 通过 PIO HUB 连接 11 块 PIO 模板。

开关站 LCU7 通过 MOSBUS 网关实现 3 个对外通信接口，分别是开关站下水库 10kV、开关站 220V 直流系统 1 和开关站 220V 直流系统 2。

现地控制屏柜配置一台 PS-200B 工控机和 5017T-SER 触摸屏。工控机与 PLC 均通过现地的 2 台 HP 交换机接入监控双网。

8. 上水库现地控制单元 LCU7

上水库 LCU 配置有 2 块屏柜。三菱 PLC 通过 PIO HUB 连接 4 块 PIO 模板。

上水库 LCU8 通过 MOSBUS 网关实现 3 个对外通信接口，分别是上水库 400V 母线、上水库 10kV 和上水库 220V 直流系统。

现地控制屏柜配置一台 PS-200B 工控机和 5017T-SER 触摸屏。工控机与 PLC 均通过现地的 2 台 HP 交换机接入监控双网。

第四节 张河湾抽水蓄能电站

张河湾抽水蓄能电站位于河北省石家庄市井陉县，电站总装机容量为 1000MW，安装 4 台单机容量 250MW 的单级混流可逆式水泵水轮机组，以一回 500kV 线路接入河北电网。电站监控系统采用法国阿尔斯通 ALSTOM ALSPA P320 产品。

阿尔斯通 ALSPA P320 计算机监控系统采用分层分布式结构，分设与中控楼相关的主控级（CENTRALOG 层又称为上位机）和与电站现场自动化相关的现地控制级（CONTROLBLOC 层又称为下位机）。阿尔斯通监控系统主网络为 S8000E 冗余双光纤环形网络，现地控制单元内部采用 FIELDBUS 现场总线 F8000 连接。CENTRALOG 配置 2 台 SUN BLADE150 网关机实现与华北网调和河北省调的远动通信。张河湾电站计算机监控系统结构如图 8-4 所示。

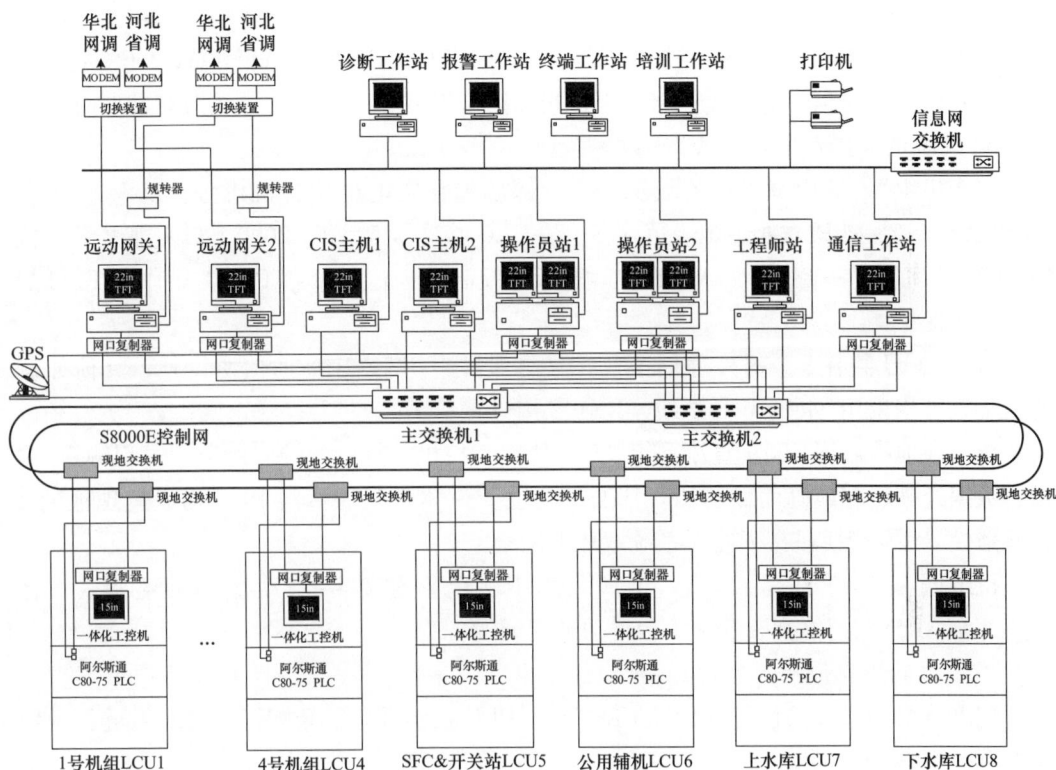

图 8-4　张河湾电站计算机监控系统结构图

注：22in＝558.8mm；15in＝381mm。

1. CENTRALOG 硬件配置

阿尔斯通 CENTRALOG 配置有 2 台 SUN BLADE2500 实时主机服务器 CIS，2 台 SUN BLADE2500 操作员站 CVS，1 台 DELL GX620 工程师工作站 CONTROCAD，1 台 DELL GX620 厂内通信工作站 CSS-F，1 台 DELL GX620 报表工作站 CRW，1 台 DELL GX620 报警工作站，2 台四方通信管理机 CSM-320E，2 台 SUN BLADE150 网关机 CSS-G，2 台 TRANSTEC 历史库磁带机与 CVS 连接。

2. CENTRALOG 网络结构

阿尔斯通 ALSPA P320 系统网络采用 S8000-E 双环形网络结构，上位机各节点均为单网口配置，除 2 台 CIS 主机服务器和 CONTROCAD 工程师工作站外（分别单链路接入双环形网络），其他各节点均通过 ETHERCOM MODEL EFTT1003 端口复制器接入 S8000-E 的赫斯曼 RS20 交换机。

3. CENTRALOG 远动通信

CENTRALOG 配置 2 台 SUN BLADE150 网关机实现与华北网调和河北省调的远动通信，通信规约为 IEC101 和 IEC104。

4. CENTRALOG 高级应用

目前电厂 AGC/AVC 功能未投入使用，运行人员根据调度下发的负荷曲线手动设置调节负荷。

5. 对时系统

监控系统 GPS 原方案采用德国 HOPF ELEKTRONIK GMBH 产品，GPS 主机放置在上水库，对时信号通过光纤接入上位机 2 台 CIS 主机，对时方式为分脉冲对时。

6. 机组现地控制单元 LCU1～LCU4（1～4 号机组）

每台机组 LCU 均配置有 4 块屏柜，全部放置在发电机层各机机旁。LCU 配置了 ALSPA C80-75 型 PLC 控制器，冗余配置。PLC 共连接 5 块 CE2000 I/O 采集装置。机组 LCU 还配置了一台 ALSPA C80-35 型 PLC 控制器，作为紧急 PLC，用作主 PLC 的后备停机保护。

机组 LCU 共有 8 个对外通信接口，除与保护采用 IEC103 通信协议外，其他如调速、励磁等均采用 MODBUS 总线（RS422 接口）。

机组现地控制屏柜配置一台研华 15 一体化工控机，具备顺控、调节、过程输入/输出、数据处理、相应画面显示和外部通信功能。一体化工控机与 PLC 均通过现地的 2 台赫斯曼 RS20 交换机接入监控系统双环形网络。

机组同期系统配置了 1 台 WOODWARD 单对象数字自动准同期装置、1 台 WOODWARD 同期检查装置和 1 台手动准同期设备。

7. 配电装置现地控制单元 LCU5（SFC 和开关站）

配电装置 LCU 配置了 ALSPA C80-75 型 PLC 控制器，冗余配置。PLC 共连接 5 块 CE2000 I/O 采集装置。

配电装置 LCU 共有 7 个对外通信接口，除与保护采用 IEC103 通信协议外，其他如 SFC、GIS、厂用电 10kV 系统、主变压器附属用房直流系统等均采用 MODBUS 总线。

现地控制屏柜配置一台研华 15 一体化工控机，具备控制、调节、过程输入/输出、数据处理、相应画面显示和外部通信功能。一体化工控机与 PLC 均通过现地的 2 台赫斯曼 RS20 交换机接入监控系统双环形网络。

8. 公用设备现地控制单元 LCU6

公用辅机 LCU 配置了 ALSPA C80-75 型 PLC 控制器，冗余配置。PLC 共连接 3 块 CE2000 I/O 采集装置。

公用辅机 LCU 共有 4 个对外通信接口，渗漏排水、空压气、直流等均采用 MODBUS 总线。

现地控制屏柜配置一台研华 15 一体化工控机，具备控制、调节、过程输入/输出、数据处理、相应画面显示和外部通信功能。一体化工控机与 PLC 均通过现地的 2 台赫斯曼 RS20 交换机接入监控系统双环形网络。

9. 上水库现地控制单元 LCU7

上水库 LCU 配置了 ALSPA C80-75 型 PLC 控制器,冗余配置。PLC 共连接 1 块 CE2000 I/O 采集装置。

上水库 LCU 共有 3 个对外通信接口,均采用 MODBUS 总线。

现地控制屏柜配置一台研华 15 一体化工控机,具备控制、调节、过程输入/输出、数据处理、相应画面显示和外部通信功能。一体化工控机与 PLC 均通过 LCU9 的 2 台赫斯曼 RS20 交换机接入监控系统双环形网络。

10. 下水库现地控制单元 LCU8

下水库 LCU 配置了 ALSPA C80-75 型 PLC 控制器,冗余配置。PLC 共连接 1 块 CE2000 I/O 采集装置。

下水库 LCU 共有 3 个对外通信接口,均采用 MODBUS 总线。

现地控制屏柜配置一台研华 15 一体化工控机,具备顺控、调节、过程输入/输出、数据处理、相应画面显示和外部通信功能。一体化工控机与 PLC 均通过 LCU9 的 2 台赫斯曼 RS20 交换机接入监控系统双环形网络。

11. 模拟屏现地控制单元 LCU9

模拟屏 LCU 配置了 ALSPA C80-75 型 PLC 控制器,冗余配置。PLC 共连接 1 块 CE2000 I/O 采集装置。

12. 35kV 现地控制单元 LCU10

35kV LCU 配置了 ALSPA C80-35 型 PLC 控制器。PLC 共连接 2 块 I/O 采集装置。

⊞ 第五节 响水涧抽水蓄能电站

响水涧抽水蓄能电站位于安徽省芜湖市,电站总装机容量为 1000MW,安装 4 台单机容量为 250MW 的可逆式水泵水轮机组,以 500kV 2 回出线接入 500kV 繁昌变电站,承担华东电网调峰、填谷、事故备用、调频、调相等任务。电站监控系统采用南瑞集团有限公司的 SSJ-3000 产品。

计算机监控系统按"无人值班"(少人值守)的原则进行设计,采用符合 ISO/IEC IEEE 802/WG57 国际开放系统标准的开放式环境下全分布计算机监控系统,保证系统中不同计算机产品的互操作性、系统扩展和可移植性。

计算机监控系统具备以下特点:①重要硬件设备均采用冗余配置,局部硬件设备故障不会影响监控系统的正常运行,系统硬件设备可靠性高(电源、CPU、功率测量等);②控制流程的每一功能和操作都进行检查和校核,防止不合理的或非法的命令输入,当操作命令有误时能自动闭锁并产生报警,保证监控系统的正常运行,极大地提高了可靠性和容错能力;③根据事故重要等级,重新对事故跳机信号进行梳理,仅保留重要的事故信号作为事故启动源,并经过冗余组合判断后才启动事故停机流程;④温度测点采用防止温度跃变的"动态上升率"判断法，有效判别温度品质，防止误跳机。

计算机监控系统由电站控制级和现地控制单元级等设备组成。电站控制级为 NC2000 系统，采用双主机热备冗余设计，并配置一个双席操作员控制台及二台双显示器的操作员工作站，一台工程培训站，两台远动通信工作站，一台厂内通信工作站，一套卫星同步时钟系统等设备；现地控制单元级为 SJ-500 现地控制单元，电站设有机组 LCU 等 10 个现地控制单元及远程 I/O 设备；监控系统网络采用冗余光纤快速交换式环形以太网络结构，电站控制级设备及现地控制单元级设备均直接接入网络。响水涧电站计算机监控系统结构如图 8-5 所示。

1. 主机服务器

南瑞集团有限公司 NC2000 系统配置两台 SUN T5240 服务器作为监控系统的主机，主机采用 RISC 技术，Solaris 操作系统，主计算机服务器设在电站中控楼计算机室内，采用双机热备冗余配置，正常情况一台工作，一台热备用，工作计算机故障，则由备用计算机接替，自动完成双机无扰动切换。主机服务器具备全厂数据的采集和管理、AGC/AVC、决策支持、历史数据存储管理等全厂性的功能。

2. 操作员工作站

NC2000 系统配置两台 HP XW6600 操作员工作站，每台工作站配置双屏显示，键盘及鼠标的光标能在显示器间任意移动；每台工作站配有专用的声卡或语音装置，实现语音的合成和编辑，发出语音提示或报警。操作员工作站可以实现全厂运行设备的实时监视和操作控制功能。

3. 工程师工作站

NC2000 系统配置一台 HP XW6600 工程师操作员工作站，工程师操作员工作站用于计算机监控系统的日常功能维护，实现对全厂数据库、画面、流程等的编辑和修改，对硬件设备进行添加、删除等的配置，还可承担对运维人员的简单培训任务。

4. 远动通信工作站

NC2000 系统配置两台南瑞集团有限公司 SJ30-642 工作站，工作站采用 SSD 固态硬盘，无风扇嵌入式结构，具备高抗干扰性和低功耗的特性，采用 LINUX 操作系统，支持远动 IEC101、IEC104、DNP、DL476、CDT 等多种远动规约。远动通信工作站与华东网调和安徽省调 EMS 系统实现 IEC104 双平面远动通信，接收华东网调下行遥控、遥调指令，并将电站实时生产数据通过电力调度数据网进行上送。

5. 厂内通信工作站

NC2000 系统配置一台 HP XW6600 工作站，LINUX 操作系统。厂内通信工作站可实现与监控系统Ⅰ区内其他生产设备如 UPS 等的数据通信，也可与电站Ⅲ区的生产信息管理系统通过专用单向安全隔离装置进行通信。

6. 网络系统

监控系统网络采用星形＋环形的网络结构，主交换机采用了德国赫斯曼 MS20 骨干交换机，现地交换机采用德国赫斯曼 RS20 交换机。NC2000 上位机系统各主机设备和上水库 LCU 均以星形结构接入主交换机，机组等其余 LCU 均以环形网络结构接入现地交换机。

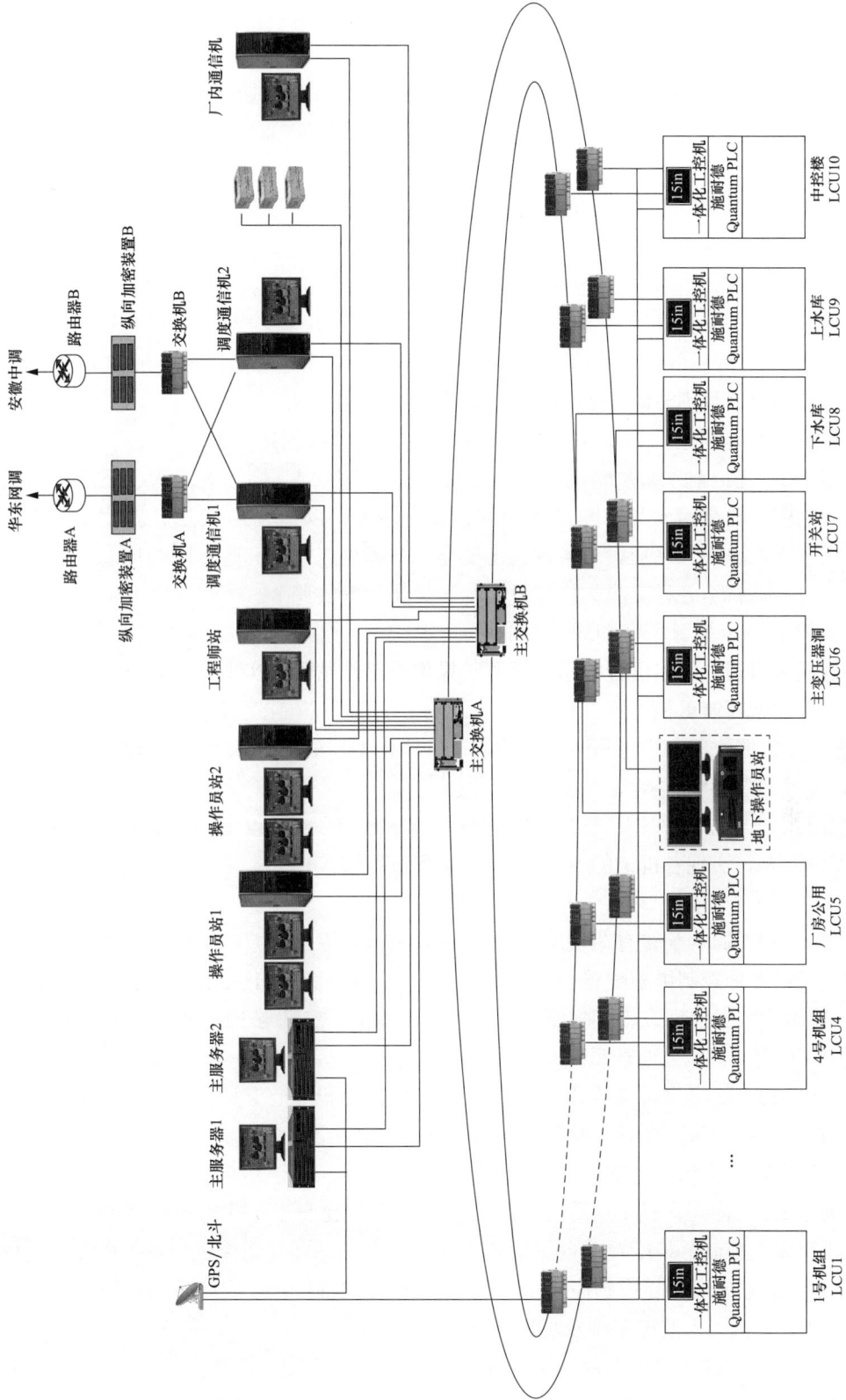

图8-5 响水涧电站计算机监控系统结构图

注：15in=381mm。

7. 对时系统

电站对时系统采用上海申贝 YJD-2000 产品，授时装置为北斗＋GPS 双主机。厂内通信机与对时装置采用串口通信进行授时，并通过 NARI 专用对时协议进行系统的对时；对时信号通过时钟同步扩展装置，采用光纤对各 LCU 进行对时，对时信号采用 DCF77。

8. 机组现地控制单元 LCU1～LCU4（1～4 号机组）

每台机组 LCU 均配置有 7 块屏柜，分别放置在发电机层 3 面、中间层 2 面和水轮机层 2 面。LCU 采用施耐德昆腾 UNITY PLC 控制器，冗余配置。机组 LCU 还配置了 1 台昆腾 ML340 PLC 控制器，作为紧急 PLC，用作主 PLC 的后备停机保护。

机组现地控制屏柜配置一台研华 381mm（15in）一体化工控机，具备顺控、调节、过程输入/输出、数据处理、相应画面显示和外部通信功能。一体化工控机与 PLC 均通过现地的 2 台赫斯曼 RS20 交换机接入监控系统双环形网络。

机组同期系统配置了 1 台 NARI SJ-12D 多对象自动准同期装置。

机组 LCU 完成对水泵水轮机、发电电动机、主变压器、机组进水阀、下水库进出水口事故闸门、机组附属及辅助设备等的监视和控制。实现对电气量、温度量、模拟量、开关量等的采集和处理，对各种状态变化、故障事故信息和越复限等信息进行显示和报警，可实现机组各种工况的操作及有功、无功功率的调节。

9. 主变洞现地控制单元 LCU5（SFC）

主变洞 LCU 均配置有 2 块屏柜，LCU 采用施耐德昆腾 UNITY PLC 控制器，冗余配置。机组现地控制屏柜配置一台研华 381mm（15in）一体化工控机，具备顺控、过程输入/输出、数据处理、相应画面显示功能。一体化工控机与 PLC 均通过现地的 2 台赫斯曼 RS20 交换机接入监控系统双环形网络。

主变洞 LCU 完成对 SFC 及其附属设备、地下 500kVGIS 设备等的监视和控制，与机组 LCU 配合，实现各机组的 SFC 变频启动和 BTB 启动。

10. 厂房公用设备现地控制单元 LCU6

厂房公用 LCU 均配置有 3 块屏柜，LCU 采用施耐德昆腾 UNITY PLC 控制器，冗余配置。机组现地控制屏柜配置一台研华 381mm（15in）一体化工控机，具备顺控、过程输入/输出、数据处理、相应画面显示功能。一体化工控机与 PLC 均通过现地的 2 台赫斯曼 RS20 交换机接入监控系统双环形网络。

厂房公用 LCU 完成对空压机、排水泵等全厂公用设备、10kV 厂用电和高压开关柜、厂用变压器、220V 直流电源系统等的监视和控制功能。

11. 500kV 开关站现地控制单元 LCU7

开关站 LCU 均配置有 4 块屏柜，LCU 采用施耐德昆腾 UNITY PLC 控制器，冗余配置。机组现地控制屏柜配置一台研华 381mm（15in）一体化工控机，具备顺控、过程输入/输出、数据处理、相应画面显示功能。一体化工控机与 PLC 均通过现地的 2 台赫斯曼 RS20 交换机接入监控系统双环形网络。

开关站同期系统配置了 1 台 NARI SJ-12D 多对象自动准同期装置。

开关站 LCU 完成对开关站 500kV 开关设备、母线、继电保护等的数据采集和监视控制功能。

12. 上水库现地控制单元 LCU8

上水库 LCU 均配置有 2 块屏柜，LCU 采用施耐德昆腾 UNITY PLC 控制器，冗余配置。机组现地控制屏柜配置一台研华 381mm（15in）一体化工控机，具备顺控、过程输入/输出、数据处理、相应画面显示功能。一体化工控机与 PLC 均通过现地的 2 台赫斯曼 RS20 交换机接入监控系统双环形网络。

上水库 LCU 完成上水库进出水口事故闸门及其附属设备、上水库放空阀、上水库水位测量设备、厂用电配电装置、220V 直流电源系统、闸门井水泵等设备的监视控制功能。

13. 下水库现地控制单元 LCU9

下水库 LCU 均配置有 2 块屏柜，LCU 采用施耐德昆腾 UNITY PLC 控制器，冗余配置。机组现地控制屏柜配置一台研华 381mm（15in）一体化工控机，具备顺控、过程输入/输出、数据处理、相应画面显示功能。一体化工控机与 PLC 均通过现地的 2 台赫斯曼 RS20 交换机接入监控系统双环形网络。

下水库 LCU 完成下水库进出水口事故闸门及其附属设备、下水库水位测量设备、下水库闸门井水泵等设备的监视控制功能。

14. 中控楼现地控制单元 LCU10

中控楼 LCU 均配置有 2 块屏柜，LCU 采用施耐德昆腾 UNITY PLC 控制器，冗余配置。机组现地控制屏柜配置一台研华 381mm（15in）一体化工控机，具备顺控、过程输入/输出、数据处理、相应画面显示功能。一体化工控机与 PLC 均通过现地的 2 台赫斯曼 RS20 交换机接入监控系统双环形网络。

中控楼 LCU 完成电站地上区域公共辅助设备、400V 配电装置、电站备用电源变电站等的监视和控制功能。

➠ 第六节 蒲石河抽水蓄能电站

蒲石河抽水蓄能电站位于辽宁省宽甸满族自治县境内，距丹东市约 40km，为东北地区第一座大型纯抽水蓄能电站，电站枢纽工程由上水库面板堆石坝、地下厂房及输水系统、下水库混凝土重力坝组成，总装机容量 1200MW（4×300MW）。年发电利用小时数 1550h，年抽水利用小时数 2008h。电站主接线采用发电机-变压器组单元接线，在发电电动机和主变压器之间接有换相开关和发电机断路器。发电机/电动机工况转换时的换相和机组并入系统的同期均在主变压器 18kV 侧进行，每 2 组发电机-变压器组单元在主变压器 500kV 侧联合后采用二进一出三角形接线接至 500kV 五龙背变电站。蒲石河抽水蓄能电站为日调节纯抽水蓄能电站，建成后并入东北电网，担任调峰、填谷、调频、调相和事故备用等任务。

蒲石河抽水蓄能电站计算机监控系统采用南瑞集团有限公司自行开发、具有完全自主知识产权的 SSJ-3000 计算机监控系统，其上位机采用南瑞集团有限公司的 NC2000 监控系统，下位机采用南瑞集团有限公司的 MB80 智能 PLC。

计算机监控系统具备以下特点：①现地控制器 MB80 PLC 的 I/O 模件具备智能化 I/O 模件，处理能力更前；可视化顺控流程图语言使顺序控制过程的实现简单、调试直观；增加了 SOE 功能块、脉冲型开出等独具特色的功能块，使用户编程更加方便。②应用了多台参数同期装置 SJ-12D 自动准同期装置，对于发电、SFC 抽水、BTB 抽水、BTB 拖动等不同同期方式选择不同的同期参数，优化机组同期并网条件，从而减小机组并网时的电气冲击。③上位机可视化机组流程实时显示画面，方便运行人员在上位机可以实时监视机组控制流程执行情况（流程执行步数、时间、条件等实时信息）。④为了实现抽水工况启动过程两台设备同时协调控制，采用了 LCU 设备之间的实时信息交互技术。为了确保控制和信息传递实时性和安全性，实时信息交互通过网络互取和继电器硬布线相结合的方式实现。

蒲石河抽水蓄能电站计算机监控系统是双环形网络、分层分布式计算机监控系统，由现地控制层、电站控制层和调度控制层 3 部分组成，控制权限依次递减。电站控制层与现地控制单元（LCU）之间采用 100Mbit/s 交换式冗余环形以太网络进行通信，通信协议为 TCP/IP 网络协议。现地控制单元之间通过冗余以太网络进行信息自动交换，这样在电站控制层退出运行后仍能实现机组抽水启动。现地控制单元与其他计算机控制子系统之间通过现场总线进行信息交换，对于无法采用现场总线进行通信的设备采用硬布线 I/O 进行连接，另外，对于重要的安全运行信息、控制命令和事故信号除采用现场总线通信外，还通过 I/O 点直接连接，以实现双路通道通信，确保通信安全。蒲石河电站计算机监控系统结构如图 8-6 所示。

1. 调度控制层

调度控制层由 2 台调度通信工作站及外围设备等组成。2 台调度通信工作站采用南瑞集团有限公司 SJ30-645 无盘工作站，安装 Linux 操作系统，用于与调度系统通信。监控软件与电站控制层的工作站一样，与电站控制层的数据服务器进行数据交换，共同配合实现电站的自动发电控制 AGC 和自动电压控制 AVC，保证电站经济运行最优化。

调度控制层通过 2 路 IEC 870-5-104 规约与东北电网调度中心的能量管理系统（EMS）交换信息，EMS 通过调度控制层接收电站控制层上送的遥测量和遥调量，并下发遥调量和遥控量到电站控制层，实现对电站的监视和控制，从而实现与东北网调的遥测、遥信、遥控、遥调"四遥"功能。调度控制层控制权限最低，与电站控制层控制权限互相闭锁。

同时，调度控制层通过 4 路 IEC 870-5-104 规约与辽宁省电网调度中心的主调 EMS 系统和备调 EMS 系统交换信息，省调通过调度控制层接收电站控制层发送的遥测量和遥调量，从而实现对电站的远程监视。

2. 电站控制层

电站控制层由 2 台冗余数据服务器、3 台操作员工作站、2 台调度通信工作站、1 台工程师/培训工作站、1 台 On-call/打印服务器、1 台厂内通信工作站、1 台冗余 GPS 时钟同步装置及外围设备等组成。

2 台冗余数据服务器采用 SUN 公司 Sun Fire V445 服务器，安装 Solaris 操作系统，互相热备用。主用数据服务器实时采集、监视 LCU1-LCU12 的 PLC 数据，经分析、运

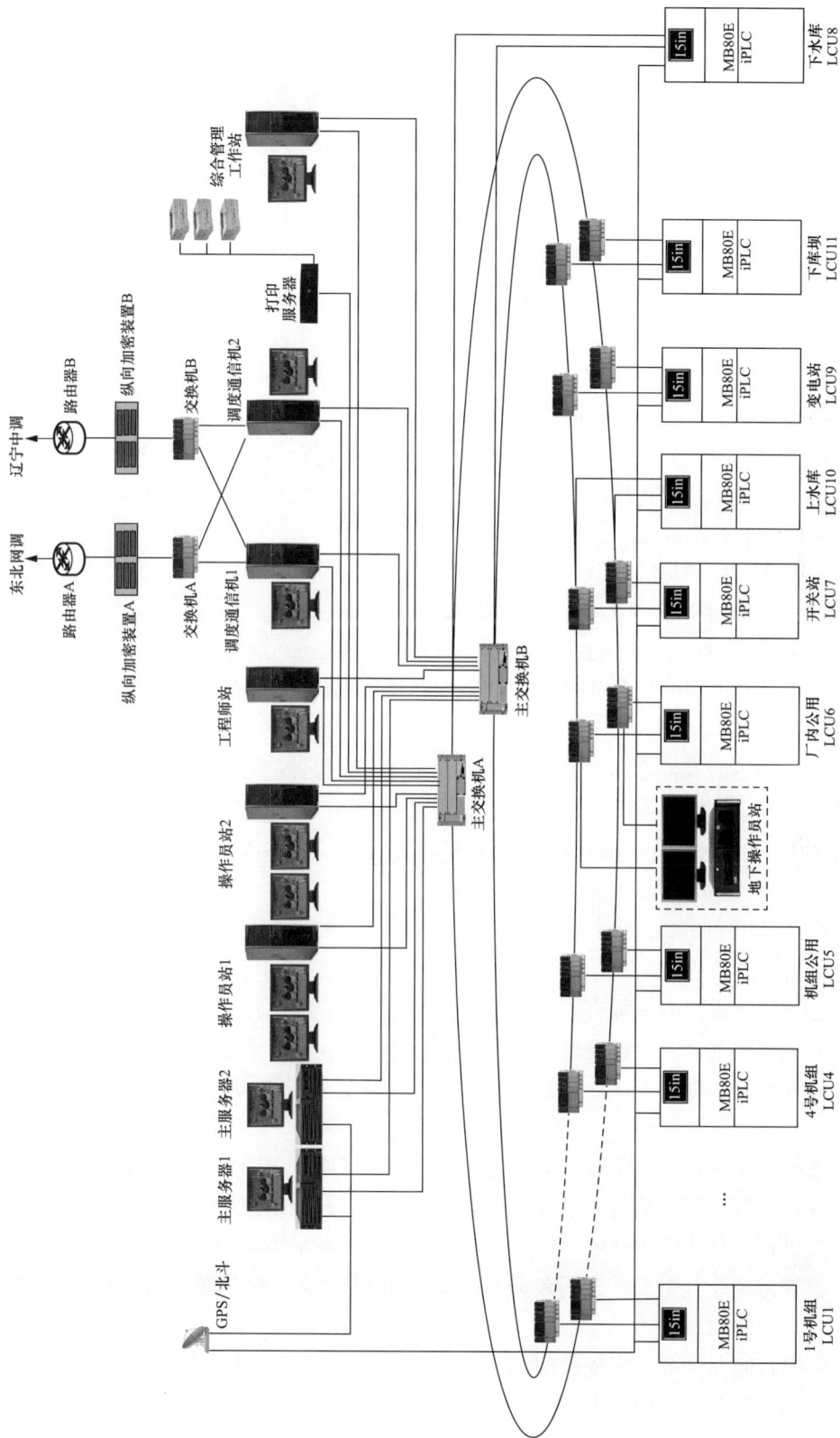

图8-6 蒲石河电站计算机监控系统结构图

注：15in=381mm。

算后发送给控制层的各个工作站，同时接收操作员指令并发送至相应 LCU；备用数据服务器处于热备状态，实时接收主用数据服务器的数据，并实时判断主用数据服务器状态，当主用数据服务器故障时，自动切换为主用数据服务器，实时采集、监控 LCU1-LCU12 的 PLC 数据，经分析、运算后发送给控制层的各个工作站，同时接收操作员指令并发送至相应 LCU。这种设计不仅保证了电站控制层的安全、稳定运行，还方便了日常维护和检修工作。2 台数据服务器同时兼有数据库配置和历史数据存储功能，为日常运行和故障分析提供相应数据源。

3 台操作员工作站采用 SUN 公司 Sun Ultra45 Workatation 工作站，安装 Solaris 操作系统，1 台操作员工作站安装于地下厂房监控室，另外 2 台操作员工作站安装于洞口中控室。这 3 台操作员工作站控制权限相同，既能够实现对 4 台机组的各个流程的监控，也能够实现对全厂各个设备的监控。

1 台工程师/培训工作站采用 SUN 公司 Sun Ultra45 Workatation 工作站，安装 Solaris 操作系统，用于系统软件维护，不仅可以修改定值和顺控流程，还可以修改监控画面和报表，同时兼有培训功能。

1 台 On-call/打印服务器采用 HP 公司的 XW4600 Workstation 工作站，安装 Windows 操作系统，用于语音报警、On-call 报警和打印服务管理。

1 台厂内通信工作站采用 HP 公司的 XW4600 Workstation 工作站，安装 Linux 操作系统，用于电站控制层与外部设备通信；同时接收 GPS 时钟信号，并发送给控制层的各个工作站。

1 台冗余 GPS 时钟同步装置采用英奥公司的 SZ 型时钟同步装置，由 2 台 SZ 型时钟同步装置组成，互相热备用。1 台时钟同步装置安装于地面开关站，另外 1 台时钟同步装置安装于洞口中控楼。这种分散布置设计，充分保证了 GPS 时钟同步装置的安全、稳定运行。

网络设备采用 Hirschmann 公司生产的 Mach4002 系列工业以太网交换机和 MS20 系列工业以太网交换机。

电站控制层完成对电站所有被控对象的监视和控制。电站控制层主要有数据采集与处理、实时控制和调节、参数设定、监视、记录、报表、运行参数计算、通信功能、系统诊断、软件开发和画面生成、系统扩充（包括硬件、软件）、培训仿真和运行管理等功能。

（1）数据采集与处理。实时采集来自电站控制层的所有主要运行设备的模拟量、开关量、脉冲量等信息和电站其他系统的数据信息以及来自调度控制层的控制命令和交换数据，对其进行实时分析和处理，用于历史数据记录、显示画面的更新、控制调节、操作指导、事故记录及分析，并进行越限报警、SOE 量记录和重要参数的运行变化趋势分析等。

（2）实时控制和调节。完成机组的工况转换、负荷调节、开关的合/分控制、自动发电控制 AGC 和自动电压控制 AVC。

（3）参数设定。根据电站运行需要，运行人员可通过人机对话方式对 AGC、AVC

等参与调节的参数进行设定。

（4）监视、记录和报表。监视设备运行情况和工况转换过程，发生过程阻滞时能够给出原因，并可由操作人员改变运行工况，直至停机；越复限、故障、事故的显示，报警并自动显示有关参数，同时推出相关画面；监控系统的软、硬件故障报警。记录全厂监控对象的操作事件、报警事件，各种统计报表，重要监视量的运行变化趋势，SOE量，事故追忆和设备的运行记录等，并能以中文格式显示并打印。

（5）运行参数计算。包括运行工况计算，AGC、AVC 计算等。

（6）通信功能。通过双环形以太网络与各 LCU 通信；通过现场总线方式与电站其他系统通信；通过 On-call 系统，根据报警种类和等级来启动不同的短消息报警发送到相关人员的手机，通知有关人员处理故障。

（7）系统诊断。离线或在线进行软、硬件和通信故障诊断，在线诊断时不影响对电站的监控功能。

（8）软件开发和画面生成。维护人员可以方便地通过工程师工作站输入密码登录系统，进行系统应用软件、画面和报表的编辑、调试和修改等，不影响主服务器的在线运行。

（9）系统扩充。系统具有很强的开放功能，通过简单连接便可实现系统扩充，且保留有扩充现地控制单元、外围设备等的接口。

（10）培训仿真。在工程师/培训工作站上可对运行人员进行操作、维护及事故处理等培训，并不影响电站的监控功能。

3. 现地控制层

监控系统现地控制单元 LCU 共 12 套，机组 4 套（LCU1～LCU4），机组公用设备（LCU5）、全厂公用设备（LCU6）、500kV 开关站（LCU7）、下水库进出水口（LCU8）、66kV 变电站（LCU9）、上水库进出水口（LCU10）、下库坝（LCU11）、中控楼（LCU12）各 1 套，各 LCU 间采用 100Mbit/s 冗余双环形网络连接。

现地控制单元（LCU）采用南瑞集团有限公司 SJ-600 系列现地单元监控装置。可编程逻辑控制器（PLC）采用南瑞集团有限公司独立自主知识产权的 MB 系列可编程逻辑控制器，双 CPU 冗余配置，PLC 远程输入/输出（I/O）采用冗余通信方式，提高了系统的安全性；彩色液晶触摸显示屏采用 Schneider 公司 381mm（15in）TFT 彩色液晶触摸屏，同期装置采用南瑞集团有限公司 SJ-12C 双微机自动准同期装置。为防止数字输出模件或继电器误输出，特别增加采用南瑞集团有限公司生产的 DOP-1 型输出保护装置。

LCU 主要完成对被监控设备的就地数据采集及监控功能。LCU 回路的设计应保证当其与主站级系统脱离后仍然能在当地实现对有关设备的监视和控制功能，当其与主站级恢复联系后又能自动地服从主站级系统的控制和管理。

现地控制层完成对相应被控对象的监视和控制。现地控制层主要有数据采集与处理、安全运行监视、控制和调节、事件检测和发送、数据通信、自诊断功能和输出保护等功能。

（1）数据采集与处理。采集机组、SFC、全厂公用的油/气/水系统、厂用电、

550kVGIS 及出线、上下库等的电气量、非电气量和继电保护信息，作相应处理存入数据库，并根据需要上送电站控制层。

（2）安全运行监视。与电站控制层、监控对象的保护系统、微机保护装置等相结合，完成状变监视、越复限检查、过程监视和 LCU 异常监视。

（3）控制和调节。接收电站控制层命令，在没有电站控制层命令或脱离控制层的情况下，独立完成对所控设备的闭环控制，如开停机、工况转换，保证机组安全运行，同时相互协调工作，实现机组水泵工况启动。在机组 LCU 柜内另设一个小型 PLC 作为机组事故停机的后备手段，该 PLC 的紧急停机信号为独立的机组过速、事故低油压、LCU 死机和紧急停机按钮等信号，小型 PLC 紧急停机的主要操作过程与 LCU 的操作过程相同，由一个专用交直流复合电源装置供电。

（4）事件检测和发送。自动检测本单元所属的设备、继电保护和自动装置的动作情况，发生事件时，依次检测事件的性质，并上送电站控制层。

（5）数据通信。通过以太网实现与控制层及其他 LCU 之间通信。接收电站的同步时钟信号，以保持与电站控制层时钟同步。通过现场总线实现与电厂其他相关设备通信，另外，对于安全运行的重要信息、控制命令和事故信号除采用现场总线通信外，还通过硬布线 I/O 直接接入 LCU，实现双路通道通信，以保证安全。

（6）自诊断功能。在线或离线自诊断硬件故障并定位到模件；自动判断出软件的故障性质及部位，并提供相应的软件诊断工具；在线诊断出故障，能自动闭锁控制出口或切换到备用系统，并将故障信息上送至电站控制层显示、打印和报警。

（7）输出保护。通过采用南瑞集团有限公司的 DOP-1 输出保护技术和 PLC 控制程序的软闭锁功能，双重保护闭锁，防止数字输出模件或继电器误输出，保证了输出的正确性，提高了现地控制单元的可靠性。

⚛ 第七节 清远抽水蓄能电站

广东清远抽水蓄能电站是一座日调节的纯抽水蓄能电站，厂内安装 4 台立式单级混流可逆式水泵水轮机-发电电动机机组，发电工况下单机容量 320MW，总装机容量 1280MW。电站最大毛水头 504.5m，最小毛水头 449.3m。电站工程的主要建筑物为输水系统、厂房洞室群及 500kV 开关站。厂房洞室群主要有地下主厂房、安装间、副厂房、主变洞、母线洞、尾水事故闸门廊道和 500kV 高压电缆洞。安装高程 42m，吸出高度为－66m，机组采用斜向进水方式。安装间、副厂房位于主厂房的左右两侧；主变洞布置在主厂房下游侧；母线洞连接主厂房和主变洞；尾水事故闸门廊道布置在主变洞下游侧；500kV 高压电缆洞连接主变洞和地面开关站。清远抽水蓄能电站采用全计算机监控的方式，按"无人值班"设计，监控系统采用北京中水科水电科技开发有限公司 H9000 水电站计算机监控系统。

计算机监控系统具备以下特点：①监控系统结构配置充分体现分层分布和开放性、可移植性和可扩充性。②在满足运行可靠和各监控功能的前提下，优化现地控制层配置，以体现简单、可靠，便于维护。厂站层作为全站的控制核心，重点强化其配置和功能以及数据的处理、存储能力。③监控系统内外设备通信尽量采用数字化、网络化通信，并以以太网和现场总线为主要的网络形式。④根据抽水蓄能电站机组工况转换流程，系统设计并编制电站的机组设备控制逻辑、SFC 和背靠背拖动控制逻辑、过渡过程控制逻辑、厂用电备用自动投入切换逻辑、AGC/AVC 控制策略。

清远抽水蓄能电站计算机监控系统负责电站的实时监控，结构配置，充分体现分层分布和开放性、可移植性和可扩充性。在满足运行可靠和各监控功能的前提下，优化现地控制层配置，以体现简单、可靠，便于维护。厂站层作为全站的控制核心，重点强化其配置和功能以及数据的处理、存储能力。监控系统内外设备通信尽量采用数字化、网络化通信，并以以太网和现场总线为主要的网络形式。系统功能分为调度层功能、电站厂站层功能和现地层 LCU 功能；系统控制分为调度层控制、电站厂站层控制、现地层 LCU 控制、监控对象设备的就地控制，其中对象设备的就地控制权限最高，LCU 层控制权其次，其后为厂站层，调度层的控制权限最低。厂站层位于地面中控楼，采用多微机结构，设置相关服务器实现监控功能。清远电站计算机监控系统结构如图 8-7 所示。

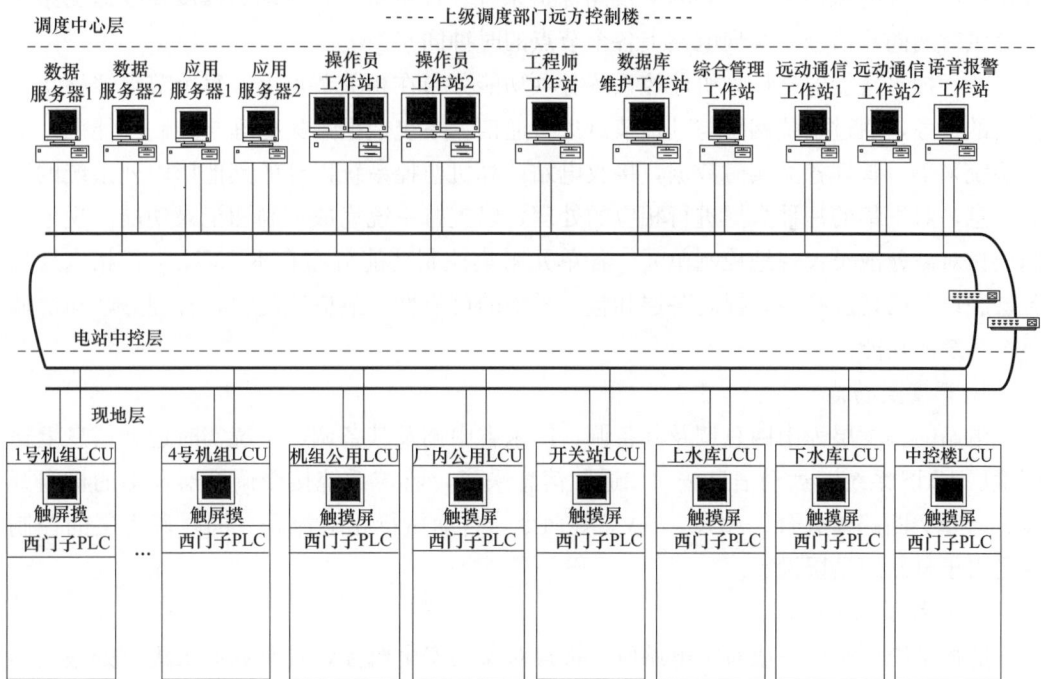

图 8-7　清远电站计算机监控系统结构图

现地层设备按机电主设备单元及其分布进行设置，设 4 套机组 LCU、1 套机组公用 LCU、1 套厂内公用 LCU、1 套开关站 LCU、1 套上库 LCU、1 套下库 LCU 和 1 套中控楼 LCU，LCU 以 PLC 为核心。

监控系统全站网络采用双环形、冗余 100M/1000Mbit/s 光纤以太网，通信协议采用 TCP/IP。交换机之间采用 1000Mbit/s 通信接口连接,交换机与现地层站层设备、与电站厂站层设备之间均采用六类网络,满足千兆传输的数据带宽要求。

面向监控对象的现场设备网络全面采用现场总线技术,对于安全运行的重要信息、控制命令和事故信号除采用现场总线通信外,还通过 I/O 点直接连接,以实现双路通道通信,保证信号安全可靠。

电站厂站层监控设备采用多微机结构,全电站统一监控平台,分设在地面中控室和厂内调试监控室。配置冗余的操作员工作站、数据服务器、应用服务器、工程师工作站、数据库维护工作站、远动通信工作站、综合管理工作站、语音报警工作站等设备。完成电站设备运行的管理、数据处理和存储、操作、通信、过程数据设置与整定、软件更改、系统仿真和培训等功能。

现地控制层设备各 LCU 主要由 PLC 和触摸屏、输入/输出模件、交直流电源装置、电气测量变送仪表、开关、按钮、指示灯、继电器、报警装置等构成。各 LCU 配置 2 块光纤 100Mbit/s 以太网通信模件,分别接入相关站点内冗余以太网交换机,进行连接通信。

地面中控楼设 1 套 GPS 时钟同步系统,为所有上位机设备,各现地控制单元设备以及厂内各继电保护装置、500kV 线路保护系统、计量系统、振动、摆度在线监测系统等提供时间同步信号。实现电站上各个节点的时钟同步。

清远抽水蓄能电站计算机监控系统各项功能分布在相关节点上,每个节点严格执行指定的任务,通过系统网络与其他节点进行通信。系统数据采集处理与控制功能上,监控系统采集、管理各类实时数据,接收电站计算机监控系统以外的其他厂内外系统的数据信息,对采集的每种数据进行相应的处理,以支持系统完成控制和记录功能。现地控制层按对象分散设置现地控制单元,各单元采集控制功能分布在本 LCU 中。相应加强各层和设备的处理能力,提高各层和整个系统的可靠性,响应速度快,合理分解与协调整个系统的功能。

1. 调度层功能

电站的调度层为南网总调及其备调、广东省中调及其备调,系统实时远动信息上送调度层 EMS 系统。远动信息按“二遥”信息采集,监控系统接受调度层发出的机组开停、500kV 断路器分合、AGC、AVC 等命令,自动执行相应流程。同时调度层的控制权受限于电站厂站层设置。

2. 厂站层功能

监控系统厂站层完成对本电站所有被控对象的安全监控,具有数据采集与处理、实时控制和调节、参数设定、监视、记录、报表、运行参数计算、通信控制、系统诊断、软件开发和画面生成、系统扩充、运行管理和操作指导等功能。电站厂站层实时采集来自 LCU 层的所有主要运行设备的模拟量、开关量、脉冲量等信息以及来自调度层的控制命令和交换数据。

3. 现地层功能

现地层各 LCU 采集相关模拟量、开关量和脉冲量,按照数据就地处理的原则完成数据处理任务，根据需要上送电站厂站层。完成显示与安全监视、外部通信功能、自诊断功能，并接受厂站层的控制、调节命令，对监控对象进行控制、调节。没有电站厂站层命令或脱离电站厂站层的情况下，各 LCU 独立完成对所控设备的闭环或开环控制，保证安全运行和操作。

⊪ 第八节 琼中抽水蓄能电站

琼中抽水蓄能电站位于海南省琼中黎族苗族自治县黎母山镇，为海南省第一座大型纯抽水蓄能电站，电站总装机容量 600MW（3×200MW）。琼中抽水蓄能电站为日调节纯抽水蓄能电站，建成后并入海南电网，担任调峰、填谷、调频、调相和事故备用等任务。

琼中抽水蓄能电站计算机监控系统采用南瑞集团有限公司 SSJ-3000 计算机监控系统，其上位机采用南瑞集团有限公司的 NC2000 V3.0 软件系统，下位机采用西门子的 S7-400PLC。

计算机监控系统具备以下特点：①重要硬件设备均采用冗余配置，局部硬件设备故障不会影响监控系统的正常运行，系统硬件设备可靠性高（电源、CPU、功率测量等）；②根据事故重要等级，重新对事故跳机信号进行梳理，仅保留重要的事故信号作为事故启动源，并经过冗余组合判断后才启动事故停机流程；③应用了多台参数同期装置 SJ-12D 自动准同期装置，对于发电、SFC 抽水、BTB 抽水、BTB 拖动等不同同期方式选择不同的同期参数，优化机组同期并网条件，从而减小机组并网时的电气冲击；④为了实现抽水工况启动过程两台设备同时协调控制，采用了 LCU 设备之间的实时信息交互技术。为了确保控制和信息传递实时性和安全性，实时信息交互通过网络互取和继电器硬布线相结合的方式实现。

琼中抽水蓄能电站计算机监控系统网络结构采用双环网布置，由调度控制层、电站控制层和现地控制层 3 部分组成。电站控制层与现地控制层（LCU）之间采用 100Mbit/s 交换式冗余环形以太网络进行通信，通信协议为 TCP/IP 网络协议。现地控制单元之间通过冗余以太网络进行信息自动交换，现地控制单元之间通过现场总线进行信息交换；对于重要的安全运行信息、控制命令和事故信号除采用现场总线通信外，还通过 I/O 点直接连接，以实现双路通道通信。琼中电站计算机监控系统结构如图 8-8 所示。

1. 调度控制层

调度控制层由 2 台远动通信工作站及纵向加密认证装置组成。2 台远动通信工作站采用南瑞集团有限公司 SJ30-664 无盘工作站，RedHatLinux 操作系统。远动通信工作站与电站控制层的数据服务器、应用服务器进行数据交换，共同配合实现电站的自动发电控制 AGC 和自动电压控制 AVC，保证电站经济运行最优化。

调度控制层通过 2 路 IEC 870-5-104 规约与海南电网调度中心的能量管理系统（EMS）交换信息，上送电站的遥测量和遥信量，并接收调度下发的遥调量和遥控量。

同时，调度控制层通过 4 路 IEC 870-5-104 规约与南网总调调度中心的主调 EMS 系统和备调 EMS 系统实现数据交互。

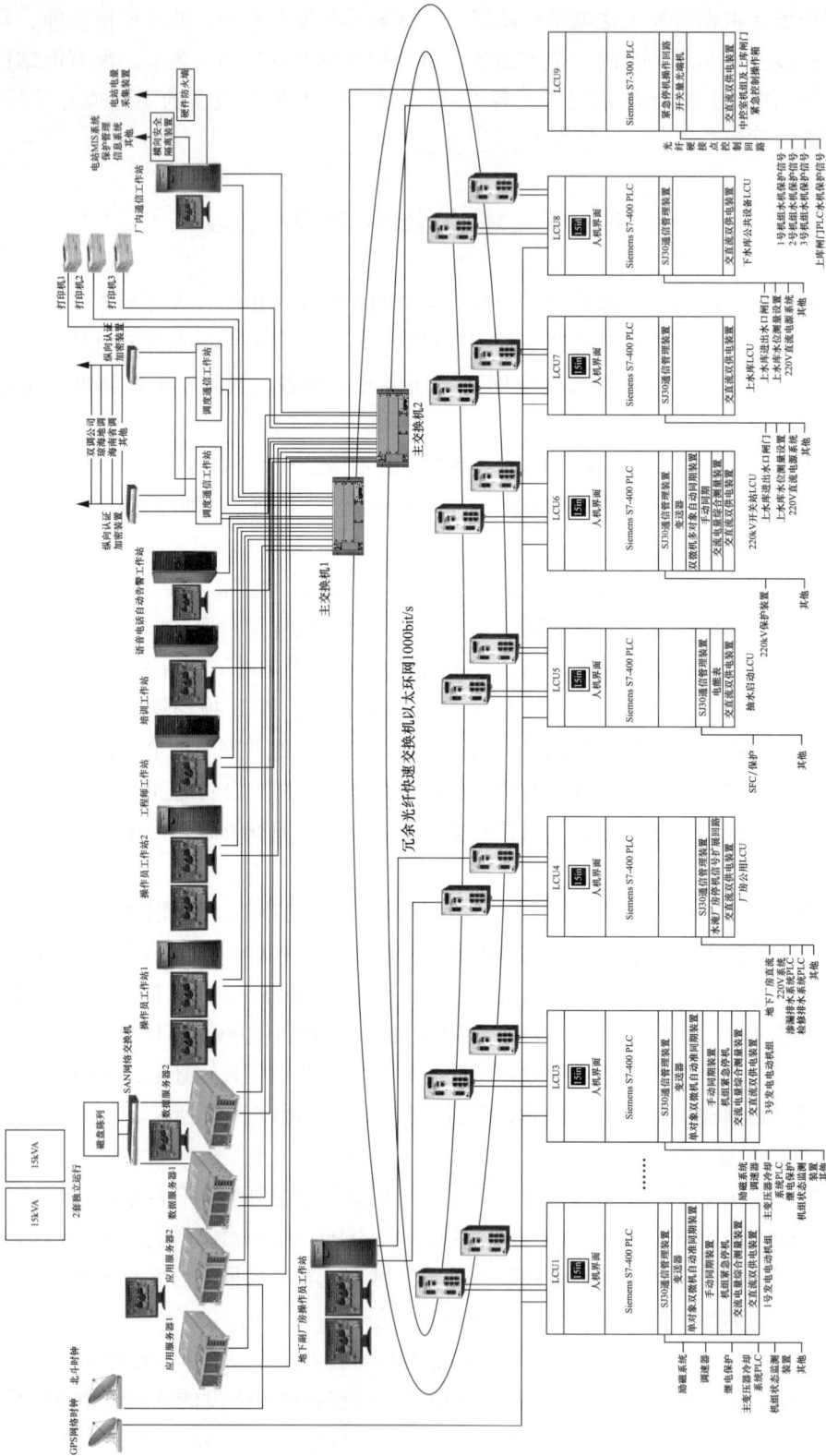

图 8-8 琼中电站计算机监控系统结构图

2. 电站控制层

电站控制层由 2 台冗余数据服务器、2 台应用服务器、3 台操作员工作站、1 台工程师工作站、1 台培训仿真工作站、1 台语音报警工作站、1 台厂内通信工作站、1 台核心交换机、1 台冗余 GPS 时钟同步装置及外围设备等组成。

2 台冗余数据服务器采用 IBM 公司 System P7 服务器，配置磁盘阵列，安装 AIX 操作系统，互相热备用。主用数据服务器实时采集、监视 LCU1～LCU8 的 PLC 数据，经分析、运算后发送给控制层的各个工作站，同时接收操作员指令并发送至相应 LCU；备用数据服务器处于热备状态，实时接收主用数据服务器的数据，并实时判断主用数据服务器状态，当主用数据服务器故障时，自动切换为主用数据服务器，实时采集、监控 LCU1～LCU8 的 PLC 数据，经分析、运算后发送给控制层的各个工作站，同时接收操作员指令并发送至相应 LCU。这种设计不仅保证了电站控制层的安全、稳定运行，还方便了日常维护和检修工作。2 台数据服务器同时兼有数据库配置和历史数据存储功能，为日常运行和故障分析提供相应数据源。

2 台应用服务器，采用 IBM 公司 System P7 服务器，安装 AIX 操作系统，互相热备用。应用服务器负责完成电站的自动发电控制（AGC）和自动电压控制（AVC）功能。

3 台操作员工作站采用 DELL 公司 T5610 工作站，安装 Linux 操作系统，1 台操作员工作站安装于地下厂房监控室，另外 2 台操作员工作站安装于中控室。这 3 台操作员工作站控制权限相同，既能够实现对 3 台机组的各个流程的监控，也能够实现对全厂各个设备的监控。

1 台工程师工作站采用 DELL 公司 T5610 工作站，安装 Linux 操作系统，用于系统软件维护，不仅可以修改定值和顺控流程，还可以修改监控画面和报表。

1 台培训仿真工作站采用 DELL 公司 T5610 工作站，安装 Linux 操作系统，用于对电站运行设备进行仿真，并指导运维人员进行相应的培训工作。

1 台语音报警工作站采用 DELL 公司 T5610 工作站，安装 Windows 操作系统，用于语音报警、On-call 报警和打印服务管理。

1 台厂内通信工作站采用 DELL 公司 T5610 工作站，安装 Linux 操作系统，用于电站控制层与外部设备通信；同时接收 GPS 时钟信号，并发送给控制层的各个工作站。

1 台冗余 GPS 时钟同步装置采用英奥公司的 SZ-2UA 型时钟同步装置，由 GPS 和北斗时钟同步装置组成，互相热备用。

核心交换机采用 Hirschmann 公司生产的 Mach4002 系列工业以太网交换机和 MS20 系列工业以太网交换机。

电站控制层完成对电站所有被控对象的监视和控制。电站控制层主要有数据采集与处理、实时控制和调节、参数设定、监视、记录、报表、运行参数计算、通信功能、系统诊断、软件开发和画面生成、系统扩充（包括硬件、软件）、培训仿真和运行管理等功能。

（1）数据采集与处理。实时采集来自电站控制层的所有主要运行设备的模拟量、开关量、脉冲量等信息和电站其他系统的数据信息以及来自调度控制层的控制命令和交换数据，对其进行实时分析和处理，用于历史数据记录、显示画面的更新、控制调节、操作指导、事故记录及分析，并进行越限报警、SOE 量记录和重要参数的运行变化趋势分析等。

（2）实时控制和调节。完成机组的工况转换、负荷调节、开关的合/分控制和自动发电控制 AGC 和自动电压控制 AVC。

（3）参数设定。根据电站运行需要，运行人员可通过人机对话方式对 AGC、AVC 等参与调节的参数进行设定。

（4）监视、记录和报表。监视设备运行情况和工况转换过程，发生过程阻滞时能够给出原因，并可由操作人员改变运行工况，直至停机；越复限、故障、事故的显示，报警并自动显示有关参数，同时推出相关画面；监控系统的软、硬件故障报警。记录全厂监控对象的操作事件、报警事件，各种统计报表，重要监视量的运行变化趋势，SOE 量，事故追忆和设备的运行记录等，并能以中文格式显示并打印。

（5）运行参数计算。包括运行工况计算，AGC、AVC 计算等。

（6）通信功能。通过双环形以太网络与各 LCU 通信；通过现场总线方式与电站其他系统通信；通过 On-call 系统，根据报警种类和等级来启动不同的短消息报警发送到相关人员的手机，通知有关人员处理故障。

（7）系统诊断。离线或在线进行软、硬件和通信故障诊断，在线诊断时不影响对电站的监控功能。

（8）软件开发和画面生成。维护人员可以方便地通过工程师工作站输入密码登录系统，进行系统应用软件、画面和报表的编辑、调试和修改等，不影响主服务器的在线运行。

（9）系统扩充。系统具有很强的开放功能，通过简单连接便可实现系统扩充，且保留有扩充现地控制单元、外围设备等的接口。

（10）培训仿真。在工程师/培训工作站上可对运行人员进行操作、维护及事故处理等培训，并不影响电站的监控功能。

3. 现地控制层

监控系统现地控制层 LCU 共 8 套，机组 3 套（LCU1～LCU3），抽水启动（LCU4）、厂用电及公用设备（LCU5）、开关站（LCU6）、上水库（LCU7）、下水库（LCU8）各 1 套，各 LCU 间采用 100Mbit/s 冗余双环形网络连接。

现地控制单元（LCU）采用南瑞集团有限公司 SJ-500 系列现地单元监控装置。可编程逻辑控制器（PLC）采用西门子 S7-400PLC，双 CPU 冗余配置，PLC 远程输入/输出（I/O）采用冗余通信方式，提高了系统的安全性；彩色液晶触摸显示屏采用西门子公司 381mm（15in）TFT 彩色液晶触摸屏，同期装置采用深圳智能 SID-2FY 自动准同期装置。为防止数字输出模件或继电器误输出，特别增加采用南瑞集团有限公司生产的 DOP-1 型输出保护装置。

LCU 主要完成对被监控设备的就地数据采集及监控功能。LCU 回路的设计应保证当其与主站级系统脱离后仍然能在当地实现对有关设备的监视和控制功能，当其与主站级恢复联系后又能自动地服从主站级系统的控制和管理。

现地控制层完成对相应被控对象的监视和控制。现地控制层主要有数据采集与处理、安全运行监视、控制和调节、事件检测和发送、数据通信、自诊断功能和输出保护等功能。

（1）数据采集与处理。采集机组、SFC、全厂公用的油/气/水系统、厂用电、开关站、上下库等的电气量、非电气量和继电保护信息，作相应处理存入数据库，并根据需要上送电站控制层。

（2）安全运行监视。与电站控制层、监控对象的保护系统、微机保护装置等相结合，完成状变监视、越复限检查、过程监视和 LCU 异常监视。

（3）控制和调节。接收电站控制层命令，在没有电站控制层命令或脱离控制层的情况下，独立完成对所控设备的闭环控制，如开停机、工况转换，保证机组安全运行，同时相互协调工作，实现机组水泵工况启动。在机组 LCU 柜内另设一个小型 PLC 作为机组事故停机的后备手段，该 PLC 的紧急停机信号为独立的机组过速、事故低油压、LCU 死机和紧急停机按钮等信号，小型 PLC 紧急停机的主要操作过程与 LCU 的操作过程相同，由一个专用交直流复合电源装置供电。

（4）事件检测和发送。自动检测本单元所属的设备、继电保护和自动装置的动作情况，发生事件时，依次检测事件的性质，并上送电站控制层。

（5）数据通信。通过以太网实现与控制层及其他 LCU 之间通信。接收电站的同步时钟信号，以保持与电站控制层时钟同步。通过现场总线实现与电厂其他相关设备通信，另外，对于安全运行的重要信息、控制命令和事故信号除采用现场总线通信外，还通过硬布线 I/O 直接接入 LCU，实现双路通道通信，以保证安全。

（6）自诊断功能。在线或离线自诊断硬件故障并定位到模件；自动判断出软件的故障性质及部位，并提供相应的软件诊断工具；在线诊断出故障，能自动闭锁控制出口或切换到备用系统，并将故障信息上送至电站控制层显示、打印和报警。

（7）输出保护。通过采用南瑞集团有限公司的 DOP-1 输出保护技术和 PLC 控制程序的软闭锁功能，双重保护闭锁，防止数字输出模件或继电器误输出，保证了输出的正确性，提高了现地控制单元的可靠性。

附 录　术　　语

1　计算机监控系统

用计算机对生产过程进行实时监视和控制的系统。

2　调度控制层

计算机监控系统中负责与调度自动化系统进行通信的厂站设备，其设备通常布置在计算机室。

3　厂站控制层

计算机监控系统中负责全厂集中监控的厂站设备，其设备通常布置在中控室和计算机室。

4　现地控制层

计算机监控系统中负责对机组、开关站、公用设备和厂用电等设备进行监控的现地设备，其设备通常布置在被监控设备旁边。

5　上位机

厂站控制层配置的计算机。

6　下位机

现地控制层配置的现地控制单元。

7　实时数据服务器

承担监控系统的实时数据采集与处理、电站设备运行管理、自动发电控制、自动电压控制等工作的服务器。

8　历史数据服务器

用于历史数据生成、储存和查询等数据处理和管理工作的服务器。

9　操作员工作站

全厂集中监视和控制的人机接口，用于操作人员实时运行监视和控制的计算机。

10　工程师工作站

用于程序开发、调试和系统维护管理的计算机。

11　调度通信服务器

实现与调度系统数据通信的计算机。

12　厂内通信服务器

实现与其他系统数据通信的计算机。

13　语音报告工作站

实现语音报警、短信发送的计算机。

14　人机接口

实现计算机监控系统与运行维护人员之间联系的显示设备。

15 状态

描述元件或设备逻辑状态的信息，取值为"0"或"1"。

16 开关量

用状态代表的变量。

17 模拟量

连续变化量，在计算机中它被数字化并用标量标识。

18 远程 I/O

由 I/O 模件和具有通信功能的数据处理模件构成，放置在现地控制单元本体外一定距离处，以通信方式实现与现地控制单元本体的信息交换。

19 事件

系统或设备状态的离散变化。

20 分辨率

被测量和被识别的最小值。事件的分辨率是事件发生时间间隔的可识别的最小值。

21 事件顺序记录

重要事件及其发生时刻和先后顺序的记录，有较高的分辨率。

22 响应时间

在规定的负载条件下，从一个信号在输入设备上开始，到相应处理后的信号出现在输出设备上可供使用所需的时间。

23 现场总线

与工业控制或仪表设备通信的数字式、串行、多点数据总线。

24 系统软件

用于帮助计算机系统和相关的程序操作和维护的软件。

25 支持软件

帮助其他软件开发或维护的软件。

26 应用软件

用于实现用户的特定需求而非计算机本身需要的软件。

27 不间断电源

由变流器、蓄电池和切换开关等组成，能够在交流输入电源故障时保证连续供电的电源系统。

28 交流采样

互感器输出的二次电压和电流直接接入监控系统采样设备的采样方式。监控系统所需的电压、电流、功率、功率因数等参数由采样设备计算得出。

29 联合控制

根据上级调度自动化系统下发的电站总有功负荷、母线电压指令或计划曲线，自行进行计算、处理和优化分配机组的有功/无功指令，根据指令自动触发相应机组启停控制，分配机组有功和无功指令。

30　顺序控制

一种按时间顺序或逻辑顺序进行检查、判断、控制的过程。

31　运行工况

机组的运行状态。

32　工况转换

机组从一种工况到另一种工况的过程。

33　单步执行

机组控制流程按预先设置好的步骤分步执行。

34　停机

机组处于静止停机状态。

35　中转停机

机组启动过程中，技术供水系统、高压油顶起系统、轴承外循环冷却油泵等机组辅助设备已经投入，但机组尚未转动或停机过程中机组已经静止但机组辅助设备还在运行的状态。

36　空转

机组以发电工况启动，机组达到额定转速、电压为零的一种工况。

37　旋转备用

机组以发电工况启动，机组达到额定转速，电压达到额定电压，未并网运行的一种工况。

38　发电

从上水库放水流向下水库，驱动机组水泵水轮机转轮转动，将水势能转化为电能的运行状态。

39　发电调相

机组在进水阀全关、导叶全关、转轮室压水且尾水管水位低于转轮，发电方向并网运行的状态。

40　抽水

机组从下水库向上水库抽水，将电能转化为水势能的运行状态。

41　抽水调相

机组在进水阀全关、导叶全关、调相压水系统投入且尾水管水位低于转轮，抽水方向并网运行的状态。

42　线路充电工况

机组带主变压器、线路以零起升压方式给主变压器、线路充电的一种运行状态。

43　黑启动工况

在厂用电源及外部电网供电消失后，用厂用自备应急电源作为辅助设备操作电源，根据电网黑启动要求启动并对外供电，为电网中其他无自启动能力的机组提供辅助设备工作电源，使其恢复发电，进而逐步恢复整个电网正常供电的过程。

44　静止变频启动

利用静止变频装置通过启动回路驱动机组以抽水方向启动的启动方式。

45 背靠背启动

一台机组以拖动工况启动，通过启动回路驱动另一台机组以抽水方向启动的同步启动方式。

46 拖动工况

机组以背靠背方式启动，拖动机运行在发电方向并提供变频电流驱动被拖动机抽水方向启动的一种工况。

47 并网

机组与电网并列的操作。

48 额定转速

水泵水轮机按电站设计选定的稳态同步转速。

49 调相压水系统

机组调相工况运行时，向转轮室提供压缩空气的系统。

50 可变速抽水蓄能机组

转速可在一定范围内调节的抽水蓄能机组。

51 压水状态

转轮室内充入压缩空气，水位降低到转轮以下的状态。

52 回水状态

转轮室内压缩空气排出，转轮室充满水的状态。

53 跳闸矩阵

由硬布线逻辑或软件程序逻辑实现的"条件—跳闸"逻辑关系。

54 水库水位保护

反应电站上、下水库水位过高或过低的保护。

55 水淹厂房保护

电站厂房被水淹没的保护，由水位信号器及相关控制回路组成。保护动作时，紧急关闭导叶、主进水阀、上游侧事故闸门和尾水闸门并停机。

56 机组出口断路器（GCB）

安装在机组与主变压器之间，主要用于发电电动机并网或解列以及开断回路故障电流的断路器。

57 换相隔离开关（PRD）

为满足变换相序的要求而设置的隔离开关。

58 电气制动开关

机组停机过程中采用电制动方式时设置的隔离开关（断路器）。

59 拖动隔离开关

机组在抽水调相及水泵工况启动时拖动机启动回路专设的隔离开关。

60 被拖动隔离开关

机组在抽水调相及水泵工况启动时被拖动机启动回路专设的隔离开关。

参 考 文 献

［1］　陆佑楣，潘家铮. 抽水蓄能电站. 北京：水利电力出版社，1992.

［2］　梅祖彦. 抽水蓄能发电技术. 北京：机械工业出版社，2000.

［3］　王定一，等. 水电厂计算机监视与控制. 北京：中国电力出版社，2001.

［4］　方辉钦. 现代水电厂计算机监控技术与试验. 北京：中国电力出版社，2004.

［5］　谢云敏，宋海辉. 水电站计算机监控技术（第2版）. 北京：水利水电出版社，2014.

［6］　徐洁，王惠民，戎刚，等. 水电厂计算机监控及流域集控技术. 北京：中国电力出版社，2016.

［7］　汪军，方辉钦，钟敦美，等. 抽水蓄能电站计算机监控系统特殊性与设计要求. 电力系统自动
化，2000（22）：49-51.

［8］　蔡镇坤. 抽水蓄能电站计算机监控系统需求分析. 华电技术，2009（6）：15-17.

［9］　蔡镇坤. 广州抽水蓄能水电厂SCADA系统组成与结构. 水电厂自动化，1998（4）：15-18.

［10］　汪军，方辉钦，等. 抽水蓄能电站控制与保护设备的国产化. 水电自动化与大坝监测，2004
（3）：1-3.

［11］　汪军，张红芳，等. 我国抽水蓄能电站计算机监控技术评析. 水电自动化与大坝监测，2002
（1）：22-24.

［12］　龚世龙，方辉钦. 试析抽水蓄能电站计算机监控系统国产化的可行性. 水电自动化与大坝监
测，2003（3）：1-6.

［13］　富庆范，陈大卫，肖佳华，等. 沙河抽水蓄能电站计算机监控系统. 水力发电，2004（5）：
56-58.

［14］　姜海军，汪军. 大中型抽水蓄能电站监控系统的国产化研究. 水电厂自动化，2005（1）：148-
153.

［15］　周庆忠，汪军，等. 国产化大型抽水蓄能电站计算机监控系统. 电力系统自动化，2007（17）：
87-89.

［16］　姜海军，王惠民，单鹏珠，等. 抽水蓄能电站计算机监控系统自主化历程与成就. 水电与抽水
蓄能，2016（1）：63-66.

［17］　许旭生. 惠州抽水蓄能电站计算机监控系统. 广东水利水电，2008（7）：71-76.

［18］　朱勇，李力，刘立红. 白莲河抽水蓄能电站计算机监控系统设计. 中南水力发电，2009（3）：
29-31.

［19］　周坤，肖仁军. 泰山抽水蓄能电站计算机监控系统设计. 山东电力技术，2008（5）：70-72.

［20］　何贺勋，刘春清. 黑麋峰抽水蓄能电站监控系统设计总结. 水电站机电技术，2016（B12）：
11-14.

［21］　杜晨辉，杨光华，杨洁，等. 蒲石河抽水蓄能电站监控系统LCU回路设计. 水电自动化与大
坝监测，2011（3）：12-16.

［22］　郑光伟，张全胜，牛聚山，等. 蒲石河抽水蓄能电站电气二次设计. 水力发电，2012（5）：
68-71.

［23］　芮钧，徐洁，徐麟，等. 抽水蓄能电站AGC有功负荷优化分配策略的改进. 人民长江，2017
（9）：83-88.

［24］ 黄杨梁，邵霞. 自动电压控制在抽水蓄能电站应用研究. 水电自动化与大坝监测，2016（2）：78-81.

［25］ 张富新. 抽水蓄能机组 AGC 控制的典型流程和系统构成. 电网技术，2005（18）：39-41.

［26］ 吴闽. 宜兴抽水蓄能电站 AGC 系统试验分析. 机电技术，2011（3）：132-133.

［27］ 彭煜民. 抽水蓄能机组工况转换与顺序控制. 水电站机电技术，2007（1）：4-5.

［28］ 王惠民，李军，姜海军. 蒲石河抽水蓄能电站计算机监控系统控制流程设计. 水电自动化与大坝监测，2010（4）：1-4.

［29］ 姜海军，王军，王善永，等. 十三陵抽水蓄能电站国产监控系统控制流程设计. 水电自动化与大坝监测，2006（5）：5-7.

［30］ 喻洋洋，单鹏珠，张柏，等. 响水涧抽水蓄能电站监控系统顺控流程设计. 水电厂自动化，2013（1）：14-16.

［31］ 徐洁，芮钧，等. 智能水电厂技术及应用. 北京：中国电力出版社，2017.

［32］ 桑原尚夫. 大河内电站 400MW 变速抽水蓄能机组的设计及动态响应特性. 水利水电快报，1997（3）：2-5.

［33］ 傅新芬，洪允恭. 天荒坪抽水蓄能电站监控系统. 华东水电技术，2000（2）：195-198.

［34］ 项捷，凌平，冯伊平. 天荒坪抽水蓄能电厂监控系统升级改造. 2004 年全国抽水蓄能学术年会论文集，2004：194-200.

［35］ 杨文道，郑重. 桐柏抽水蓄能电站监控系统介绍. 水电厂自动化，2006（10）：34-38.

［36］ 梁国才，仇雅静，王纯. 西龙池抽水蓄能电站计算机监控系统. 水电站机电技术，2010（3）：42-643.

［37］ 单鹏珠，喻洋洋，高旭，等. 西龙池抽水蓄能电站上位机系统国产化改造技术研究. 水电与抽水蓄能，2017（2）：59-63.

［38］ 单鹏珠，李丽，喻洋洋，等. 宜兴抽水蓄能电站远动异构通信系统设计与实现. 电网与清洁能源，2017（11）：162-164.

［39］ 王卓瑜. 张河湾电站计算机监视控制系统. 水电厂自动化，2007（3）：5-10.

［40］ 单鹏珠，张柏，李勇，等. 张河湾抽水蓄能电站 AVC 子站系统设计及应用实现. 电网与清洁能源，2017（4）：137-142.

［41］ 姜海军，靳祥林，汪军，等. 辽宁蒲石河抽水蓄能电站计算机监控系统设计. 2008 年抽水蓄能电站工程建设文集. 北京：中国电力出版社，2008.

［42］ 赵勇飞，刘晓波，卢小芳，等. 清远抽水蓄能电站监控系统设计与实现. 水电站机电技术，2012（2）：26-28.